JN109642

原発事故避難者はどう生きてきたか

被傷性の人類学

竹沢尚一郎
Shoichiro Takezawa

東信堂

目次／原発事故避難者はどう生きてきたか——被傷性の人類学

原発事故避難者はどう生きてきたか——被傷性の人類学

序文

東日本大震災の復興は完了したのか

二〇一一年三月の東日本大震災の発生から一〇年が過ぎた。地球温暖化のせいか、この一〇年のあいだには台風や河川氾濫、地震などの災害がいくつも生じたが、宮城県沖を震源とするこの地震ほど大規模で深刻な破壊をもたらした災害は存在しなかった。津波によって押し流される家々や車、黒煙をあげて燃えつづける巨大な石油タンク、日本が壊滅するかとさえ思われた東京電力福島第一原子力発電所の重大事故。これらの光景は思い起こすだけでも、いまだに身震いを引き起こすものがある。震災の直後には日本中で「絆」が口にされ、人びとのつながりの重要性が強調されたが、それらのことばは今はどこを漂っているのか。

東日本大震災の発生から一〇年になるのを機に、この地震が私たち日本人と日本という国の何を変え、何を変えなかったかと問うことは無意味ではあるまい。震災後の歴代の首相は、「福島の復興なくして東北の復興なし、東北の復興なくして日本の再生なし」と明言してきたが、はたして東北の、とりわけ福島の復興は完了したのか。日本は真に再生できたのか。あるいは、復興も再生もいまだに実現できておらず、多くの課題が私たちに突きつけられたままなのか。それを考えるために、一〇年目の今は絶好の機会であるに違いない。

あらためて振り返ることにしよう。マグニチュード9・0とわが国観測史上最大の東北地方太平洋地震は日本各地に甚大な被害をもたらした。その被害は青森県から神奈川県までの東日本の太平洋岸全域におよんだが、とりわけ被害が大きかったのは岩手、宮城、福島の東北三県であった。この三県の震災死者と行方不明者の総数は、それぞれ

東日本大震災翌日の大槌町

五七八七、一万七六〇、一八一〇であり、震源に近い宮城県が最大となっている。一方、避難中の体調悪化による死亡や避難を苦にしての自殺等のいわゆる災害関連死者数は、それぞれ四六九、九二八、二二八六であり、福島県だけで全体の六二パーセントを占めるなど、ここでは震災の後遺症がいまだ続いていることを示している。避難生活をおくる避難者の数も、震災から九年後の二〇二〇年三月一一日の時点で、岩手県二七一四、宮城県五三三四に対し、福島県は四万九七二と桁違いに多く[1]、国のいう一〇年の「復興・創生期間」の終了にあわせて復興がほぼ完了したとする二県に比べ、福島県だけは完全復興からほど遠い状態にある。

こうした違いが生じているのは、いうまでもなく原子力発電所の重大事故に原因がある。福島県の浜通り[2]に位置する東京電力福島第一原子力発電所は、三月一一日午後二時四二分の地震と直後に生じた津波によって原子炉冷却のための全電源を喪失し、原子炉格納容器内のコントロールができなくなって炉心溶融(メルトダウン)を引き起こした。政府は同日一九時三分に「原子力緊急事態宣言」を発令し[3]、発電所から三キロメートル以内に住む住民に「避難指示」、半径一〇キロメートル以内の住民に「屋内退避指示」を出し、翌一二日に一号機が水素爆発を引き起こすと「避難指示」を半径二〇キロメートルに引き上げた。その後も二号機、三号機、四号機はつぎつぎに炉心溶融と水素爆発をくり返し、高濃度の放射性物質による汚染が半径二〇キロメートルの警戒区域を越えて拡大したのである。

とりわけ一四日の三号機の水素爆発、一五日の二号機と四号機の水素爆発(二号機は原子炉格納容器も破損)によって大量の放射性物質が広範囲に飛散したことから、政府は

1 「東日本大震災、一一日で九年 なお四万七七三七人避難、関連死三七八九人」『毎日新聞』二〇二〇年三月一〇日。

2 福島県は太平洋沿岸部の「浜通り」、福島市などを含む中央部の「中通り」、西部の「会津地方」に分けられる。東京電力原子力発電所が立地するのは浜通りであり、浜、中、会津の順に高濃度の放射能汚染に晒された。

3 私たちは忘れがちだが、この緊急事態宣言は一〇年後の今も解除されていない。私たちは今も非常事態のうちに置かれているのである。

二〇キロメートル圏外でも放射線量の高い葛尾村、飯館村などを「計画的避難区域」に指定して避難を要請し、それに準ずる地域を「緊急時避難準備区域」に指定して屋内退避と緊急時の避難を求めた[4]。政府が避難を指示した区域内に住む住民は一五万人を超え、戦後初めて大量の国内避難者が生み出されたのである。本書では彼らを「区域内避難者」と呼ぶ。

しかし、事態はそれに収まらなかった。空中に舞い上がった放射性物質はとくに放射線量の高かった一四日から一六日にかけて、回遊する風に乗って福島市や郡山市を含む福島県中通りと、いわき市および茨城県、栃木県、宮城県等に飛散した。福島第一発電所から六〇キロメートル離れた福島市や郡山市でも、毎時二〇〜三〇マイクロシーベルトと平常時の一〇〇〇倍近い放射線量が観測されたため、多くの市民はパニックに襲われて避難行動をとった。そのときの様子は、福島市から京都に避難したある避難者のことばによく示されている。「娘婿の口がしびれ始めたり、浜通りから医大病院に来る救急車の数が増えたり、交通がはげしくなるなど、普通でないことがわかった。早く避難しなければとのことで、近所の方とガソリンを合わせて共に京都に避難した。ガソリンはどの店にもなかった」。郡山市に住んでいた別の避難者はつぎのように語っている。「私の勤めていた会社では、事故発生後、防護服、ゴーグル、防塵マスクが従業員に配られ、上司からは『これからは県外避難も視野に入れるように』と言われた」。実際、福島県中通りに住む三歳児をもつ母親全員を対象にしたアンケート調査によれば、「一度も避難をしなかった」と回答した母親の割合は二九・一パーセントにすぎず(松谷他二〇一四、七二)、小さい子どもをもつ家庭の大半は、わが子を放射能汚染から守るため

4 福島県「避難区域の変遷について」https://www.pref.fukushima.lg.jp/site/portal/cat01-more.html

に少なくとも一時期は避難したのである[5]。

福島市や郡山市を含む福島県の中通りは国による避難指示区域の外部に位置し、福島第一原子力発電所の南のいわき市を加えれば人口約一五〇万と、福島県の中枢部を構成する。これらの地域の放射線量は、チェルノブイリ原発事故後の強制移住の基準である年間五ミリシーベルトをはるかに超えていたが、避難者が大量に発生して社会と経済が大混乱に陥ることを恐れた政府は、住民流出を危惧する福島県や各市町村の意向もあり、避難基準を年間二〇ミリシーベルトに引き上げた（船橋二〇一二下、三四二）。これは、緊急時の公衆の最大放射線量を年間一〜二〇ミリシーベルトに抑えることを求めた「国際放射線防護委員会」の二〇一一年三月二一日の声明に依拠したものであったが、この声明はあくまで緊急時を想定したものであり、同委員会は長期的には年間一ミリシーベルトを求めていたし、日本政府も事故前はそれを一般市民の安全基準としていたのだった（佐藤・田口二〇一六、九六）。

こうした健康安全上疑問のある決定が強引に採られた結果、福島県中通りや周辺の茨城県・栃木県等から他の地域に避難した人びとは「自主的避難者」と名づけられ、東京電力による低額の慰謝料と政府による乏しい支援の対象になるだけであった。十分な経済的支援を受けることなく故郷を後にした彼らは、見知らぬ土地でさまざまな困難や苦難に呻吟しながら孤独な避難生活をおくることを余儀なくされてきた。彼らは放射能汚染の危険から自分と自分の子どもを守るために止む無く避難した人たちであり、「自主的避難者」のことばが示唆する「各自が自己責任において避難を選択した」とのニュアンスは事実に反していると思われるので、ここでは「区域外避難者」と呼ぶものとする。

5　避難者のうち、数日から数週間の「一時避難」の割合は四〇・四パーセント、それ以上の「中長期避難」は三〇・五パーセントである（松谷他二〇一四、七二）。このアンケート調査は「福島子ども健康プロジェクト」と呼ばれ、原発事故時に中通りの市町村に住み、三歳の子どもをもつ母親全員六一九一名を対象におこなわれ、そのうち二六一一名から回答を得た（成編二〇一六、三九）。調査時期は二〇一三年一月である。

福島県が把握している避難者数は、震災半年後の二〇一一年九月の時点で一五万を越え、放射線量の高かった宮城県、栃木県、茨城県、千葉県などからの避難者を合わせればその数はさらに増える。その彼らがどのような生活をおくってきたか、どのような困難や苦難に直面し、それをどう乗り越えてきたかについては、避難者に対するいじめや差別に関するセンセーショナルな報道をのぞいて、十分には記されてこなかった。とりわけ、避難指示のなかった区域外避難者たちがどのような困難のもとで生きてきたか、国の支援や東電の賠償はどのような意味で不十分であったかについては、ごくかぎられた数の研究があるだけで[6]、その全体像を示すにはほど遠い状態にある。本書がめざすのは、私たちの認識の中のこうした空白を埋めることであり、とりわけ原発事故後に福島県や周辺の地域から関西地区に逃れた避難者の語りと記述を取り入れることで、彼らが抱える困難とそれを乗り越えるために払ってきた努力を可能なかぎり忠実に再現したいと考えている。

6　吉田二〇一六、戸田編二〇一六、髙橋・小池二〇一八、二〇一九、辻内・増田編二〇一九などにかぎられている。

原発事故避難者の実態

原発事故の影響を逃れて避難した人びとはどれだけ存在するのだろうか。彼らが抱えた困難や苦難はどのようなものであり、彼らに対して政府や全国の自治体はどのような支援をおこなってきたのだろうか。そうした支援ははたして十分なものであったのだろうか。もし十分でなかったとしたら、それはなぜであり、そこにはどのような課題が残されているのだろうか。この本の中では、これらの問いに答えることで原発事故避難者の避難過程と避難生活の実態に迫っていきたい。まず、避難者の総数について整理する。

復興庁と福島県の発表によれば、福島県の避難者数は二〇一一年九月の時点で、避難指示区域から一〇万五一一〇、避難指示区域外から五万三三二七(このうち県内の避難者二万三五五一、県外への避難者二万六七七六)、あわせて一五万八三七である[7]。とはいえ、この数字は避難者の申告にもとづいて福島県が把握している数字であり、それ以外にもかなりの数の避難者が存在するのは疑いない。それに加えて、そもそも福島県外から避難した人びとについては正確な数字は与えられていないのである。

福島県の避難者数が最大になったのは原発事故から一年後の二〇一二年五月とされ、この時点で県内一〇万二八二七、県外六万二〇三八、あわせて一六万四八六五の避難者がいた[8]。震災前の福島県の人口は約二〇〇万人であったので、全体の約八パーセントにあたる人びとが避難していた計算になる。その後、除染が進むにつれて避難指示が一部地域で解除されたこともあり、避難者数は時間の経過とともに減少した。しかし、原発事故から九年を経た二〇二〇年三月の時点でも、県内一万六〇、県外三万九一四、あわせて四万九七四の避難者が存在しており[9]、復興が完了したとはとても言える状態ではない。

避難指示区域内と区域外とを問わず、彼らは何の責任も過失もない原発事故によって避難を強いられたのだから、事故の当事者である東京電力による賠償と国や自治体による生活支援がなされて当然であろう。彼らに対する賠償指針を決定するために、二〇一一年四月一一日に学識経験者や弁護士等からなる「原子力損害賠償紛争審査会」(以下、原賠審)が文部科学省内に設置され、八月五日に「中間指針」が示された。これは避難指示区分に沿って慰謝料や賠償額の基準を示したものであり、避難指示が出された

7　復興対策本部「震災による避難者の避難先別人数調査」http://www.mext.go.jp/b_menu/shingi/.../1313502-3.pdf.

8　この数字では区域外と区域内の避難者は区別されていない。『福島民友』二〇一七年九月八日 http://www.minyu-net.com/news/sinsai/serail/0606/01/FM20170908-202454.php

9　典拠は注1とおなじ。

地域では避難期間とその後の一定期間についてひとり当たり月一〇万円の慰謝料が支払われ、家屋や農地などに対しても賠償金が支払われることがさだめられた。一方、避難指示の出なかった地域からの避難者に対しては、同年一二月六日に出された「追補」において、「自主的避難者」と名づけられた上でごく少額の慰謝料が示されただけであった。原発事故がもたらした精神的苦痛に対する慰謝料としてひとりあたり八万円(のち四万円追加)、放射線の影響をより受けやすい子どもと妊婦に対して四八万円の慰謝料が支払われることとさだめられたのである(避難した場合二〇万円追加)[10]。

仮に政府が原発事故前の安全基準である年間一ミリシーベルトを維持していたなら、福島県の大半と隣接地域はその基準をオーバーしていたので、彼らの避難には正当な根拠があることになり、「中間指針」による賠償基準に近い慰謝料が支払われたはずであった。しかし、政府が事故後に安全基準を年間二〇ミリシーベルトへと引き上げたことにより、彼らは「自主的避難者」として位置づけられ、くらべものにならないほど低額の慰謝料の対象とされただけであった。そのことが、どのような困難と苦難を彼らに課したかは本文でくわしく見ていくことにする。それに加えて、政府や自治体による支援も十分とはいえなかった。震災後に福島県の全域が「災害救助法」の適用地域とされたことから、区域内避難者はもちろん、区域外避難者に対しても公営住宅や借り上げ住宅の無償提供、家賃補助等の施策がとられた(県外に避難した避難者も同様)。これは避難者の生活支援の上で大きく貢献したが、それ以外の措置は避難先の各自治体に委ねられたため、十分な支援を提供できないケースが多かったのである。

その後、避難者の困窮が広く知られるようになった結果、区域外と区域内、避難者

10 文部科学省「東京電力株式会社福島原子力発電所の事故に伴う原子力損害の賠償について」www.mext.go.jp/a_menu/genshi_baisho/jico_baisho/index.htm

と非避難者とを問わず、原発事故の被災者全員に対して十分な支援をするべく、超党派の議員立法として「子ども被災者支援法」[11]が上程され、二〇一二年六月二一日に国会で全会一致で成立した。これによって、児童・生徒に対する支援の強化や、母子のみが避難したいわゆる母子避難者を支援するための高速道路の無料化などの施策がとられたほか、国や自治体による追加の支援プログラムを記した「基本方針」を策定すべきことが法文上に明記された。しかし、二〇一二年一二月の衆院選によって自公連立の第二次安部政権が誕生すると、この法律の制定に尽力した議員連盟から自民党議員が全員脱退するなど、「支援法の骨抜きに向けた動き」がはじまった(日野二〇一四、六〇)。今日にいたるまでこの「基本方針」は策定されておらず、支援プログラムの拡充は実現されないまま、被災者全員の救済を図った「子ども被災者支援法」の理念は宙に放棄されたのである。

こうした事態に対し、区域内および区域外の避難者はただ手をこまねいていたわけではなかった。二〇一二年一二月三日に、避難指示区域である双葉町や楢葉町等に住んでいた避難者四〇名が東京電力を相手取って福島地裁いわき支部に提訴したのを皮切りに、各地で集団訴訟があいついだ。二〇一九年春の時点で、北海道から福岡にいたる全国各地であわせて二九件(巻末「原発賠償訴訟一覧」参照)の集団訴訟が提起されており、全部で約一万二〇〇〇人の原告が、東京電力および国の責任の明確化、被災前の現状の回復、慰謝料と賠償額の増額、医療保障の拡充等を求めて提訴して、現在も係属中である[12]。

本書の構成

ここで、この本が何をめざし、どのような内容をもつかについて説明しておこう。私

11 正式名称は「東京電力原子力事故により被災した子どもをはじめとする住民等の生活を守り支えるための被災者の生活支援等に関する施策の推進に関する法律」。

12 日本弁護士会「全国の弁護団による活動状況」https://www.nichibenren.or.jp/library/ja/jfba_info/statistics/data/white_paper/2016/3-6_4_tokei_2016.pdf。三五八-五九ページにその一覧がある。

は東日本大震災の翌月に家族で岩手県上閉伊郡大槌町に行き、津波が破壊した地域の復旧支援のボランティア活動をおこなった。その後、大槌町を含む沿岸市町村の復旧・復興の支援をしながら、被災者の生活実態の調査や復興の取り組み、住民と自治体の手になる復興計画の策定について研究した。その成果は『被災後を生きる――吉里吉里・大槌・釜石奮闘記』(二〇一三年一月)として出版したほか、復興支援の一助とするべく、私が勤務していた国立民族学博物館で企画展「津波を越えて生きる――大槌町の復興の記録」(二〇一七年)を実施し、その展示を大槌町に寄贈する予定であった[13]。このうち著書については、被災後一年半のあいだに被災地で何が生じていたかの記録として価値があると考え、一部書き足したうえで英訳して米国の出版社から出版した(Takezawa 2016)[14]。

そうした岩手県での調査と研究が一段落した二〇一八年冬に、京都とその周辺に避難した原発事故避難者の訴訟支援と研究を進めていた同僚に依頼されて、支援する会の会合に出席するようになった。京都訴訟の原告は五七世帯一七四人であり(その後五六世帯一七一人)、うち帰還困難区域からの避難者一人、緊急時避難準備区域からの避難者一人をのぞく全員が区域外避難者である。原発事故の避難者、とりわけ区域外避難者が経済的および精神的に多くの困難に直面していることは知っていたが、彼らと話し合い理解を深めたことにより、裁判支援と調査研究を並行して進めていくことを決めたのである。

原発賠償京都訴訟は二〇一三年九月に提訴され、二〇一八年三月に京都地方裁判所から判決が出されたが、その内容は国と東京電力の責任を認め、中間指針「追補」より広い範囲の原告への賠償の必要性を認めた一方で、賠償額の増額は実現されないなどの課題が残った。そのため、大阪高裁での第二審では、国と東京電力の責任を明確化すると

2013年第一次提訴

13　これについては、二〇一五年の大槌町長選で現職が敗れ、新しい町長が誕生し、新町長は展示施設を設置する案を廃棄したので、展示の移管が不可能になった。

14　この英語の本については、米国人類学協会(AAA)の機関誌をはじめ、いくつかの研究誌で書評が掲載されている(Kremers 2018, Slater 2019)。

ともに、原告の損害に対し東京電力と国の賠償や支援が十分であったかを検証することが重視された。弁護団はこの観点から私たちに、原告の避難生活の全体像を描き出すとともに、彼らが直面した苦痛や困難の大きさを客観的に示しうる意見書の作成を依頼してきたのである。

依頼を引き受けることにはしたものの、それをどう実現していくかの課題は残った。私たちの専門である文化人類学の観点からすれば、可能な限り多くの方から話を聞くのが一番である。ところが、京都訴訟の原告の総数は一七一であり、全員にインタビューすることは不可能である。そこで、原告が裁判所に提出した陳述書を読んでアンケート票を作成し、それを私たちが陳述書にもとづいて記入したものを各世帯に送付して再確認と記入をしてもらい、回収することにした。[15] 弁護団の働きかけにより全世帯からアンケート票を回収できたので、原告世帯の避難行動と避難生活の全体像を描くための準備は整った。

それと並行して、原告全員の精神的苦痛の度合いを客観的に示すことを目的として、PTSD（心的外傷後ストレス障害）のスクリーニング手法として確立されている「改訂出来事インパクト尺度」（IES-R）を組み込んだアンケート票を成人用と未成年者用の二種類作成し、原告全員に記述を依頼した。これも九割を超える回答を得て、原告の精神的状態を客観的に示すための材料ができた。これら二種のアンケート結果を集計・分析することで二通の意見書を作成し、大阪高裁に提出した。と同時に、その内容を一部書き改めて、二本の研究論文として発表したのである（竹沢・伊東二〇二〇、竹沢・伊東・大倉二〇二〇）。

2018年第一審判決

15　これには先例がある。高橋若菜宇都宮大准教授と小池由佳新潟大教授が新潟地裁に提出した意見書と研究論文であり（髙橋・小池二〇一八、二〇一九）、私たちのアンケートの質問事項はそれに準拠している。髙橋准教授らは山形地裁にも同種の意見書を提出している。

この二通の意見書とそれにもとづく論文は、それぞれめざすところが違っている。陳述書にもとづく意見書のほうは、原発事故の直後に原告たちが何を考え、どのような避難行動をとったか、避難生活の中で彼らはいかなる精神的苦痛や経済的困難に直面したかなどを全体的に描き出すことをめざしたものである。それに際して、多くの原告がアンケート用紙に避難当時の状況や心情等をくわしく書き込んでくれたので、それも意見書の中に取り入れることにした。これにより、彼らが感じていた危機意識の深刻さや避難生活上の困難を直接に伝える生き生きとした生活記録になることができたと考えている。

一方、ＰＴＳＤリスクを測定したもう一通の意見書のほうは、原告たちの現在の精神状態と苦痛の度合いを可能なかぎり客観的に示すこと、そして彼らをそのような精神的状況に追い込んだ経済的・社会的・心理的な要因は何かを特定することで、国や東京電力による支援や賠償がはたして十分であったかを検証することに力点を置いている。[16]これによって明らかになった原告のＰＴＳＤリスクの高さは私たちが想定していたよりはるかに高いものであり、彼らが避難生活の中でいかに多くの困難に遭遇したか、そして一〇年を経過した今もどのような困難や苦難に晒されつづけているかを客観的な数字で示すことができたのである。

これらのアンケートの分析を進めるのと並行して[17]、私はアンケートに名前と連絡先を書いてくれた原告に連絡をとり、約三〇名にインタビューをおこなった。その全員が「区域外避難者であった。それぞれのインタビューは一時間半から三時間におよぶものもあり、きわめて密度の濃い内容になっている。それらをすべて文字に起こした上で各原

第一審判決後の報告集会

16　これについても範例がある。早稲田大学の辻内琢也教授らは、福島県および関東地方に避難した原発事故避難者を対象に、ＩＥＳ-Ｒ尺度を組み込んだ大規模なアンケート調査を実施し、意見書を作成して東京地裁に提出している。私たちはアンケートの質問項目の策定に当たってこれを参

告に送り、内容をチェックしてもらうとともに、必要な場合には再度インタビューをおこなうことで内容を精緻にした。原発事故避難者の行動や避難生活に関する記録がほとんど存在しないこと、とりわけ区域外避難者が抱えた悩みや困難に関する記録が皆無に近いことを踏まえ、本として出版することを決めたのである。

　書くための材料が準備できたとすれば、つぎは本をどう書くかである。ただちに想定されるのは、原発事故の発生から、避難行動の開始、関西地区への避難を決意した経緯、避難生活で経験した困難や苦難などを、時系列に沿って記述することだろう。さいわい原告全世帯が書いた陳述書が手元にあるので、そうした再構成は十分可能であると思われた。しかし、そのような形式をとると、私がまとめることで彼らの経験の固有性や意識の鋭利さが失われてしまう危険がある。避難者である原告のひとりひとりが語りあるいは記述したことばの力、経験の直接性がもつ有無をいわさぬ力強さが失われてしまうことが危惧された[18]。そのため、彼らの語りや記述を可能なかぎり元のままに再現することにしたのである。

　以下には三〇名近くのインタビューのうち、もっとも代表的と思われる語りをそのまま再現している。私がおこなったのは、重複したり冗長と思われた箇所を削っただけで書き直しはおこなっていない[19]。録音起こしのままである。ここに収められた彼らのことばの率直さと明晰さは読者を驚かせるだろう。おそらくそのことは、彼らが苦難に満ちた避難生活の中で嫌というほど自己と周囲に向き合い、何を考えるべきであり何をすべきであるかを自問しつづけてきたためだと推察されるのである。

　原発事故の影響を避けるために移住した避難者の語りを中心に載せるとはいえ、私

考にした。

17　インタビューは二〇一九年一〇月から二〇二〇年八月にかけておこなった。それと並行して文字おこしをおこない、文字にしたものを本人に送付してチェックしてもらい、完成稿とした。

18　彼らと私のやり取りをそのまま記すことで、言説がどのように形作られていくかを示そうとしたのである(桜井二〇〇二参照)。

19　以下のインタビューのうち、K・KさんとH・Yさんのものは二回に分けておこなったので、時系列に沿って語りの前後を一部入れ替えている。

としては原発事故の記録にしようとは思わなかった。私がここで示したいと思ったのは、彼らのひとりひとりが事故以前にさまざまな生のかたちを築いていたことであり、それが原発事故によって大きく変えられてしまったこと、そのあとで生じたさまざまな困難をときにひとりで、ときに家族で力を合わせながら乗り越えてきた彼らの生のあり方を再現することである。そして、それを通じて浮かび上がってくる、彼らのふるさとと福島に対する愛憎の思い、彼らに十分な支援をすることなく放置してきた日本という国家に対する痛みに満ちた思いを、剥き出しのままに伝えることである。

しかし、これらの語りを再現するだけでは彼らの置かれた状況や困難の全体像を浮かび上がらせることは困難なので、原告の手になる陳述書とアンケートをもとに書いた二通の意見書を書き直して、合わせて載せることにした（第二章と第五章）。これにより、個別的であると同時に全体的であり、原告個々人の強い思いを伝えると同時に彼らの行動と思考の全体像の把握も可能な、避難行動と避難生活の記録になることができたのではないかと考えている。避難後の一〇年を必死になって生きてきた彼らの試行錯誤を可能なかぎり正確に伝えること、あれほどの不安と恐怖を引き起こした原発事故さえなかったかのように、一切を忘却のなかに押しやろうとする日本という国家と私たち日本人の惰性と忘却のメカニズムに抗いながらそうすること。それがこの本の意図である。

被傷性の人類学へ

ここで、私の専門である文化人類学の観点からこの本がどう位置づけられるかを整理しておこう。文化人類学は異質な文化をもつ人びとの生き方や考え方、行動様式を研

公判の後の集会で原告が発言する

究する学問であり、そうした観点から人類学者はアフリカやオセアニア、アジアなどの他の国々におもむき、現地に住む人びとと直接に向き合うフィールドワークを通じて彼らの文化形態を理解しようとつとめてきた。ところが、そうした「他者の文化の学」としての文化人類学は一九八〇年代以降大きく変質した。その背景にあったのは、他者について書くことが否応なく孕む権力作用に対する自省が進んだことであり、グローバル化の進展によって世界中で価値観や嗜好が変化したことで他者の文化と私たちの文化の境界が薄れ、異質な他者の文化の理解の学としての文化人類学の存在理由が自明でなくなったことである[20]。その結果、多くの人類学者はフィールドワークを基本的な手法として保持しながら、特定の地域の文化を研究するより、複数の地域を研究したり自国の人びとの行動様式や考え方を理解したりする方向へと向かっていったのである。

こうした人類学の方向転換に際し、多くの研究者が新たに選択したのが、移民や難民、国内避難民などの複数の文化のはざまで生きる人びとであり、貧困や失業、疾病、高齢、障がい、神経症、性的マイノリティ、災害などの困難に直面しながら生きている人びとであった。それらのテーマが新しく選び取られた背景に、現代世界そのものの変質があったのは疑いない。一九八〇年代までの高度成長の時代、先進工業国は経済発展と社会保障の拡充につとめ、そこに住む人類学者にとって貧困とはいわゆる発展途上国で生じる出来事に他ならなかった。人びとが貧困をどう経験しているかを研究することは、他者の文化を理解する鍵と見なされていたのである[21]。感染症についてもおなじであり、それが生じるのは、マラリアや天然痘のように衛生状態が改善されていない発展途上国に特有な課題と見なされていた。

20　人類学におけるこうした反省作用を象徴的に示したのが一九八六年にタリフォード・ジェームズとマーカス・ジョージが出版した『文化を書く』（一九九六年翻訳）であり、『文化を書く』ショック」と呼ばれるほどの影響を人類学と隣接分野に及ぼした。

21　代表的なものが一九五九年に出版されたオスカー・ルイスの『貧困の文化』（一九八五年翻訳）であり、貧困を固定的にとらえているとして人類学ではむしろ批判の対象とされてきた。一方、ほぼ同年に発表され、どうすれば経済発展が実現し、貧困を解消できるかを示そうとしたロストウの『経済発展の諸段階』（一九六一年翻訳）は、先進諸国と発展途上国の協調をめざす国連の金科玉条とされてきた。

ところが、八〇年代に米国のレーガン大統領や英国のサッチャー首相らにより新自由主義的な経済政策が採用されて福祉が切り捨てられ、安価な労働力を求めて工場が他国に移転されるようになると、先進工業国でも失業や非正規雇用、貧困が広がっていった。もはや貧困は「彼ら」に固有の問題ではなく、「私たち」に共通する問題になったのである。感染症についてもおなじであり、発展途上の国や地域に起源をもつエイズや新型コロナはまたたく間に世界中に広がり、全人類が直面する共通課題として認識されるようになっている。

二〇〇二年に亡くなったピエール・ブルデューは世界的に著名な社会学者だが、彼の最初の調査地はアルジェリアのカビール社会であり、出発点は文化人類学である[22]。その彼のチームが一九九三年にフランス国内の移民や外国人労働者、失業者、小店主を含む五二名にインタビューして『世界の悲惨』を発表したのは右のような認識からであった。この本は、フランスの市井の人びとがどのように経済的・社会的な困難に直面しながら生きているか、彼らの生はいかに悲惨と隣り合わせであるか／悲惨の中にあるかを彼ら自身のことばで再現したものであり、一〇万部を超えるベストセラーになるなど広い反響を呼んだのである。

文化人類学の領域でもおなじ傾向が見られている。『世界の悲惨』と同時期に英国のジョン・デイヴィスは、従来の安定した社会組織や文化構造の研究に加えて、戦争や内戦や疾病や災害に見舞われた人びとについての人類学、彼のいう「苦難の人類学」が必要であると説いた(Davis 1992)。それはこの時点では提言に過ぎなかったが、その後、難民や移民、貧困、疾病、戦争被害者、性暴力の被害者、高齢者、障がい者、適応障害な

22 ブルデューは一九七七年に『資本主義のハビトゥス：アルジェリアの矛盾』（一九九三年翻訳）を出版しているが、そこで彼はアルジェリアの農村部の人びとがいかに伝統的な思考様式の中で生活しているか、それが資本主義的生産様式の固有の特徴である個人主義や利益追求のインセンティブと異質であるかを論じている。広い意味での「貧困の文化」の範疇に入る議論であり、一九九三年の『世界の悲惨』の視点とは大きく隔たっている。

どの困難を抱えた人びと、傷つきやすい状態にある人びとに関する研究が増えた結果、二〇一六年には米国の著名な人類学者シェリー・オートナーが「暗い人類学(Dark Anthropology)」が現代人類学の主流になっていると言い切るまでになっている(Ortner 2016)。それと前後してジョエル・ロビンスは広い反響を呼んだ論文の中で、人類学の中心的関心が異文化の理解から、「苦悩への傷つきやすさ(被傷性)を共有することで結びつけられている人間共通の性質」を理解することへ移っていると述べている(Robins 2013)。原発事故で故郷を追われた「国内避難民」[23]としての避難者を対象とする本書も、人類学におけるこうした傾向に沿ったものである。

このように人類学者がますます苦難や被傷性を抱えた人びとを研究するようになっているとすれば、彼らはそれで何を実現しようとしているのだろうか。一つの見方は、苦悩や被傷性を抱えた人びとについて語ることで、そうした人びとへの関心を広く喚起しようとしているとすることだろう。そうした見方は間違いではないが、十分とはいえない。彼らについて語ることで彼らへの関心や共感をうながすというのは、ジャーナリズムとしては推奨されるかもしれないが、科学としてはあまりに未熟で不十分である。別の見方は、傷つきやすい状態に置かれている人びとはみずから語る場をもたないことが多いので、彼らになり代わってそのことばを伝えるとすることだろう。しかし、人類学者が彼らになり代わって語ったとしたら、彼らのことばをゆがめ、簒奪してしまう危険がある。それゆえ、これらの見方ではない見方、苦難や被傷性を抱えた人びとについて研究するための別の視点を開拓することが必要なのである。

ジュディス・バトラーはジェンダー論で名高い研究者だが、二〇〇一年のニューヨー

23 国連人権委員会は国内避難民の保護のための「国内強制移動に関する指導原則」を一九九八年にさだめたが、冒頭で国内避難民を定義している。「国内強制移動者(=国内避難民)とは、とりわけ武力紛争や一般化された暴力的状況、人権侵害、自然災害、人為的災害の結果として、ないしその影響を逃れるために、その住居や居住地を離れるかそこから避難することを強制されるか余儀なくされ、国際的に承認された国境を越えていない人ないしその集団である」(www2.ohchr.org/english/issues/idp/docs/GuidingPrinciplesIDP_Japanese、竹沢訳)。原発事故避難者がこの国内避難民の定義に合致することは疑いない。

クの世界貿易センタービルの爆破以降米国でナショナリズムと言論統制が高まったのを見て、それに抗するべく議論の軸を変えていった。戦争に加担する側ではなく、戦争によって傷つけられる人びとの側に自分を位置づけると同時に、被傷性や「生のあやうさ」をその議論の核心に据えていったのである。彼女によれば、誕生後数年にわたりケアを必要とする人間とは否応なくあやうさと傷つきやすさを抱えた存在であり、あやういがゆえに他者に対して開かれ、他者と共に生きるべくさだめられた存在であることを議論の出発点にしなくてはならない。と同時に、現実社会ではそうしたあやうさや傷つきやすさが不平等な仕方で割り振られるのが一般的なのだから、そうした不平等を生むメカニズムを明らかにし、それを正していかなくてはならないと主張するのである（バトラー二〇〇七、二〇一二）。

あやうさや生きることの困難が不平等な仕方で人びとに割り振られていることは、コロナ禍の中で私たちの目の前に突きつけられたものであった。コロナ禍による経済活動の停滞は多くの人びとに経済的困難を課したが、それがもっとも影響を与えたのは小さな子どもを抱える母子家庭であり、非正規労働者であり、真っ先に首を切られた外国人労働者であった（鈴木二〇二一）。また、コロナと戦う最前線にいるケア労働者の多くは、欧米諸国では移民や外国人労働者であり、彼らのもとでの感染リスクが他より一段と高いことは繰り返し伝えられてきた[24]。であれば、人びとが抱える苦難やあやうさを記述するに際しては、そうした苦難やあやうさを不平等に生み出しているメカニズムを明らかにすることを伴わなければ片手落ちだろう。実際、先にあげたブルデューがめざしていたのは、人びとが経験している悲惨や苦難を丹念なインタビューを通じて「感覚によっ

24 https://www.ilo.org/wcmsp5/groups/public/relcont/documents/meetingdocument/wcms_806092.pdf

て把握できるもの」にすると同時に、それを積み重ねることで、「もっとも残酷な苦悩の根源にある経済・社会メカニズム」を目に見えるかたちで示すことであったのだ(ブルデュー二〇一九〜二〇二〇、一四一八、一四六二)。

こうした複眼的な視点の必要性は、おそらく私たち日本人には親しいものである。水俣病に苦しむ患者の世界を克明に描いた石牟礼道子の『苦海浄土』が与えられているためである。石牟礼はそこで水俣という地域社会の最底辺に位置づけられていた零細な漁民＝患者を描いたが、彼女によれば彼らこそはもっとも豊かな世界を生きる人びとであった。「舟の上はほんによかった。イカ奴(め)は素っ気のうて、揚げるとすぐにぷうぷう墨をふきかけよるばってん、あのタコは、タコ奴はほんにもぞかとばい。壺ば揚ぐるでしょうが。足ばちゃんと壺の底に踏んばって上目使うて、いつまでも出てこん。こら、おまや舟にあがったら出ておるもんじゃ、早う出てけえ……」[25](石牟礼二〇一一、八七)。不知火海に生きるものすべてと交わりながら生きる漁民の世界の豊かさを定着させたこの一節は、日本語による表現の極北とも言うべきものだが、もし石牟礼が水銀汚染以前の世界としてこうしたシーンしか描いていなかったなら、あまりに牧歌的・調和的として読者は辟易していたかもしれない[26]。しかし彼女は、漁民たちの抗議行動とそれに対するマスコミや市民のヒステリックな反応を克明に描き、医学誌に収められた病状の冷酷な記述もそのまま引用する。さらに、病院で亡くなって病理解剖された幼い娘の身体がばらばらになるのを恐れながら線路の上を自宅まで担いで帰った母江郷下マスの苦悩を描き、水俣病に苦しみながら未認定の患者を発掘して歩いた川本輝夫がチッソとの直接交渉の場で、社長の前にカミソリを差し出して一緒に血書を書いてくれと迫る姿を描

25 この文章は、石上ゆきが語った語りというより、石牟礼道子の創作というべきである。病院にいた石上は水俣病のせいで、「う、うち、は、く、口が、良う、も、もとら、ん」としか喋らなかったというのだから(石牟礼二〇一一、八四)。

26 石牟礼の師匠であった谷川雁が指摘するのはそのことである。「水銀前の水俣を、あなたは聖化しました。幼女の眼で、漁師の声で、定住する勧進の足で。……糞尿と悪臭の露地をそれらで荘厳するのもよいでしょう。もはやそれはあなたの骨髄にしみとおっている性癖で、私にはしょっちゅう狐のかんざしのごときものが見えてへきえきしますけれども」(谷川二〇〇五、一一二)。

いているのである。

　このようにして石牟礼は、自分に何の咎もないのに水俣病に苦しみながらも、なすべきことを各自の責任において果たそうとつとめる患者たちの姿を克明に描くことで、その対極にある、経済発展と利益追求の錦の御旗のもとで犠牲者を生みつづける企業やその側に立つ国や自治体のシステムとしての暴力性を告発する。彼女は、「われわれの風土や、そこで生きる生命の根源に対して加えられた、そしてなお加えられつつある近代産業の所業はどのような人格としてとらえられねばならないか」を描き出そうとしたのである（石牟礼二〇一一、四四）。

　このように見てくれば、苦難と被傷性に晒された人びとについての人類学がめざすべき地点は明らかだろう。それは、人びとが直面している苦難や彼らの痛みをできるだけ彼らの身近なところで忠実に描くとともに、彼らにそのような困難を課しているのはいかなる社会的メカニズムであり、それが私たちを含めた人びとをどのように拘束しているかを、可能なかぎり客観的にかつ深層にいたる仕方で示すことである。

第一章　原発事故が人生を変えた

最初に三人の原発事故避難者の語りと、ひとりの避難者の手になる詩をとり上げる。自己の経験を語ってくれた三人とも福島県の中通りの出身で、原発事故の放射能汚染を避けるために、遠く京都まで避難した女性である。三人の語りが明らかにしているように、原発事故は彼女たちがそれまでに築いた人生を根底から揺るがせ、背負いきれないほどの重荷と課題を突きつけた。彼女たちはいずれも避難生活の中で癌や婦人科の病気などの重篤な病いを発症しているが、他の場合であれば人生の転機となったであろうこれらの病いさえ、避難生活が課した困難にくらべれば日常生活の一部に過ぎないと思えるほど、原発事故は彼女たちの人生に深い刻印を残したのである。

とはいっても、彼女たちが経験した困難の大きさを示すことがこれらの語りの主題ではない。原発事故とその後の避難生活という過酷な状況を生きる中で、彼女たちが試行錯誤を重ねつつ生み出した自己と社会についての意識の深まりこそが、語りの中心的な位置を占めている。そうした意識の深い輝きは、別の避難者が作った詩にも顕著に見られるものである。

1　鈴木絹江さん

鈴木絹江さんは一九五一年福島県いわき市生まれ。ビタミンD抵抗性くる病の障がい者である彼女は、障がい者運動にかかわりながら福島県船引町で農業をやっていたが、九〇年代後半から障がい者福祉にかかわり、障がい者自立支援センターや訪問介護所の運営に携わるようになる。原発事故後、新潟への避難を経て、京都に定住。現在は甲状腺癌の闘病中である。

このインタビューから一年後の二〇二一年五月一五日、甲状腺癌で逝去。その百日後、絹江さんを支えつづけた夫の匡さんも逝去。お二人の冥福を祈りたい。

若いときから障がい者運動をされてたってことですが、始められたのはおいくつの時ですか

えーっと、二四くらいの時かな。二四の時に、白石君[1]たちがやっていた「青い芝の会」[2]に出会っていますので、二四ですね。

それは福島のグループですか

いえいえ、全国組織です、脳性まひの人たちの。日本の障がい者運動のなかのちょっと変わった性格の。普通のサークルと違って、殺される側からの論理みたいなのを発言してってふうな。最初は親睦を目的としてたんですけど、障がい者のなかでもCP[3]っていう脳性麻痺の人たちは置き去りにされて、仲間外れにされた存在だったんです。そ

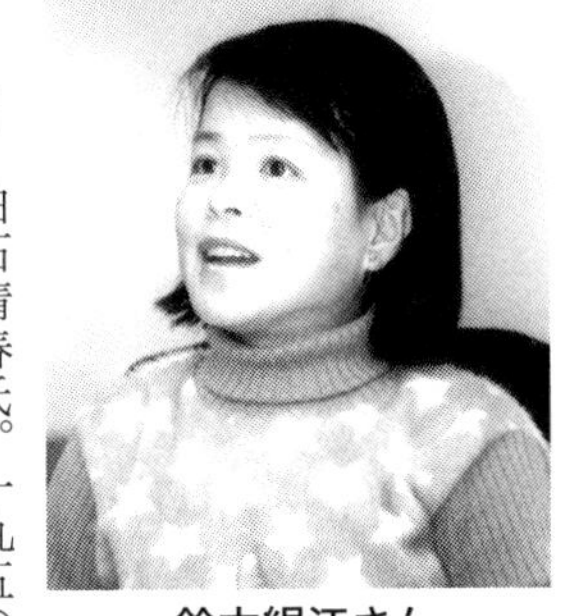
鈴木絹江さん

1　白石清春氏。一九五〇年、福島県郡山市生まれ。生まれた時に脳性麻痺となる。一九六九年に郡山養護学校高等部を卒業し、そこで鈴木絹江さんと知り合う。原一男監督のドキュメンタリー映画「さようならCP」を見て衝撃を受け、障がい者運動にかかわるようになる。一九七四年、福島県青い芝の会を設立。川崎市で青い芝の会のメンバーがバスに単独乗車しようとして拒否されたことに抗議した「川崎バスジャック闘争」で中心的な役割を果たす。

んな中で社会運動に変わっていくんですね。私は脳性麻痺じゃなかったんだけど、青い芝の会がどんどん発展していくんで、活動を共にしたんです。

それは独立した運動なんですか

いえ、茨城の閑居山の大仏和尚さん[4]。社会運動をやってた方が、家の中に置き去りにされていたCPの人たちの面倒を見ていて、「お前たちはもっと自分たちの側で発言していかないと、殺される側なんだぞ」ってことで社会運動になっていったんです。その中に、福島でも白石君たちを中心にしながら「福島県青い芝の会」が発展していったってことですね。で、白石君と私は郡山養護学校っておなじ学校にいたもんですから、彼の誘いがあって映画会をやって。その映画会をきっかけに私も運動にかかわるようになったんです。

もともといわき市だったのが、郡山に出てこられたっていうのは、それがきっかけですか

私はいわき生まれで、その養護学校ができたのが郡山だったんですね。だから、全県の人たちが郡山に集まるようになって。その時代には、卒業したら重度の人は家に行くか施設に行くかしかなかったのね。まあ、軽度の人は働きに行くとか、職業訓練所に行くとか、自営業はじめるとか。私は一回就職したんです。千葉のほうで就職をして、それから身体を壊して戻ってきて。

それで郡山に戻られた

私は母ひとり子ひとりで、母親も私とおなじで障がいをもってたんですよ。ふたりで障がいをもっていたんですけど、その母親のところに戻って編み物を習いはじめました。

一九八九年に郡山市に戻り、複数の自立センターや福祉作業所の設立と運営に携わる。東日本大震災後、「被災地障がい者支援センターふくしま」代表。

2 青い芝の会とは、一九五七年に東京都大田区で、脳性麻痺者の交流や生活訓練を目的として設立された団体。しだいに社会運動的な性格を強め、障がい者福祉や障がい年金、自立支援などを求めて政府や自治体と交渉するようになる。障がい者が障がい者として生きる権利をもつという自己決定権を重視し、優生保護法改定反対運動、川崎バスジャック闘争など、一九七〇年代に激しい差別告発運動を展開して広く知られるようになった。

3 CPとは脳性麻痺をあらわす英語名 Cerebral Palsy

それまでは千葉で就職したんですけど、日本刺繍の会社で、付け下げとか袋帯とかに刺繍をする日本でも五本の指に入るくらいの会社でした。銀座きしやとか三越とか、一流のところの帯とか着物をやっているところなんですけど。それで身体を壊して家に戻ったんです。

母も障がいがあって生活保護を受けていたんですけど、私も即、働かなくては生きていけないので、編み物を習って、機械編みでお店の仕事をやったり、手編みを教えたりしてたんですね。でも、また身体を壊していくわけですよ。だって、こんなちっちゃい身体で一日一枚のペースで編み物を仕上げていくと、だんだんくたびれて、どんどんどんどん身体を壊していって。こういうことをしていたらば、母親が倒れるか私が倒れるか、どっちかが倒れたら、こういう生活はもう成り立たないって思って。どう生きていったらよいのかって悶々としてたのが二〇歳くらいの時だったんです。

で、その二四歳くらいの時に白石君たちの青い芝の会の運動に出会って、そこで「障がいをもつ人たちが自分のやれることをやったからって、生きていける社会にはならないよ」って。「重度の人が生きられる社会こそが、みんなの幸せにつながることじゃないか」って。そういうことに出会って、ああ社会を変えていかなくてはならないんだって思って。私は家で仕事をやってたんで、最初は日曜日ぐらいしか彼らと会ってなかったんですけど、そのうち月に一回か二回郡山で集まってカンパ活動や集会をやったり。あと、私はいわき地区を拠点にしながら、いわきの障がい者に会っておなじような活動を始めた。で、そういうことをやっていると、母親と折り合いが悪くなりますよね。あと、少しでも働いて生活保護を切っていくことが目標なのに、どんどん娘が何だかわか

の略語。

4　大仏空氏。一九三〇年生まれ、茨城県かすみがうら市の閑居山願成寺の住職。一九六三年から六年にわたって自坊に「マハラバ村コミューン」を設立し、約三〇人の障がい者とともに『歎異抄』の精神を基軸とした共同生活をおこなった。脳性麻痺者の精神的自立をうながすそのコミューンは長くは続かなかったが、青い芝の会の運動に引き継がれて大きな影響を残した。

んない人とつながって。政治的なことは何にもわかんないで親子喧嘩をして。で、私は家を飛び出したんです。

それがおいくつのときですか

それがね、二五かな。二五のときにはもう家を出てたんですよ。で、二八のときはうちの人と一緒になったの。

それは郡山ですか

いや、いわき市にアパートを借りました。私はいわき市、白石君たちは郡山市、あと福島市にも障がい者の事務所があるので。で、この三つの都市の障がい者が集まって。でも、障がい者の中では、「やっぱり青い芝の会は過激派だ」とか言われたり。あと、CPとかの障がい者の中でもエリートではない人たち、「落ちこぼれが何やっているんだ」っていうこととか。あと、白石君たちはよく道路にチョークで告発の字を書いたりして、「母よ殺すな[5]」って。あの頃ね、障がい児殺しが七〇年代に結構あって。障がい児を殺しても母親は罰せられないんですよね、近所の人たちが減刑嘆願書を出してね。「殺すの仕方ないだろ、施設がないからだろ」みたいに。それを、青い芝の会の創立者である横田[6]さんとか横塚[7]さんたちが「母よ殺すな」って。殺される側からの発言っていうことで。「障害があろうがなかろうが、子供を殺したなら、やっぱりちゃんと罪を償うべきではないか。そうでないと、障がい児の命が軽んじられてしまう」っていうふうなところから運動になっていったんです。

そんなふうな青い芝に私なんかが出会った時には、すべてがわかったわけではないけど、「障がい者は生きていることが労働なんだ」って言われたときに、すごく実感として

5 「母よ殺すな」は、障がい者運動のスローガン。一九六〇年代から七〇年代にかけて、重度障がいの子をもつ親が介護を苦にして子を殺す事件があいついだ。その時、減刑や無罪を嘆願する運動が地域やマスコミで生じたのに対し、青い芝の会などは障がい者の生命を軽視する風潮が生じるとして、「母よ殺すな」を合言葉に全国で抗議活動を展開した。

6 横田弘氏。一九三三年横浜市生まれ。「マハラバ村コミューン」に参加し、一九六六年に設立された「神奈川青い芝の会」の設立メンバー。一九七七年に「川崎バスジャック闘争」を起こすなど、過激な抗議活動を展開した。また、詩人として多くの詩を発表してきた。

7 横塚晃一氏。一九三五

わかった。会社で身体を壊して、頑張っても頑張っても健康な人には追いつかないわけですよね。技術的にいくら上手であっても、体力がなければ仕事をしていくことはむずかしいわけですから。なんか、自分の尻尾を食べて生きているような気分だったんですよ、先の見えないというか。その時に障がい者運動に出会って、「障がい者は生きていることが労働で、障害年金もらって、それは国家公務員の給料みたいなもんだから、国を良くしていくことに、障がい者が生きられる社会を作っていくことに還元すればいいんだ」って。まあ自分たちの理屈でしょうけど、そういうものに出会って、「ああ、そうだな」って。「社会が変わっていかないと、重度の人たちはやっぱり憐みの対象で、命をないがしろにされる、そういう存在でしかないんだな」って。そういう社会に打って出るっていうか、運動に関わり始めたんですね。そこの中で、「障がい者は生きていることが労働なんだ、労働に見合った賃金をもらっていいんだ」って言われたことにほっとした。

それはどなたの発言ですか

たぶんね、それは大仏和尚じゃないかな。茨城の閑居山てお寺の。そこから影響を受けた横田、横塚さんたちの発言だったと思いますよ。私に直接言ったのは白石君でしたが。あと、障がい者は自分だけでは生きられないのに、あの頃は介助制度とかなくて、学生たちが関わりながら、障がい者が在宅でも施設でもなくて、アパートを借りて暮らすところに通って介助を手伝って、ボランティアのみんなが生活を支えたっていう、障がい者は生活保護をとりながら暮らしてたっていう時代なんですよ。

生活保護とか、人の世話になりながら言いたいことだけ言うってのはどうなのとか、いろいろ喧々諤々はあったんですけど。でも、どういうんだろうな。私にとってはすごく大

年埼玉県生まれ。大仏空の「マハラバ村コミューン」に参加し、のちに横田弘氏らと共に「神奈川青い芝の会」の設立に携わる。一九七二年同会長となり、青い芝の会の思想的中心となるが、一九七八年に逝去。

きな出会いでしたね、この障がい者の運動はね。自分のアイデンティティを見つけたってこととか、自分も生きていく価値があるんだとか、そういうものをつかんだって。で、大事なのは、健康な人の社会にぶら下がって生きるんじゃなくて、障がいをもった自分として生きていくんだっていうふうに思うようになったのが、すごく良かったって思いますね。そのあと、その障がい者運動の中で映画会をやった時にうちの人がたまたま映画を見に来て、そこで出会って、そこから結婚してってかたちになっていくんですけど。

そして、いわき市で一緒に

はい、いわき市に一緒にいたんです。で、いわき市で一緒になった時に、うちの人まだ若かったんですね。一九で一緒になったんですよ。で、「百姓やりたい」って。つまり、誰かを蹴落とすでもなく、誰かを下敷きにするでもなく、共に生きられる社会っていうか仕事って何なのかって思っていったら、やっぱり食べるものを作っていくってことだって気づいて。「百姓をやりたい」って言ってたんですけど、なかなかいわきでは見つからなくって。で、郡山の東の船引っていうところに喫茶店が空いていると。

場所は郡山市内ですか

郡山の隣の田村郡内でね。山の中、土地が空いているっていうのは山の中ですよね。で、山の中にふたりで行って「空いてる土地ありませんか」とか言うと、やっぱり田舎の人はね、「お前たち頭おかしい。誰とやるんだ」って。で、私を見せるわけですよ。すると「こんな障がい者のちっちゃいのと一緒にやれるわけないだろ」って思うわけですよね。「だけど、百姓やりたいです」って言うと、「お前ら赤軍派か」と言われたりとか。そしたら、郡山の養護学校の同窓生のひとりが、田村郡の船引町に喫茶店があると。「田舎はそんな突然行ってね、土地ありますかって言ってね、貸してくれるところなんてないぞ」と。「まずは一年ぐらい喫茶店でもやって、地元の人と仲良くなって、それから借りたらいいんじゃないの」ってことで。あっそうか、そうだよなって思って喫茶店が始まったんですよね。

それは結婚されてすぐですか

そうですね、一九八一年の三月くらいに行ったんだと思います。喫茶店を開いて、そこに来てからも土地を探したら、船引の移っていう所に空いている土地があって。そこもやっぱり開拓部落で、牛をやってたんですけど、おじいちゃんたちが亡くなって空いてる家があったの。そこに私たちが入って農業をやろうかって。ただ、問題は電気がなかったんですよ。電気もない、水道もない、ガスもないという。

大変ですね

大変でした。でも、そのちょっと前にいわき市で探したときに、友達がやっぱり電気のないところでランプで生活しているのを一年ぐらい見てたんですね。そこで、ランプっていう生活もあるんだって思って。北海道とかで北一ガラスのランプって売ってるんですね。それを取り寄せて、八年くらいランプを使って生活をして。あと、ご飯の煮炊きはガスではなくてだるまストーブ。で、水は、電気があればポンプで引き上げる井戸があったんですけど、電気がないんで。ちょっと低いところにもう一軒空いてて、そこの脇のところに井戸水があったんで、そこからうちの人が牛乳缶で毎日運んで。それで食事を作ったり、お風呂に入ったりとかいうふうなことをして、八年間電気のない生活をしてたんですね。

喫茶店時代

喫茶店はどうされたんですか

喫茶店は、だから辞めました、一年で。もう土地が見つかったのでね。「喫茶店、おいしいのに」とか言われたんですけど、もともと百姓やりたくていたわけですから。だから辞めて、山に入ったんですよ。で、山の中だから、みんな遊びに来ないだろうって思うかもしんないけど、いやいや、みんな珍しくて。電気のないランプの生活だっていって、毎日人が来て、二人だけで食事なんてのはなかった。

それは誰が来るんですか

友達が友達を呼んで、友達じゃない人も呼んで、来るんです。年間二百二三十人来ました。ある人なんか近くで有機農業やってて。有機農業で有名な村上周平[8]さんていう人がいたんですけど、その息子がうちの人とおなじくらいの年頃なんです。彼は海外で支援をしていたんですけど、帰ってきてから飯館村で土地を求めて農業を始めたんですね。その村上家は有機農業を何十年ってやってたから、「そこは肥やし入りすぎ」みたいな。うちのところはあまり土地も肥えていないところだったんですけど、畑を休んでいたから虫食いもなく。最初レタスをまいたので、虫にも食われないで、もうレタスのおひたし、レタスの味噌汁、レタスのサラダ。もう毎日レタスで嫌になっちゃいましたけど。

レタスと何を作られたんですか

いや、最初のうちは野菜と小麦。だんだんと五〇種類くらいね。

お米は作らなかったんですか

田んぼがなかったの。大家さんが持っていなかったの。作物は野菜が少しずつでした。

8　村上周平氏。一九二三年生まれ。福島県田村郡船曳町で自然養鶏と有機農業をいとなんだ。日本では栽培されなくなっていたエゴマの復活に取り組み、一九九八年「日本エゴマの会」を立ち上げ、その普及に尽力した。

でも、私たちがあそこに行ってからもね、最初は信頼されませんよね。もう戻らないつもりであってもね、「本当にやるのかな、何やるのかな」って、やっぱり様子を見てる。だから畑がちょっとしか借りられなかったのね。で、うちの人は少しでも畑を広げたくて、葛なんかがいっぱいあったので、草刈って燃やしたりして。で、火事を出してしまったの。もう真っ青ですよ。春、四月に入って、五月に火事ですから。

近所の人たちがみんな来るわけですよ。ところが、私の家は集落の行き止まりで、消防車が入らないところだったんです。消防車が来たんですけど、下の家からポンプを担いで、上がったところが急な坂なんで、みんなハアハア言って。「頑張って、頑張って」って言いながらポンプをつないでね、火を消すのが始まったんです。ただ、議員さんから区長さんからみんな来て。その議員さんと区長と警察とが、「こりゃ、もう自衛隊呼ばな駄目かな」って話にまでなって。もう真っ青になりまして、こりゃもう一生、火事の賠償で私たちの人生終わるんじゃないかって思ったぐらいにドキドキしたんですけど。でも、自衛隊も呼ばないで何とか消して。つぎの日は雨だったんで、それで大丈夫ってことになったんです。

近所の人にはそういう意味ではお世話になって。私たちが山に入った時には、あんまり隣近所とはお付き合いしないで、自分たちの理想郷みたいな、そんな家にしようって思っていたんですけど。近所の人にはお世話になって、「ああ、だから村づきあいってあるんだな」って思って。村の中に私たちを迎え入れてくれたんだから、私たちもやれることは協力してやっていこうって。それで気持ちが変わって、やっていくことになったんですけど。

農業をやってた頃、娘と一緒に

それからは、お葬式なんかがあると必ず呼び出しが来るんですね。うちの人はそれまでは行かなかったんですけど、火事のあとは行くようになって。黒服着て出かけるんですが、「あんた今日、どこに行くのよ」って言うと、「わかんねえ」。「わかんないのにどこに行くかわかってんの」って言うと、「誰か喪服着ている人の後ろについていけば、たぶんお葬式に行くだろう」って感じで。向こうの人たちのことばが、「あそこの何兵衛のじいさんが亡くなったから、何時に来てくらんしょ」って。「はあ」ってな感じでね。ちょうどね、北の国からっていう倉本聰の映画があったでしょ。あの頃、私たちもあんな生活してたのね。

それを八年やって。で、そのあとに

いや、それをずっとつづけていたかったんですけど。その頃に、全国で障害者自立生活センターっていって、アメリカの自立生活運動と日本の障がい者団体が交流するってことが一〇年くらいあったんですね。そして、自立生活センター[9]を設立するっていう波が来て。

だいたい九〇年代ですか

八〇年代から九〇年代ですね。

障害者自立生活センターの立ち上げにかかわるようになって

最初はそういう波に乗って、船引町でも勉強会を始めたんですよ。議員さんもいたり、保健婦さんも役所の人もいたり、いろんな人がいたんですけど。そのうちひとつずつ福祉を実現していこうってことで。タクシー券、外出できない障がい者にタクシー券を支給して下さいとかやっていくなかで、自立生活センターにかかわるチャンスがあって、じゃあ自分たちも立ち上げようって。郡山とか福島、いわきとかって大きなところはそういう運

9　自立生活センターは、一九七二年にカリフォルニア州バークレーで、障害者が運営し、障害者にサービスを提供する施設として設立されたのが契機。障がい者が施設に収容されるのではなく、地域で自立することを支援することを目的とするものであり、わが国では一九八六年に東京都八王子市に最初の施設が作られた。

動がすぐに立ち上がったんですが。船引は私かもうひとり、二人くらいしか障がい者がいなかったんですけど、まあ小さくてもいいからやろうって。二〇年くらい前ですね。

二〇年前ってことは、二〇〇〇年のちょっと前ですね

二〇〇〇年の前ですね。そうですね、九八年とか。事業所を立ちあげたのが九六年。九四年ごろに福祉の勉強会が始まって。で、九六年に事務所をもって、うちの人が職員として働くようになったんですね。まあ、そんときは二足の草鞋でしたけどね。きっかけは佐藤栄佐久[10]さんって前の福島県知事なんですけど、あの知事がアメリカに行って。私の後輩の桑名敦子っていて、アメリカのバークレーの自立生活センターの副所長と結婚するんですね。そして郡山に来るたんびに彼を連れて来るので、うちで福祉セミナーの講演会をやってくれたんですね。そのあと、県知事がアメリカに渡った時にそのバークレーに行って、障がい者の自立の支援をするんだったら補助金をつけましょうってことで、福島県は全国で初めて自立生活センターに補助金をつけた。三〇〇万つけて、なんとかひとり分の職員と家賃を払うぐらいの事務所がもてたので、それが九六年だと思うんですね。

それまでは町の生活をしていたから、テレビでも冷蔵庫でも何でもあったんです。あったけどただの箱、電気がないときはね。一週間に一回だけは発動機をつけて、洗濯機はまわしていたんです。洗濯はやっぱ手でやるのはちょっと難しくて。で、洗濯機まわして、そのときだけは冷蔵庫に電気を通してアイスを作って、梅酒を飲むのが楽しみでね。で、そのときだけテレビを見て。たいてい映画を見てたんですけど。タンクにちっと入れれば二時間見れるんですけど、犯人がわからないまま終わることがよくあった

10　佐藤栄佐久氏。一九三九年福島県郡山市生まれ。一九八八年から二〇〇六年まで福島県知事を四期つとめるが、実弟が関与した汚職事件の追及を受けて辞職。のち自身も逮捕される。この事件は、佐藤が東京電力のプルトニウムを燃料とするプルサーマル計画に反対したために、その追い落としを図って政府と検察が捏造した刑事事件だとする見方は、福島県民および福島県出身者に広く見られる。

んですね。「うーん、誰だろう犯人は」って。ふふふ。

それが九六年で、そのあとどうされたんですか

最初、障がい者を集めて、任意団体で「自立生活センター」を立ちあげたんですけど、国の福祉の制度がいろいろ変わって、法定施設でないと補助金がおりなくなったんですね。それで一九九七年に、県の単独補助事業を受けて「障がい者自立生活センター」の事務所をもち、一九九九年には小規模作業所「リサイクルショップまち子ちゃんの店」を任意団体として設立したんです。洋服をもらったりして、それをきれいに洗濯して売ってってみたいな。まあそれなりに、五、六万ぐらい月に稼げるようになってたんですけど。

それが働く場ってことですか

そうですね。これが二〇一〇年に、法定施設の就労継続支援B型事業所「まち子ちゃんの店」になって、お給料を払えるようになったんです。それから二〇〇一年に訪問介護サービス事業所として「ケアステーションゆーとぴあ」を設立して、二〇一〇年になると、指定生活介護事業所「生活介護みらくる」っていうのを立ち上げて。この一〇年は、作業所なり事業所なりを三つ四つ立てていくっていう事業展開がすごく大変でした。

すると三本立てということですか

そうですね。そのあいだにも、福島県の共生社会支援事業というので、バークレーに副団長で研修に行ったり、自分たちの勉強や地域の耕しも含めて毎年福祉セミナーを開催したり、アジアやＪＩＣＡの研修生を受け入れたり、いろんなことをしました。全国自立生活センター協議会の中で、私は人権委員をやったんですね。人権委員会の委員長に東さんという車椅子に乗っている弁護士さんがいて、その方が「日本にも障害者の権利条約を持ってこないといけない」って私にも声かけられて。権利条約のあとに「障害者差別禁止法」という法律を整備しなくちゃなんないってことに関わりができて、どんどん広げている最中に震災になったわけです。私は震災の時に六〇歳ですので、そろそろ次の人たちに譲って、より重度の人たちの共同生活なりね、そういうこととか差別禁止法を広げていくっていうか、そっちの活動に本腰を入れようって思ってた時に震災になって。

あの話は思い出したくないですか

思い出したくないことはないですけど。まあ、それは重しですよね。

ここに[11]書かれていますけど。新潟に避難されて

はい、そうですね。

新潟は旅館に行かれて

そうですね、月岡温泉に。華鳳っていうホテルなんですけど、驚くほど立派なところでした。まあどこに泊まっても、素泊まりで四千円だったんですね、あの時新潟はね。食事は自分たちで出さなくちゃなんないんですけど。観光協会の人に「私たち車いすが四人なんですけど」って言ったら、「車いすの方ならここがいいですよ」って紹介してくれたところが華鳳ってところのおかみさんだったんですけど、なんだかんだそこで二週間。

それがいつでしたっけ、三月の

三月の一九日でした。私は一二日に爆発したって聞いたときから、「すぐに出なきゃダメだ」って言ってたんですけど。やっぱり知らない人たち、職員とか所員の方とか

11　原告全世帯が京都地方裁判所に提出した陳述書のコピーをさす。

いたので。とにかくこの人たちに原発が爆発するってことはどういうことかをまずお伝えして、「自分たちで避難するんだよ」と。家族のいる人は家族と共に避難しなくては大変なので、「家族で避難するんだよ」ってことを言うのに二日かかってるんですね。一二、一三日とね。

皆さんわかったんですか

わからない人もおりましたし、わかりたくない人もおりました。やっぱり初めて聞いた、とくに障がい者なんかは初めて聞いた。で、別に色がついているわけでも、匂いがするわけでも、何でもないですから。ここに放射線が降っているっていうことを意識させるのが、すごく難しいことでしたね。

知らないところに行くのは嫌でしょうからね

そうですよね、必ずしも介護者が全部ついていくわけではないですし。あと、やっぱり職員のほうは全部地元の人たちですので。障がい者のほうは、外から来ていた人たちが多かったんですよ。秋田とか岩手とか、会津の方とか。もともと地元にいる人はむしろヘルパーとか職員だったんですね。そういう人たちはやはり土地もってますし、家ももってますし、家族ももってますから、そこを離れるってことはすごく抵抗があったんですね。だから年配の人で行くって言ったのは、三〇代か四〇代かな。その人は子どもが小っちゃかったので遅かったですが来ましたけど、それ以外の人たちはほとんど自分の家に残って。

何人くらいで移動したんですか

当時うちの事業所には妊婦が三人いて、その人たちを最初に避難させました。そのほか、自分の車で避難した人もいました。事業所車で移動したのは、子どもを含めて一一人。私を含めて障がい者は四人、子どもがふたり、あとは大人とヘルパーと。最初は西会津の昭和村っていうところに逃げたんですけど。私の養護学校時代の後輩に旅館をやっている人がいたんで、彼女に電話を掛けたら、「青少年の家みたいなところだったら紹介できるよ」って言われたのが昭和村にあるんで、そこに行ったんですね、一四日の日に。一五日から雨が降るっていう予報があったので、雨にあたっちゃダメだって知っていましたので、「一四日のうちに避難するんだよ」って。

夜の八時くらいに出発して、着いたのは夜中の一時過ぎになってたんです。道路が混んでましたし、高速は乗れなかったですので。で、そこに着いて、雪が二メートルぐらいありましたけどね。でも、雪がこう放射能を遮断してくれて、それでも「七倍くらいの放射線量がある」って地元の人が言ってて。「じつは障がい者の人がここに来ているので、どこか避難できないか」ってうちの人が相談に行ったら、「そんな、医者もいないのに、こんなところに避難されても困る。もっと大きな町に行ってくれると助かる」みたいなことを言われて、ほうほうのていで追い出された。ここでは駄目かって思って情報をまた探ってたら、新潟は避難者を受け入れてくれるっていうふうな情報があったので。

本当はそのとき三つの選択肢があったんです。一つは、東京の自立生活センター協議会の紹介で障がい者も泊まれる宿泊施設と、もう一つは山形の友人のところと、この新潟と。で、都会は電気がなければ動かないからダメだって言って、山形は友達の家ですので、「個人のところに一〇人も押しかけては無理だろう」って。それなら「新潟にしよう」って新潟に行ったんですね。そしたらいいところを紹介してもらって。まあ、お金はなかったんですけど、「お金はなんとかなるべえ」って思ったんですね、私そのとき心臓に毛が生えてて。そしたら何人かが「お金大丈夫、必要なら出せるよ」って耳元に来てくれたけど、「何とかなるから」って思って飛び込んだんですね。本当に家中のお金を集めたって、一〇万円になるかならないかしか持ってなかったんですけど。でも、そのあとゆめ風基金から。ゆめ風基金ってご存知ですか。

いえ

ゆめ風基金って、関西にあって、永六輔さんが会長さんやってくれてたんですけど。障がい者のところに災害があったときにはそこからお金を出すっていう。そこの事務局の人から電話があって、「絹江さん、何が必要だい」って。「おむつかい、ガソリンかい、お金かい」って言われたから、「お金です」ってもう即言って。百万振り込んでもらって、それで何とか支払いをしていた。

そのとき、三月のもう末くらいだったんですけど、じつは三月の二五日に郡山で被災地障がい者支援センターを立ち上げようっていう呼びかけがあって、そのゆめ風基金のお金で。で、私もそのときに郡山に一回戻っているんですけど。その戻ったときに、私「もう避難は止めようかな」って実は思ったんですよね。誰にも言わなかったんですけど。そんなに簡単に自分のふるさとをあきらめるってことがなかなかできなかった。

いや、避難をするっては思ってたのね。新潟でも自立センターの人が、「絹江さん、アパート借りる?」とか言って、三つ四つ押さえてくれたんですね。で、「一人暮らしならこっちのアパート。夫婦ならここの一軒家いいんじゃないですか」って手配してくれて。その時に、避難はするけれど、移住するってまでは覚悟を決めてなかったんだね、その時ね。で、その時初めて、「ああ私たちはもう戻れないのかもしれない、もしかしたらこのまま福島県を去らなきゃならないのかもしれない」って思ってね。でも、そんなに簡単には、一週間か二週間のあいだには決断できなかったんだね。福島県がどうなるかわかんない、原発が爆発しているってところで、決められないことを決めるってことの苦しさが、すごく苦しかったですね。

で、アパートで暮らすとバラバラになる。バラバラになると、集まることだけでも大変になるので、私は大きい家で一〇人くらい住めるところないかって聞いたのね。で、ホテルの女将さんに、これだけでかいホテルの女将さんなら別荘の一軒や二軒持ってるんじゃないかって思って。で、心臓に毛を生やして、「すみませんけど、いつまでも旅館にいるわけにもいかないんで、どっか一〇人くらい住めるところないですか」って言ったら、「ございますわよ、鈴木さん」って言われて。「ございますか。でも、一〇人、二〇人くらいになるかもしれないんですよ」。「大丈夫でございます。二〇人くらい泊まれるんですよ」とか言われて。「ああ、そうですか、貸していただけますか」って言ったら、「いいですよ、見に行きますか」とか言われて。それで見に行ったら、そのホテルのオーナーだった会長さんがお亡くなりになって、エレベーターまである大きな家があったんです。そこに借りることができたんです。ただ、それは障がい者バージョンの家じゃなかったのね。

それで障がい者のグループの人に、「車いすトイレがあって、ぼろ家でもいいから、障がい者が入れる部屋がいくつかある家がないか」って言ったら、「自分たちが三月まで借りてた事務所がある」と。で、「そこ借りたらいいんじゃない」ってことになって、「それはいい」って言ってそっちも借りたんです。六畳が六つ七つある。で、障がい者の事務所にしていたから、車いすトイレに直してたんですよ。お風呂はなかったんですけど、スロープを付けてて。マッチ一本で燃えそうなぼろ家だったんですけど、「これでいいわ」って言って。障がい者にはこっちを借りて、私たちはそこに最初住んでいました。で、ヘルパーたちはおんなじところにいると休めないから、旅館の女将さんにアプローチして職員や職員の子どもたち用に借りました。職員のひとりはそこで子どもを産んだんです。どっちも一万円で借りたの。こっちも一万、あっちも一万。いや、もう新潟には（両手を合わせて）足向けできんかったね、足向けて寝れないです。

それはいつ頃ですか。引っ越ししたのは

三月いっぱいで新潟の障がい者のグループは事務所を出るといっていたので、四月から入っていますし、華の湯のオーナーのところにも四月の初めに入ってますね。っていうのは、三月の一一日以降、船引の事業所をお休みにしているわけですよ。職員にとっても不安ですよね、給料は前出ししてはいるんですけど。職員はみんな避難所に行きながらボランティア活動やってたりしたんですけど、「鈴木さん、このまま事業所再開しないんですか」と。「もし再開しないなら、私ほかのところに勤めます」って人がちらほら出始めたんですよ。で、「福島県にとどまって事業所をやるのか」って私の中で葛藤があったんですけど。でも、福島県に残ってやっていくって人たちもいるんだと。で、障がい者も「戻りたい」って言うんですね。でも私は「避難した方がいい」って。で、結局七人、七組の人が辞めて避難して。私たちを含めたら九人、九人は避難したんですね。でも、残る人もいるわけだから、その責任は取っていかなくちゃならないってことで、残る人も避難する人もどっちも支援するって決めて、私たちは四月三日くらいからまた事業所を始めてるんです。

で、残りの方はそのままそこで勤めて

まあ辞めたり、あとは辞めた人がいるので新しく募集したり、いろんな状況にお
かれましたけど。私たちがこっちに（京都に）来るまでには二年半かかりましたからね。
二〇一三年の一〇月の一六日ですので。

それはやっぱり新潟では

うーん、新潟は福島県の雪どころじゃないから。雪かきじゃなくて雪堀りだから。福
島県の私たちがいたところは、せいぜい降っても三〇センチ。で、昼間は溶けるので、
電動車いすで何とか動けるんです、冬でも。だけど新潟はだめ、とても雪深くて。で、
うちの人は「つぎに生まれてくるときは沖縄か京都」って言ってたんですよ。最初は沖
縄っていう選択肢もあったんですけど、福島の事業所の支援も必要だったので、やっぱ
り京都がギリギリ私たちの避難先かなと思ったんですよね。

私たちが避難してくるちょっと後にフクイチ[12]四号機の燃料棒取り出しが始まったん
ですよ、一一月から。始まるっていう情報があって、もしこれが失敗したら名古屋まで
駄目だろうって情報があったので、名古屋を越えなきゃなんないと。で、名古屋を越え
るっていったら京都しかないかと。京都は建物高くなくて空が見えるでしょ。それがい
いなとか。まあ、何とかうちの人が七五〇キロ、高速で一日で行ける距離で。

雪だけですか、新潟でなく京都に来られたのは。放射能とかは

放射能のこともね、やっぱり心配ですよね、近いですしね。やっぱりこっちに避難し
ている人の中には、「新潟はグレーゾーンだな」って。新潟の魚沼産のコシヒカリって言っ

12　東京電力の福島第一原子力発電所をさす。

たら有名でしょ。無農薬のお米をもらったりしたけど、グレーゾーンだなって。

京都に来られて、裁判をはじめられたのはすぐですね。

そうですね。

それはもう最初から裁判やろうって

福島にいるときから思っていましたね。まあ被害者がこれだけいるのに、加害者がいないって何よみたいな。昨日の判決[13]だって、そうですよね。被害があるのに加害者がいないっていうのは、だれも責任を取らないっていうのは、そんな世の中であってはしょうがないですよね。もう必殺仕掛人でも頼むしかないかもしんない。ほんとに。

誰でも、一生懸命生きるのは誰でもおなじなんでしょうけど、障害をもって生まれてきたって、自分で選んできたって思ってるんですね。私はどっちを選ぶかって言われたとき、障がい者を選んできたんですね。だから、選んできたからには自分のなすべきことっていうのがあって、それに気づいていくまではすごく苦しかったですけど。自分のアイデンティティを見つけたり自分の宿題をやっていくっていうことが、大きなテーマだったんです。障害をもつ人の状況と、貧しかったですから貧しい人のことっていうのは、私のライフワークだってずっと思って生きてきて。で、少しずつだけど、障がい者運動にかかわったり自立生活センターが立ち上がっていく中で、世の中が少しずつ変わってきたんじゃないかって思ってたわけですよ、三〇年前から比べると。たとえばエレベーターがついたりとか、バスも乗りやすくなったし、電車も乗れるし、エレベーターのボタンを誰かが押してくれたりとか、そういうことは多々あるんですけど。でも震災になったときに、避難してきたお母さんたちの中には、「放射能にあたると障がい児が

13 東京電力の旧経営陣の法的責任を問うた裁判で、二〇一九年九月一九日に東京地裁で判決が出、全員に無罪が言い渡されたことをさす。

生まれるよ」と、優生思想にもとづいた発想っていうのが身近なところにあったんですね。
私は何も変えてこなかったんじゃないかって、すごく無力感に襲われたというか、最後の最後に来て一番大きなテーマがあったんです。つまり、自分のもってきた障がいっていうところでは、自分を肯定して生きていくってことができつつあったのに、人の心の中に優生思想なり、障がい者はつらいよねとか、大変だよねとか。つらい大変はたしかにあるんですけど、でも、障がいをもっているイコール不幸ではないって思っているんですね。

こう、自分と自分の世界だけが変わったって駄目だということを、見せつけられたっていうか、すごく思い知らされた。私の中では人の心に反応を投げかけるっていうことをやってきたつもりだったんですけど。でも、根本的なところでは何も変わっていないってことにこの震災の後に出会ったかな。原発訴訟のお母さんたちとも、障がい児が生まれるとか生まれないとか、そういう話はまともにしてないというか。障がいをもっているから不幸で、障がいをもっていないから幸福だってことは一概には言えない。障がいをもっていない人で不幸な人を沢山見てきてるしって思うんですけど、人はやっぱり見た目のね、障がいの大変さみたいなところに目を奪われて、そこに重きをおいているんだろうなって。

私はこの震災後に、なんていうかな、震災後に癌になっているんですよね、甲状腺癌に。

手術されたんですか

手術してないです、私、自助療法で、民間療法で治しているというか。まあ癌ていうのはすぐには死なないですよね。考える時間を与えられるっていうか、考える時間とやり直す時間を与えられるって思っているので、ああなるほどって。「癌患者学研究所」っていうのに私は師事して、その中でいろんなことを学んだんですけど。癌になってから、やっぱり自分の命を他人に任せるんじゃなくて、自分で決めていくっていうかね。安楽死とかそういうことじゃなくて、やっぱり自分の身体が治っていく力をもっているっていうことを忘れずに病気を治していく。

たしかに私の癌は被ばくっていうことが大きな原因になっているんだろうけれど、被ばくしても癌を発症しない人は沢山いるわけですよね。それはやはり被ばくをしても、ちゃんと洗い流せるとか、出し切れる。食事の仕方とか生活スタイルとか心のもち方とか、そういうことをしてきたから癌にはなんないんです。私は避難したときも、いつもどうなっていくんだろうって、メンバーのことも、事業所のことも、福島県のこともね、ものすごく悩み苦しんで二二キロまで痩せちゃったんですね。三〇キロあったのがね。このちっちゃな身体で二二キロまで痩せると、もう起きられなかったです。だからヘルパーさんが毎日きて、「絹江さん、今日ご飯どのくらい食べる」って言うと、「ピンポン玉くらい」って。ピンポン玉くらいしか食べられなくて、それを何年もしてたら起きられなくなりますよね。

ものの捉え方っていうのかな。たしかに深刻な事態ではあるんですけど、そこに囚われてしまったんだなあっていうのがすごくありますね、うん。で、病院に行って、「手術をすれば、これは簡単な手術だよ」っても言われたんですけど、私の中では「この身体にもうメスを入れちゃダメだ」っていう声が聞こえて。これ以上メスを入れたらって。私七、八回、足の手術なり、帝王切開なり、盲腸なりやってますのでね。で、これ以上メスを入れたら、私はもう命がないだろうなって思ったんですね。

癌がわかったのはいつですか

二〇一六年の一二月、京都でね。なんか首のところに梅干し大のポコっていうのがあって、何だろうなって思って。逆流性食道炎をもっているので、いつも行く先生のところにお薬もらいに行って、「先生、こんなところにポコってあるんですけど、なんでしょうね。痛くもなんともないから、放っておいても大丈夫だよね」って言ったら、先生が「いやいやいや、それはわからないから、ちゃんと検査しなさい」って言われて。それで検査しに行ったらば、甲状腺乳頭癌っていうのね。福島県の子どもたちがなっているやつですよね。

で、真ん中にあるから、両方取らなきゃダメだっていうのと、変形しているので胸骨を開いて中のものを取んなきゃダメだって。八時間か一〇時間ぐらいかかるとか言われて。駄目だ、そんな長い時間持たないって思ったんですね、直感で。「先生、私手術しない」って。医者はね、「そんなことを言ったら、あとはホスピスしかないですよ」みたいな脅かしですよね。「でも、私体力ないもん」って言ったら、「いや、あなたぐらいの癌で、こないだ八〇くらいの人やりましたから。で、元気でピンピン退院していきました」とか言われてね。いや、八〇のおばあちゃんでも元気な人は元気だからな。でも、私は駄目だなって。

そのあとのアイソトープ治療とかもありますでしょ。手術終わってからね、何十億ベクレルとかってすごい放射線を浴びせられる。医療的に使うんだったら際限ないんですよね。普通は何ベクレル以上はどうだとか、何シーベルト以上はどうだとかいうのに、癌にはなんぼ使ってもいいみたいな。それも矛盾感じて、まあそんなことやったら私は生きてられないって思ったので、そういうのじゃなくて、やっぱり自分。私はこの身体でここまで生きてこれたっていうのは、すごい生命力があるんだって思うので、自分の生命力を最後まで信じて。で、今やれる最善のことをやって、もし命が途中で終わったとしても、それはそれで寿命なんだべなってふうに。もうすぐ七〇なんですね。うちの母が七七で亡くなってますので、七七の母親よりも一日でも長く生きられたら親孝行かなって思っているんですけどね。まあそれが、私が親にできたたったひとつの親孝行ですけれども。

今も事務所は通っておられるんですか

いや、最初は通っていたんですけど、癌になってからは通っていないので。うちの人は通っていますけどね。今年で二五周年なんですね。本当は「絹江さん来て」とか、「理事長戻ってこないのかい」とか言われるんですけど、「戻れないです」って。やっぱり車の移動が大変ていうのもあるし、あと放射線出てますからね、まだ福島県はね。やっぱりそれをするより、しない方がいいって言われますからね。

今何をしたいと思われますか。裁判のことが一つあると思いますが、他に何かありますか

まあ裁判ね。生きているうちにね、東電や国の謝罪を見てみたいとは思うけどね。まあ、あの人たちはどんな手を使ってでも裁判は勝つって思っているだろうし、謝らないんだろうなって絶望的な思いがあるのね。ただ、もし解決の道があるとすれば、私は何を彼らに求めているんだろうなって思っていくと、やっぱり人としてね、本当にお互いのしあわせのためにはどうあったらいいのかね、っていう話ができたらいいなっては思いますね。

じつは福島県にいたときに、原発事故があってから、必ず一円多く払ってたんです。すると一円返してくるんですよ、東北電力の集金係の若い人が来るんですね。で、「少ないけど、この一円は廃炉のために使って下さい」と。「いやいや、多くは取れないんです」と、必ず戻しにくるんですね。その時に、「原発は絶対に動かさないで下さい」という話を何ケ月もやりつづけて。ある時、その若い人がね、「やっぱり避難した方がいいんでしょうかね」って言ったんですよね。「そりゃそうですよ」って。「で、お子さんいらっしゃるの」って聞いたら、「いる」って。女の子が、五年生と三年生の。「ましてや女の子なら、とにかく避難させた方がいい。夏休みでも一ケ月でもいいから、避難させた方がいいよ」って。「東電の人だろうが東北電力の人だろうが、子どもに罪はないんだから、とにかく避難してデトックス[14]した方がいいよ」って言った時にね、「ああ、そうですか、なんとか探してみます」って。「もし必要だったら、保養先紹介してあげるよ」って言ったことがあるんですけど。

東北電力の人だって東電の人だって、悩んでるんだよね。ましてや子どもをもってる人たちはね。その人たちやその子どもっていうのはまったく罪がないわけじゃないですか。だから、そこのところを考えたときに、東電の人とか国の人であってもね、本当に話し合って、社会がどうあったらいいかって、そういうこととか話ができたらいいなって。賠償金額、何十万だか何百万だか知らないけど、そんなのもらったって私には解決でも何でもないって思ってるんですね。だから、そういう話ができたらいいなって。裁判のことについてもね、今、弁護士の中からは和解の話が出ているんですけど、私の中

14　デトックスとは、放射線量の少ない土地でしばらく過ごすと、内部被ばくした放射線が外に排出されて少なくなるとされること。そのために転地することを保養と呼んでいる。

では怒りが渦巻いていたりね、悲しみが渦巻いていたりする中で、和解っていうのは難しいんだろうなと。ただ、本当に和解があるとすれば、私は何が望みなのかっていえば、大人たちが真剣に未来のことを考えて、いいかたちの道筋作ろうよっていうところの合意を得られたらいいなって思っているんですね。なかなかむずかしことかなっては思うんですけど。

昔、水俣病の調査をしたことがあるんですが、あれも解決にはずいぶん時間がかかりましたよね

三〇人か五〇人しか残らなくなってから、あの時は済みませんでしたって言うんじゃないの。まあ今までの裁判の歴史を見ると、百年以上かかるだろうなって。まだ、謝ればいいほうかなって思うぐらいですね。そういうふうな国にしてしまった、そういうふうな国に住んでいるって思うことが、悲しいですよね。私たちの責任なんだな、一人一人の責任なんだなって。本当に人生の最後に来て、一番大きな課題、自分の障がい者の問題、福祉の問題だけじゃなくて、社会全体の、日本や世界のいろんな問題は自分の言動や思考にすごく関係しているんだなって思うんですね。そのことに、発信とか解決の道筋になるようなことを自分が何もやってこなかったっていうことに、すごく痛みを感じる。うん。

それがひとつ痛みとしてあるんですけど、もうひとつ私が今後やっていきたいっていうのは、ずっと思ってきたことなんですが、私がこの肉体とこの状況で幸せに生きていくってことかなって思ってるんです。まあパッと見た人は、なんか小っちゃくて大変ね、だんなさんかわいそうみたいな感じに見えるかもしれないけど。私にうちの人が来てく

家族旅行のときに

れて、本当にうちの人は尽くしてくれてるんです。だからこそ、やっぱり私は幸せになってって。私、癌で死なないって決めたんですね。病院で「甲状腺癌の最後の亡くなり方ってどんなですか」って聞いたら、「甲状腺、器官を突き抜けて浸潤してね、そこに血が破裂して器官を塞いで、まあ窒息死です」って言われたんです。で、「そういう最期の時に、どこで見てもらったらいいんですか」って言ったら、「来ても間に合わないです」って言われたんですよ。ああ、来ても間に合わないなら、行ってもしょうがないなって。だからそういう死に方をしなければいいんだって思ったら、すごくこう腹が据わったっていうか。自分は医者に最後を決められるんじゃなくて、自分の最後を、どういう卒業式にするかを決めることができるんだって思えたのが、すごくラッキーだなって。

ラッキーなんですね

そうなんです、ラッキー。ああ癌になってよかったなって。学んだことがあるんです。私それがわかんなかったら、やっぱり母親のように入院して、管をつながれて、注射やって。私の障がい者の仲間、みんなそうやってスパゲッティ症候群で亡くなって、意識が無くなって、わからなくなって亡くなっていくわけですから。そうじゃなくて、「私は座布団猫(ざぶたねこ)のように死にたい」ってみんなに言っているんですが。座布団猫ってわかりますか。座布団がありますでしょ。それをお日様にあてて干しておくと、日が当たってふかふかになるじゃないですか。その一番いいところに猫っていうのはいて、必ずお昼寝しますでしょ。ああいう形で死にたいなって思う。いつも妙に一番いいところでお昼寝していたら、そのまま亡くなったと。いつの間にか、寝てたと思ったら死んでたわみたいな、そういう死に方がいいなって思ってますね。

2 池田理沙さん

池田理沙さんは一九八七年生まれ。被災前は母とふたりで福島市に住んでいた。東日本大震災が発生したのは、市役所での雇用期間を終えて新しい勤務先に打ち合わせに行く当日であった。小学生のときに脳腫瘍をわずらい、放射線治療を受けていたので、さらに被ばくすることを避けるためにひとりで京都に避難した。避難当時二三歳であり、単身で京都へ避難した人の中でもっとも年少であった。

池田理沙さん

避難されたのは二〇一一年の何月ですか

三月一一日に震災があったんですよね。山口県に兄が仕事で行っていたんで、そこに行って二ケ月いてから、東京の親せきのところに行って、母の手術のためにちょっと福島に戻っていた期間があって、そこで京都行きを勧められて。「京都へ行ってみたら」っていうことがあったから、京都に行って。京都行きのバスで知り合った方々と話していたら、「住むとこ大丈夫なのか」とか、「住宅供給公社へ行ってみたら[1]」っていうことを言って下さったんで、それで行ってみたら住めることになりまして。うん、お世話になりました。

ご自身で探されたんですか

自身でっていうか、住宅供給公社っていうところにとりあえず行ってみたんですよ。そして「京都に住みたい」っていうことを伝えたら、そこで紹介して頂いたのが、市が一般の住宅とかを借り上げて私たちに貸してくれるっていうところだったんです。

1　京都市は東日本大震災の被災者を受入れるにあたり、京都市住宅供給公社内に「被災者向け住宅情報センター」を開設し、市営住宅を提供したほか、幅広い市民や不動産業界と協力して被災者への住宅提供をおこなった。

それは市の方ですか、府の方ですか

市だったと思います。まどろみ荘っていうところに二年かな、もうちょっと短かったかな、お世話になったんですけれども。そのつぎにお世話になったのが、山科の市営住宅だったんですよ。そこが結構長かったと思うんです。それで、その無償での貸出期間っていうか、福島県がみんな帰って来いっていうか、福島から人口流出するのを止めたかったんでしょうね、福島としては。だから「もう逃がさないぞ」みたいに、「もう帰ってこい」みたいに、打ち切ってほしいっていうのを京都市に出したんですね。

打ち切りはもう少し後だったでしょう

後だったんですけど、二〇一七年くらいだと思います、山科住宅が打ち切られたのが。それから福島に戻りました。そのときにちょっと見つかった病気とかがあったので。

脳に腫瘍があることが子どものときにわかったんですね

はい、それは小学校のときに。脳腫瘍で毎朝ちょっと吐き気があって、もどして。それが夏休みに入っても止まらないからおかしいっていうんで見せたら、脳のところに腫瘍があるってことで、医大に入院して取ったんですけど。その時に放射線の治療とかもやったから、脊椎に結構当てたから、たしか一六グレイって。あとで主治医と話していた時に、「あっ、結構かけたんだね」ってポロって言ったんですよ、その先生が。放射線を脊椎に結構あてたんだなって、その年齢での最大量を当てられたんだっていうのを聞きました。

そういうこともあって、もうこれ以上被ばくはしないようにってことですか

ええ、母がものすごくそういう風に言ってたんで。それで、やっぱりこれ以上いたらどうなるんだろうって思ったっていうのもあったし。あと、兄がＮＨＫに勤めていて、情報がすごく入ってくるところなんで、「原発爆発するよ」っていうのをすごい言ってて。「早く逃げな」って言って、飛行機のチケットも取ってくれて、まず山口に行ったっていうのが最初の避難だったんです。

避難されたのはおひとりだったんですか

いいえ、母と一緒に車で。最初は仙台空港には行かないで、新潟県に抜けて、新潟から飛行機に乗って山口県っていうふうに行きました。

そして山口におられて

はい、そこに二ケ月弱いて。そのうちに祖母が亡くなって、四月に一回福島に帰りました。

京都に行かれたのは何か理由があったんですか

理由っていうか、ちょっと恥ずかしいんですけど、市役所のチラシだったかわからないんですけれど、母がもってきてくれたチラシで京都に行くバスがあるみたいで。「いろいろと辛いことがあったんで、気晴らしに京都とか行ってみたら」って言ってくれたんですよ。それが六月で。

そのときはお母さんと一緒に

いえ、母は行かないで私ひとりで。その時は母が手術するんで、私ひとりで。そのときに行かれた方が、三人っていうか三組。おばあちゃんとお母さんと子どもという方が一グループ。それが宗像さんていう方で、あと小山さんと、私とだけだった。それとスーツを着た職員の方が結構いたバスでした、その最初に京都に行ったバスは。

多分、支援の方たちだったんですね。東日本大震災のときに、関西連合の六県のうち、二つの県で一つの県を支援していましたから。お母さんが来られたのはいつ頃ですか

　母が来たのが……。母は最初は来る予定だったんですね。手術してちょっとしてから、薬が合わないといけないし、主治医が変わるのが不安で、仕事もあるって言って来れなくなって。でも、二〇一二年に山科に移った時には、母も来るはずだったんですよ。結局、その手術のせいで来られなくなって。

そうしたらお母さんはずっと福島におられて、理沙さんだけ京都で暮らされたってことで

　そうです。最初は修学院[2]のまどろみ荘っていうところで、つぎに山科でした。

それが五年ぐらいですかね

　そうですね、二〇一七年まで山科の市営住宅でした。

京都に行かれてどうでした。最初は気分転換で行ったってことでしたが

　旅行気分だったんでしょうね、自分としては。だけど、あっここで住むんだなって。まどろみ荘っていうところだったんですけど。母が回復してから一日とか泊まることがあったんで、それで一回母が来て帰っていくときに寂しくなったっていうか、私は帰れないのかなって思って。その時に、京都に住むんだったら仕事をしなくてはならないとどこかで私も思ったんでしょうね。それでその時、被災者に向けたお手紙っていうか、なんとか通信みたいなのがいっぱい届いて、その書類とかで求人があったんです。東日本大震災緊急雇用で京都府警とかの求人があって、そこに行ってみたいって思って連絡して、ハローワークへ行って手続してもらったら、そこに勤めるようになって。

2　京都市左京区修学院山ノ鼻町。

ずっとその仕事をされてたわけですか

ずっとしてたんですけれども、一度ホームシックみたいなのにかかって、京都府警辞めてしまって。辞めた時はまだまどろみ荘にいたんだ。それから、まどろみ荘にも期限があって、山科に移ってからかな、キッチンNagomi[3]っていう勤め先があって、避難者でやっている団体で、そこに勤めたんですよ。そこに勤めて、それからの方が長かったかなと思います。

学校はずっとこちら（福島）ですか

はい。

そしたら、ひとりになったのは初めてですか

そうですね。こっちで一応仕事はしてたんですよ、ここで（福島市役所で）。そこで当日、生涯学習課だから一〇階かな。最初にドカンていう突き上げるくらいの揺れだったかな、それがありましたね。携帯取りに更衣室行こうとして、すごい揺れて足元よろけて、自分のロッカーまで行く途中で他のロッカーが倒れてきて、「しょうがない、そんときはそんときだ」って思ったのを覚えています。

母と連絡取れなくて、兄に電話して無事を伝え、とりあえず待機。ＴＶが見れる携帯を持ってる人がいたので、それで仙台空港の浸水を見ました。そうしてる間にも揺れはあり、ゆ～らゆ～らと激しくは無かったです。そのうち母と連絡がとれ、退社時刻になり友人の車に乗せてもらって帰りました。日暮れ前でした。信号は止まっていたのでノロノロ安全運転で。家帰って母と近くの避難所に行こうとした時、雪が降っていました。その途中消防車に遭い、向かおうとしていた体育館の天井が落ちたと聞いたので、親戚

3　キッチンNagomiは、特定非営利活動法人「和（なごみ）」が京都市下京区に開いた避難者就労支援拠点。二〇二一年に一般社団法人化。

の家に行きました。翌日は休みで朝から給水に行きました。親戚の家から帰って食料確保に出かけて、長い列に並んで「配給制みたいだな」とか思いました。

つぎの一三日が出勤日で、「トンネルは通るな」と母に言われていたので迂回したんですね。途中で一部家が倒壊しているのを見ました。市役所に行くと昼休みに給水車が来ていた。それから帰って、兄とメールしたら避難をうながされたんですね。それで親戚とも相談して、一五日に新潟へ行ったんです。飛行機乗るまでは何事もなかったかのように穏やかだったんですね。「こんな、避難じゃない時に来たいね」って、川を見ながら母と話したのを覚えています。で、一七日夕方に飛行機で山口県へ着いたんです。

京都の生活で覚えていることとか、言いたいこととか、ありますか

あの、求人のお知らせとかの書類が来ていて、その中に私たち避難して来た人たちを慰めるために、コンサートとかにご招待っていうチラシもあったんです。それなんですけど、最初の方は一人でも行けるかなって思って行ったこともあったんですけど、知り合いの人と。でも、なんていうか、ちょっと経ってみると、親子とかそういう参加のやつが多くなってきて、単身で行ってもいいんだろうかっていうのが葛藤があって、あまり行かなくなりましたね。ひとり者のことも考えて欲しいなって思ってました。

向こうで他の避難者の方とお付き合いはありましたか

キッチンNagomiのお付き合いはありましたし、まどろみ荘って最初に入ったところの、修学院の山ノ鼻のところだったんですけど、そこは大家さんがとてもとても良くして下さいました。それと庄司さんって方と仲良くなって。

京都の人の考え方とかはだいぶ違ったと思うんですが、大丈夫だったですか

ああ、それはNagomiに勤めていたときに。そこ結局辞めちゃったんですけど、意見っていうかそれが合わなくて辞めてしまったんですけど、その下で働きたくないと思ったんですね。でも、京都の方って母親がしっかりしていると思います。子どものしつけにしても相当ね。バスに乗ったときに、福島の人だとそのまま放っておくんですね、子どもが何しようとお母さんばっかりしゃべって。見ないふりしているのかどうかわからないけど、そのまま放ったらかしにしてるんです。だけど京都の人は、「そっち行っちゃ駄目」とか、きちんと座るなら座るみたいにさせていて、きちんとしているっていうのが印象ですね。

あと、お年寄りの方が自立っていうか、結構外に出て歩いていらっしゃったり、スマホとか扱ってたりするから、福島とは全然違うなって。京都のハローワークに行った時に、京都の人はみんな本とか持っているんですよ。こうスマホを持っている人たちは、指の動きでたぶんゲームとかやってるんだなってわかるんですけど、「あっこりゃダメだ、福島人ダメだ」って思うんですけど。京都の皆さん本とか読んでいらっしゃる方がすごく多くて、皆さん勉強してらっしゃるところなんだなって。学園都市っていうんですか、そういうところなんだなって思って。ああ、ここいいなって、もうちょっと若かったらなって思って。

いや、大丈夫じゃないですか、まだまだ若いですよ

いえいえ(笑い)。

今、住宅支援がなくなったこともあって戻られたって話がありましたけど、病気になられたっていうのはこっちでわかったんですか。それとも向こうで

向こうでわかりました。最初なんで行ったんだろう。最初、福島医大の脳外の先生の紹介で、健康診断かなんかかな。内科で見てもらって血液採取したら何かの数値がとても高くて、病気が見つかったんです。それで高槻[4]の病院に行って。

子宮筋腫？

子宮腺筋症って。筋腫とは違うのかな。まあ似たようなものなんでしょうけれども。本当は子宮があって、卵巣がこうあって、子宮のなかに血の塊とかができるのが子宮筋腫なんですが、それが筋肉とかいろんなところにまでできてしまうから痛いんだっていうのを聞きまして。たしかにお腹が、生理の時とか痛かったんですね。

それで、それもあって戻られたってことですね

そうですね、それもあって。手術するっていう考えもあったんですけど、取ってしまうってことなんですね。でもその時には、「その若さで子どもを産む機能を取ってしまうのはお勧めできない」っていうので。でも、お腹痛いし、薬がとても高かったんです、ジェネリックが効かなくて。その時も仕事はしてたんですけど、精神的にちょっとホームシックっていうか、そういうのが出てきて、帰りたいってふうになったんだと思います。それで福島に帰って、ですね。

福島に戻られて、なんていうかな。まわりの人は避難されなかったわけですよね。そういうことで、まわりとの葛藤みたいなのはありましたか。あるいはそれはなかったですか

普通には接してくれるんですけど。何となく私が勝手に思っていることなんですけど、みんなは結婚してるんですね、短大の友達とか。私、避難しないで福島にいたんだったら、

4　大阪府高槻市。

仕事をして、そのままここで結婚してっていうふうになっていたのかなって思うと、なんだかなあっていう気にもなって、会うのを控えてしまったりとかはありましたね。どういう気持ちっていったらいいんだろう。そりゃそうだよね、いなかったんだものっては考えるんですけど、ここでずっと働いていたら、そこで人と出会っていたかなって。

それは後悔する気持ちっていうんですかね

後悔っていうか、まあ、選択に拠ったんだなっていう感じかな。だから、ここにいたら、私もここで仕事をして、出会いなりなんなりして、結婚していただろうかって。何ていうか、うらやましいではないけど、そうだよねっていうか、何か寂しい、寂しいっていうか何だろう。その、自分がいなかった時間に、ここの人たちはそれなりに生活してたんだなあっていうので、置いていかれたっていうか、そんな感じがしましたね。そのあと友達のところをたずねて行って、「福島で子ども産むのかい」って聞いてみたんですけど、別に心配とかもないみたいで。ああそうなんだって思うことは、二、三年前かなありましたね。「大丈夫だって考えているんだな」っていうのは、やっぱりありますよね。

そうですよね、まだ除染していないところはいっぱいあるわけだし

Jビレッジって聖火の通るところ、放射線量高いんですものね。だから、いいのかいって思っちゃって。あとは、何さんって言ったっけ、線量計とかの話にくわしくて、頼んだら測りに来てくださったり、そういう話をして下さる方がいらしたんです。福島でも勉強会をやってくれるってことで、一度来て下さったんですよ。弁護士さんと、あと福島さん[5]とか。その時に聞いてて、本当に(除染を)やっていない所とかもまだあったし。あと、私の家はやってもらったんですけど、その横に誰の所有物だかわからない土地があって、

5 福島敦子さん。原発賠償京都訴訟原告団の共同代表のひとり。

そこも草ぼうぼうになってて、そこはどうするんだろうっていう話になって。結局、うちの母が気持ち悪いからって言ったらしくて、結局その後除染をやったみたいなんですけど。そういう所ってまだあると思うんですよね。そういうのってどうなんだろうって。

今のお話ですと、友達なんかはあまり気にしていない

はい、気にしてはいないみたいですね。あとは帰ってきて思うことって、福島の人って、何だろう、そういうことをちゃんと考えているのかなって思いますね、友達とか見ると。それくらいですかね。いまだに柚子とかは出荷停止らしいけど、手作りジャムとかもらうし。

お母さんともそういう話し合いはよくされるんですか

ほとんどないけれども、テレビで時々流れたりするんで、そのときには、「あの時、結局溶けたんだよね」とかいう話に戻って。炉心溶融っていうんですか、「それ、公表しなかったんだよね」とか、「黙っていたんだよね」とか、そういう話はするんですけど、それ以上の発展にはならない。でも、私は京都訴訟の原告なので、いつでも「勉強会とかに行ってきな」っては言われるんですけど。あの、最近母がちょっと具合が悪くなってきたんで、それで心配があってちょっと行けないっていう面もあるんですけど。

地震でおうちは大丈夫だったんですか

家が実は傾いているんですよ。住めなくなったっていう判定はもらったんですけど。扉閉めても、やっぱり隙間があるんです。風の強い日はヒューっとなるんです。まあ、三〇何年もたつから、あの家も古い部類には入るのかもしれないけれども。でも、そのときの基準で耐震はクリアしているはずだから、何でしょうね。

そうだ、テレビ見ていてすごい思ったことがあって。(手帳を取り出してメモ紙を探す)あっ、これだ。NHKの放送でこの前見ていたのが、一一月二三日くらいに放送された、『誰が命を救うのか　医師たちの原発事故』[6]。爆発する前、地震があってから、日によってどこの大学の誰が治療にあたるかっていうのを追いかけた番組があるんです。それが、福島医大の長谷川医師っていう方かな、その人が体験した記録。「いつまで国に任せておくんだよ」みたいなことを言ってて。「いつになったら専門家が来て、専門的アドバイス、治療をしてくれるんだろう」。「いつまで素人にこの国は任せておくんだろう。事故の経験も無い十分な訓練も受けてないところで」って。私もうまくまとまってはいないけど、私もテレビを見てちょっとメモっただけだから。そういうのをもう一回見たいなって思って。やっぱり医療に関することと、原発と事故に対する国の杜撰さですかね、私が気になるのは。

あのアンケート調査をやったときに、辛い思いをしたとか、昔のことを思い出したとか言われた方が結構いらしたんですが、そういうことがありましたか

辛いことを思い出す。辛いことを思い出すっていうか、あの、兄がいるんですよ。辛いっていうか、帰るきっかけになったひとつでもあるんですけど、「もういいんじゃない」って言われたことがあって。まあ、彼は気軽に言ったつもりだったんでしょうけど、自分としては福島と京都の二重生活でいいのかって金銭的にも思ったところが結構あって、辛いではないけど、こう刺さるというか、そういうことばだったなっていうのがあって。

それは、帰ってこられるちょっと前ですね、何年か経った後で

ええ何年か経って、自分がホームシックとかで仕事辞めて、またちょっとバイトとか

6　NHK／Eテレ、ETV特集。二〇一九年三月一九日放送。

していい時だったから、余計にそうですね。「もういいんじゃない」って気軽に言ってくれたと思うんですけど。えーって、一応頑張ってるんだけどなって思ったんですね。

事故直後は「逃げた方がいい」って言っていたのに

避難したくなくてごねてたんですよね。パソコン開いて、兄と話せるようにしてっていう生活をずっとしていて。それで一日目は、水が止まっていたから親せきの家に水をもらいに行って一日過ぎて。つぎの日は、市役所に勤めに来て。あの下のところ、広場に給水車が来てて、それに並びに行こうかなって思ったけど、人がすごい並んでいて、だから休憩時間だけでは無理だっていって、その日は自転車で帰って。そのとき、民家の壁とかがすごい倒れていて、やっぱりすごかったんだなって思いましたね。自宅に帰って、いとこの家に泊りに行った。いとこの家が小児科やっているんですよ。伯父さんが小児科医で、そこにお母さんのお姉ちゃんが。そこの方が「私の家は避難する」ってなったんですよ。それまでは母も、「大丈夫だろうか、どうしようか」って。私が「避難したくない」って言って困っていたんですけど、そのいとこの家が避難するっていうことで、避難しようっていうことで新潟に行ったんですよ。

だけど、そのいとこの家っていうのは病院で、伯父がお医者さんで、やっぱり離れられないってことになって。でも、いとこの子が生まれたばっかりで、その人たちは避難させようっていうことで新潟まで移動して。でも、伯父と伯母は福島に戻ったんだって。しかし母はそれを知らないで、みんな避難するって思っていたから、母を無理やり連れてきてしまったみたいに思ったことはちょっとありましたね。

アンケートをしましたよね。そこに当時のことを思い出しましたって書かれた方が結構多かったんですが、そういうことはなかったですか

それはやっぱり聞かれたら思い出しますね。文面であっても、その時何をしていましたかとか、そういうのでやっぱり思い出して、ああそうだったんだなあって思いましたね。だから、結構忘れているっていうとおかしいけど、聞かれて、ああそうだったんだって思うから、そんなに気に留めていないことがアンケートによって思い出されるっていうのはあると思います。

そんなには引きずらなかった

そうですね、引きずりはしなかったのかもしれない。このアンケートをやった時は、山科だったと思うんです。山科にいた時に、七万円かなんかを東電から振り込まれるっていう話があって。それっていうのは、そのお金を受け取ってしまうと、この件は終わりになるっていうふうに聞いていたんですよ、まわりの人たちから。それで、一筆書かなくてはならないとか、そういう話を聞いてて。「それで終わらせようとしているんだ、東電はなんて悪い奴なんだ」って。その時はいらいらしていたから、多分気分も沈んでいて。アンケートによって思い出して沈んでいるんじゃなくて、そっちに対する怒りっていうか、何だこいつみたいなのの方が大きかったみたいな気がします。

病気をされているし、おひとりだったし、大変な思いをされていたのかなって思っていたんですが、ＰＴＳＤリスクの数値はそんなに大きくないんですよ。問題ないというレベルで

ああ、そうだったんですか。

自分で自己分析するとしたら、それはどういう理由なんでしょうね

えーっと、何でっていうか。多分仕事とかの面でもね。事故まで市役所に勤めていて、つぎに決まっていた所があったんですけど。その決まっていた所も結局は一回連絡しただけで、音信不通ってふうになったから、もう関わらなくていいんだって思ったんですね。だからこっちで、京都で生きていくんだって思えたっていうのもあるかな。あと、ちょっと母も回復してきて、母はもともと出かけるのが好きな人だから、京都に新幹線で来て二、三泊泊まってっていうことができたから、よく来てくれたと思うんですよ。そういうこととかあったし、あと、知り合いも何人か、大家さんも一番頼れるっていう方でしたし。あと、自分の成長っていうか。何でしょうかね。

普通は病気をお持ちの方は精神的なストレスも高く出る傾向があるんですが、池田さんは低くて。メンタルが強いんですかね

そうなのかな。やっぱり病気持ちだっていうのはありましたよね、昔から。だから、できないものはできないという具合にしてきたからかな。できないことはしょうがないや、みたいな。そう思うのが一番あったかもしれないですね。今もできないものはできないって思っていて。ちょっと緊張すると（病気で）左手が震えたりするんで、そんなに生活に支障はないんですけど、今お金数えたりするんで、間違えちゃったりっていうのがたまにあるんですけど。そんな時は、（左手を振って）「このせいだ、このせいだ」って言ってますよね。仕事の時にですね。考えてもしょうがないと思うようにはしているんですけどね。

それはご自分で答えは出されたんですか。

答えが出るってもんでもないと思うんですよね。でも、思うことは思いますよね。今、薬が出ているんです、女性ホルモンを止める薬。それの効能って、ホルモン止まっているから、月経が来ないから血が出ないっていう。結局、固まりはできなくなっているんですけれども、いつまで続けりゃいいのって。そしたら、取っちゃったらいいんじゃないかって話でもありますよね。だけど、「今の年齢ではお勧めできない」って。四〇代の後半くらいになったら、取るっていうのも考えられなくもないってことで。それも年齢が来て、産む限界の年齢、それが過ぎたら取ってもいいけどっていう感じ。

そこはかなり辛いですか

辛いっていうか、そこは考えちゃいますよね。さっき友達が結婚していくっていうことも言ったけど、それはやっぱり、あの、悲しいっていう感じは。あれですかね、私も女なんだけどなってていうのが、この病気が影響しているんじゃないかなっていう気持ちはしないでもないですね。

健康のために気を付けていることとか、ありますか

そんなにはないですね、ダイエットとかもあまりしないし。してることね。地元産のものとかあまり気にしないで食べていたかもしれない。避難者の人って、福島のものはちょっと避けるとか、近海のものは避けるとか。そういうのにあんまり気を付けたことなかったです。京都では米は新潟産を買っていたから、珍しいっていえば珍しいかもしれない。

山科におられたときに、他の避難者との交流というか、そういうのがありましたか

そんなにはなかったかもしれないけど、最初山科では母が来れるって思っていたから、母と一緒にあいさつに行って。それで、最後部屋を出るときに覚えていらしてくれた方はいました。「あっ、あの時の」って感じで、私のことを覚えていてくれた方とか。あと、弁護士の先生のお母様とかもそこに住んでらして、何かですごく怒られたんですけど、そんなこととか。あと、会長だったかお世話係だったか、月一回、朝に集会とかがあって、棟のお世話をするおばちゃんとかちょっとお話はしましたけど。でも、いまだに付き合っているっていうか、話をする人はいなくて、やっぱり京都訴訟の人たちのほうが多いかなって思います。あとはNagomiの人ですかね、うん。

最後に裁判の件ですが、あと何回か公判があって、来年いっぱいぐらいで結審になるだろうって言われていますが、期待されていることとかありますか

期待ね。期待っていうか、一度判決が出たじゃないですか、もらえる金額が出た。あれでもしょうがないのかなと思わないことはないんですけれども。でも、それで東電がそのまま逃げ切るっていうのなら、それは私ら、避難生活でかかったお金ってもので考えたとしたら、私の精神的なものとかはそれに含まれているのかいって。それだけで測られるものなのかいって思ってしまうので、もうちょっとそこをわかっていただきたいって。お金で、お金でもらわなくても結構だけど、その思いの部分は全然伝わっていない。たしかに争点が争点だから、そういうのは伝わらないかもしれないけれども、もしその争点が津波を予見できたかっていう争点じゃなくて、被災者の思いはどういうものかっていうことが伝わるものだとしたら、伝わってほしいとは思いますね。うん。こういう思いしたんだよって。今までだってみんな書いているんだから、それ見ているのかよって思わないでもないから。だから、あの傍聴の時はずっとこっちを（被告側を向いて）にらんでいるんですけど。

裁判の当事者としては、そういう赦せない部分がおありでしょうね

赦せないっていうか。でも、福島も福島だって思わないこともないです。結局、県が「戻りなさい」ってことで、県民がみんな外に出て行っちゃうから、逃がさないぞっていうふうに支援打ち切りをしたっていうのが、私は一番頭にきたっていうか。「こんなところを出てってやろう」って思っているんだけれども、いまだに出られないっていう自覚はあります。

出られるとしたら、どこに行きますか

京都府には行きたいと思っているんだけれども、でも仕事にもよります。仕事によりますよね。学校出ておけばよかったなあって、京都の学校を。

その時は考えていなかったんですね

その時は考えていなかったです。だって、ちゃんと短大出て、社会人になったんだからって。そうですよね、二三か四の小娘が、粋がってじゃないけれど、ひとり暮らしを始めて。だから、学校をもう一回入り直すなんて考えてもいなかった。田舎者なんですね、やっぱり。もう一回大学に入るっていう考え、大学院に入るっていう考えもまったくなかったから。どんなに年とっても学校って入れるもんじゃないですか。どんなにっていったら変だけど、そんな考えって私にはなかったし。ガキだったんだなって、今思えば思います。

入った方が良かった

今から思うと、造形大学[7]って近くにあったんですよ。いいなあと思わないことはなかったんですけど、なんだか行かないでしまった。本当に惜しいことをしたって、今だ

7　京都市左京区にある京都造形大学。現在は名称を変えて、京都芸術大学。

から思うんですけど。入っていれば、またちょっと違ったんじゃないかなって。「入れば」って言われたこともあったんですけど、母に。でも、何も聞く耳なんて持ちませんでしたね。今、京都で働いているんだからいいんだよって、自分でやれるんだって思っていたんですね。ガキですね、全然、今思うと。もうちょっと大人だったらよかったんですが。でも、ガキだから乗り切れたっていうのもあると思うんですよ。怖いもの知らず、勢いがあったとも、世間知らずだったとも今は思っている。

3　青田恵子さん

青田恵子さんは一九五〇年生まれ。震災まで南相馬市原町区で暮らしていた。福島第一原子力発電所から二〇キロメートル以内の緊急時避難準備区域のすぐ外側である。夫の青田勝彦さんは学校の教師をつとめるかたわら、四〇年にわたり反原発運動を実践していたが、恵子さんは運動にかかわることはなかった。原発事故後、滋賀県に避難した彼女は、突然布絵を製作し、詩を書き始める。それらは、福島の光景や過去のなつかしい出来事、そして東京電力に対する怒りを伝えるものである。

拝啓関西電力様

エアコン止めで、耳の穴かっぽじって
よーぐ聞け。
福島には、「までい」っつう言葉があんだ。
までいっつうのは、ていねいで大事にする
大切にするっちゅう意味があんだ。
そりゃあ、おらどこ東北のくらしは厳しかった。
米もあんまし穫んにぇがったし、
べこを飼い
おかいこ様を飼い

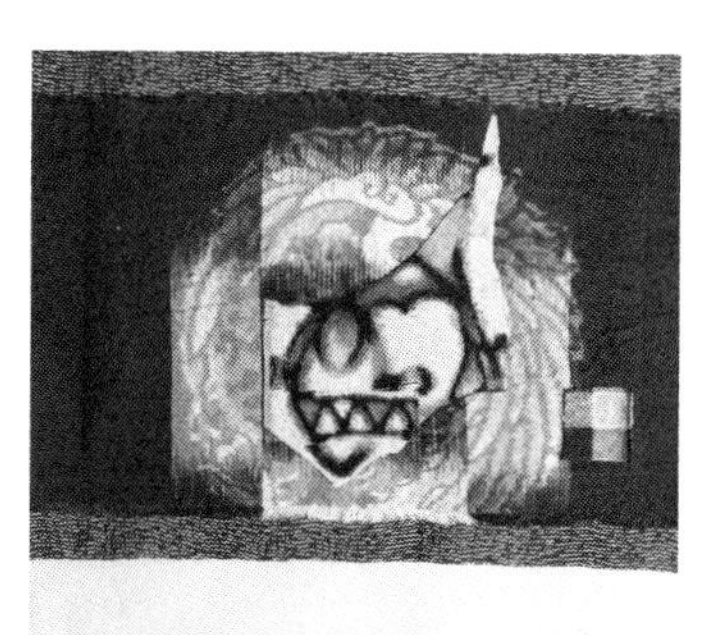

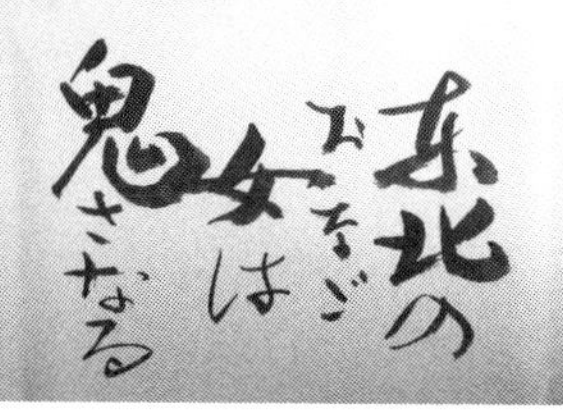

東北のおなごは鬼さなる

炭を焼き
自然のめぐみで、までいにまでいに今まで
暮らしてきた。
原発は　いちどに何もかもを
奪っちまった。
原発さえなかったらと
壁さ　チョークで遺書を残ーして
べこ飼いは首を吊って死んだ。[1]
一時帰宅者は
水仙の花咲く自宅の庭で
自分さ火つけて死んだ。[2]
放射能でひとりも死んでないだと……
この　うそこきやろう　人殺し
原発は　田んぼも畑も海も
人の住む所も
ぜーんぶ(全部)かっぱらったんだ。
この　盗っ人　ドロボー
原発を止めれば
電気料金を二倍にするだと……。
この　欲たかりの欲深ども

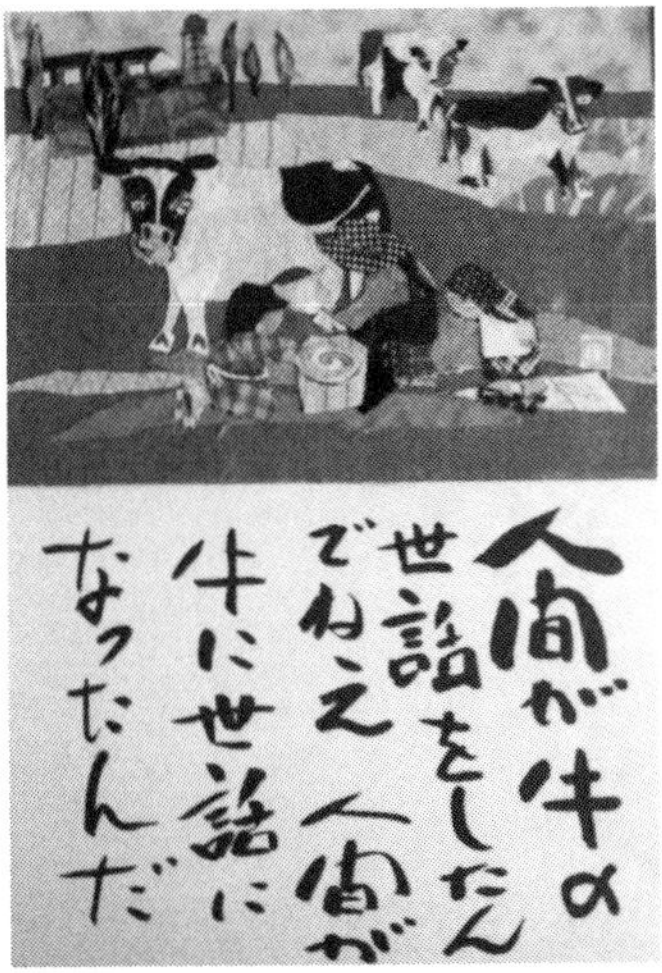

1　原発事故から三ケ月後の二〇一一年六月、「原発さえなければ」、「仕事をする気力をなくしました」と書き残して、福島県相馬市の酪農家菅野重清氏が酪農場の小屋で首を吊って自殺したこと。彼は乳牛約四〇頭を飼育していたが、原乳が原発事故後に出荷停止になり大半を手放していた。東京地裁での裁判の結果、遺族と東京電力のあいだで和解が成立した。

人間が牛の世話をしたんでねえ
人間が牛に世話になったんだ

ヒトラーは毒ガスで人を殺した
原発は放射能で人を殺す
おめぇらのやっていることは
ヒトラーと　なんもかわんねぇ。
ヒトラーは自殺した
おめぇらは誰ひとり
責任とって　詫びて死んだ者はない
んだげんちょもな[3]、おめぇらのような
人間につける薬がひとつだけあんだ。
福島には人が住まんにゃくなった家が
なんぼでもたんとある
そこをタダで貸してやっからよ
オッカァと子と孫つれて
住んでみだらよがっぺ
放射能をたっぷり浴びた牛は
そこらじゅう　ウロウロいるし
セシウムで太った魚ば
腹くっちく[4]なるほど　太平洋さいる
いんのめぇ[5]には、梨もりんごも柿も取り放題だ。
ごんの[6]さらえば

2　二〇一一年七月、福島県伊達郡川俣町山木屋地区の渡辺はま子氏が、避難指示先の福島市から自宅に一時帰宅した際に焼身自殺をしたこと。福島地裁は、彼女が自殺したのは「避難生活で精神的に追い詰められ、うつ状態になったため」として事故と自殺の因果関係を認め、東京電力に賠償を命じた。

3　んだげんちょも＝だけれども（この節の注は以下すべて原著者注）

4　腹くっちく＝腹いっぱい

5　いんのめぇ＝家の前

6　ごんの＝焼き物にする小枝や落ち葉

飯も炊げるし、風呂も沸く
マスクなんと　うっつぁしくて[7]　かからしくて[8]
するもんでねえ
そうして一年もしたら
少しは薬が効いてくっかもしんにぇな
ほしたら　フクシマの子供らとおんなじく
鼻血が　どどうっと出て
のどさ　グリグリできっかもしんにぇな
ほうれ　言った通りだべよ
おめぇらの言った　安全で安心な所だ。
　さぁ　急げ！
荷物まとめて、フクシマさ引っ越しだ
これが　おめぇらさつける
たったひとつの薬かもしんにぇな。

閻魔大王の舌

匂いもしない　色もない　味もしない
けど　見えるんだ
色は赤みがかった紫色

赤い舌を出した閻魔大王の絵

7　うっつぁしい＝うっとうしい
8　かからしい＝わずらわしい

えたいの知れぬ原子の泡が溶けた匂い
味だってあるんだ
アルミ箔を丸めて
ガムのようにクチャクチャ噛んだ味
来たぞ　来た　来た
音だって聞き分けられるんだ
ひたひたと山襞を縫って
しのびよる音が
赤紫色のもやが
まず鼻をむずむずさせる
次は首に幾重にも箍を嵌める
咳がやたら出る
口の中で金属の化学反応が始まる。
文殊　普賢のお知恵を拝借
閻魔大王が赤い舌出し
原子炉かまどの味見役
えーと　今日のさじ加減は
味は濃厚　匂いをきつく
紫色をもっと多くして
ようしこんなもんでよかろう

君の背中に降る雨は
仲間の多くが殺された赤い雨

人間どもに気付いて欲しくてさ
人間どもは見えないものを恐れぬからさ

避難者にすらさせてくれない

私の身体は福島の土で出来ている
私の心は福島の風と森の匂いで出来ている
一年目
福島が恋しくて恋しくて帰りたかった
帰ればたちどころに
やわらかい土に同化し
心は森の奥深く吸い込まれそうだった
二年目
早くも避難指示区域が解除された
私の身体にザラザラとした砂が混じり始め
森の匂いは消えていった
三年目
四年目
私の身体に
セシウムの入った除染土が混ぜられ

私のからだは福島の土で出来ている
心は福島の風と森の匂いで出来ている

心のひだに汚染水がにじむ
五年目
六年目
ついに仮設からも借り上げ住宅からも
追放された
私の身体は土偶のように焼き固められ
心はヒビ割れ燃え尽きた
七年目
難民となる
もはや避難者にすらさせてくれない
避難民は国策の犠牲者だ
犠牲者に罪をおっかぶせる国だ
差しのべる温かい手は　どこさなくした
ほんの少しの優しさよ　どこさほろった[9]
もはやこの国にそんなものはない
この国の難民にさせられた
明日の難民はあなたかも知れないのだ

9　ほろった＝落とした

4　K・Kさん

K・Kさんは一九六八年生まれ。震災前は福島市で一八年にわたりお菓子教室を主宰し、作ったタルトを洋菓子店に卸していた。しかし、原発事故はそうした生活を一変させた。お菓子教室は生徒が来なくなり、洋菓子の材料である福島特産の果実も食べられなくなった。関西に避難したK・Kさんは、お菓子教室と菓子作りを再開させるため二〇一五年に福島に戻っている。しかし、福島の状況は震災前と大きく変わっていた。

山型のお菓子

お仕事はお菓子作りがご専門でしたよね

そう、パティシエです。

パティシエになろうと思ったのは、どういうきっかけで

あの、子どものころから童話とか読むのが好きで、児童文学とか。それで（笑いながら）、赤毛のアンとか、アルプスの少女ハイジとか、そういう欧米の物語に出てくるお菓子にあこがれて、パティシエになろうと思いました。

それはいくつぐらいのことですか

どうでしょう、小学校の低学年とか、そんな感じですかね。

それからパティシエ一筋で

本当に職業としてなろうと思ったのは中一ぐらいで、それでパティシエになるにはどうしたらいいかっていうのを具体的に。大阪に専門学校があるということもわかりましたので、その時は製菓学校ではなくて調理師学校だったんですが、そこでヨーロッパで修業された先生方の製菓の授業を受けられるっていうことがわかったんです。そして高一の時に、その調理師学校が製菓学校を開校することになり、もうここだと思って高校を卒業して大阪の製菓学校に行きました。

製菓学校はどれくらいの長さだったんですか

製菓学校自体は学生としては一年間だったんですけど、卒業した後、さいわいそこに教員というか、助手として勤めることができたので、都合三年、四年ほど大阪にいましたね。

そのあと転勤されたってうかがいましたが

転勤っていうか、最初は大阪の学校で勤めてすごく勉強になったんですけど、自分のお菓子をお客様に食べてもらうってことができないので、だんだんそういう気持ちが芽生えて。それで、そのあと東京のケーキ屋さんに修行に行ったんです。銀座のケーキ屋さん。

そこはしばらくおられたんですか

あの、一年くらいでした。ちょうどバブル期で、労働基準法なんて何の関係もなく、朝から晩まで働き詰めだったのでちょっと身体を壊してしまって、福島に戻って、ですね。

そのあとすぐに独立されたんですか

そこから一、二年福島のケーキ屋さんで働いて、二五歳の時にお菓子教室を開きました。

それが震災までつづいたんですか

そうですね、二五から四三歳までですので、一八年間。そのあいだに、三〇代のときにお店を開いて、教室と並行して八年くらい経営してました。

ご自身としては、教える方が好きだったんですか

うーん、そうですね。ケーキ屋はすごく繁盛して、おかげ様でものすごく忙しかったんですけど。お店をやっていくと、ひとりだと作れる量に限界があるので、スタッフを何人か雇って。そうすると、教育して、従業員の給料を確保してってやっていくのが本当に心身すり減らしてしまうような感じになったので、ひとりでできる仕事をって考えて、教室一本でって四〇歳を機に変えたんです。

どれくらい生徒さんがいたんですか

当時、八〇人は生徒さんが来てたんですね。月に一六クラス持ってたので、週に四回のレッスンをして。他に、お店をやっていたときのお得意様がカフェを開かれたので、そこへ卸すお菓子を作ったりしてましたので、かなり忙しかったですね。

それで震災になって、原発事故があって。おひとりで避難されたんですか

そうですね。

じゃあ、お母さんはおひとりでこちらにずっとおられて

もともと伊達郡っていうのが実家で、そこに母はひとりでいました。国見ってとこなんですが。

すると、お母さんをこちらに残して避難されたわけですね

そうですね。ていうか、母はもともと独り暮らしでしたし、私は市内に住んでいて。

バラの花のお菓子

お母さんはやはり行きたくはないっていう感じで

うーん、そうですね。「お母さん、京都に行く」とか聞いたんですよ。とにかく私は放射能が嫌だったですけど。仕事が、その自営の仕事が震災の翌日から一銭の収入も無くなってしまったので、自分の生活を、収入を得るために行ったたっていう感じです。

でも、仕事だったら福島でも可能だったんじゃないですか

いえ、そんな。福島で勤められるところなんてなかったです、当時。

事情がわからないんで教えていただきたいんですが、皆さん逃げられたってことですか

それもありましたし、当時の社会状況っていうかな。とにかく新たにどこかに勤めるとか、誰かを新たに雇うとか、そういうような状況ではなかったです。もう、日々どうやって生きていくのかっていうので精一杯だったし、そんな新たな職場を探せるような状況じゃなかった。

それで、緊急避難っていうか、三月の一八日だったかに大阪に避難したんです。大阪の製菓学校時代の友人が心配して、「うちに避難しておいで」って言ってくれたので、とりあえずそのときは避難したってことです。そこで、三週間くらい大阪にいるあいだに、福島でとても先が見える状況でなかったので、以前の勤め先の学校に相談に行ったときに、「またうちで働いてもらったらいいんじゃないか」って言っていただきました。「ああ、じゃあ仕事があるなら、とにかく仕事をしないと駄目だから」っていうことで。ただ三週間くらいして、新幹線が開通したっていうこともありましたし、本当に着の身着のまま避難した感じだったので、いったん四月に戻って。そこでちょっと考えようと思ったんですが、やはりとてもとても放射線量も高いし、ここでこのまま教室が再開できるとは思えなかったし、そこで母親に相談したりして、「こっちは大丈夫だから」って。国見の方が線量が低かったっていうのもあります。

そうですよね

はい。年金暮らしで経済的なダメージは受けないし、放射線量も低いし、母親はとくに環境を変える必要もなかったっていうか、「避難したい」とは言わなかったですね。「それよりここにいた方がいい」って。「そんな知らないところに行くのは嫌だ」って感じで。「じゃ、私だけ行くね」っていうことでした。

そのあと、仕事を移られているでしょう

そうですね。大阪の最初に行ったところは二年弱で辞めて京都に。っていうか、大阪がもうしんどかったんです、うるさく感じてしまって[1]。それで、一年後に京都に引っ越して、京都から大阪に通勤してたんですよ。で、それもしんどくなって。それで京都で働いたけど、京都で勤めたところも駄目になってってっていう感じですね。

こちらに（福島に）戻ってこられたのはいつですか

えーっと、四年前です。

福島に戻られた方にお聞きした感じでは、ストレートに元に戻ることができた方もおられるし、ずいぶん苦労された方とかもおられるんですが、どうだったですか

あの、五年間ずっと京都にいたわけじゃなくて、三年くらいで一回戻っているんですよ。

それは決定的に戻られたんですか、それとも

決定的に戻りました。で、戻ってこちらでお菓子の職を探して勤めたんですけど。半

1　陳述書の記述によれば、大阪で提供されていた支援住宅は駅の近くにあったので、騒々しくて落ち着いて暮らすことができなかった。

年くらいで、なんていうんですかね、職場環境が全然自分が勤めたいものではなかったし、もともと自営だったので、人の下につくのが嫌でしたね。自営の人ってやっぱり使われたくないんですね。自分の作りたいお菓子の世界があるし、人のお菓子は作りたくない。たとえば画家とか、そういう創造的な仕事をしている人間が他人の絵を描きたくないっていうのと一緒で。しかも、大阪とか京都はよその土地だからまだ止むを得ないっていうのがありましたけど、福島で、自分の地元で他人のお菓子を作るっていうことがすごく苦しかったし。かといって、お菓子教室を再開できるような状況でもまだなかったです。

その前はお菓子を自分で製造されていたんでしょう。そういう気持ちはなかったんですか

お金がなかった。まず、全然お金がなかった。借金が、京都で一度独立してるんですよ。

なんかお医者さんの

そうです、そうです。あれももう散々な話だったし、そこで借金がまたできてて。[2] こっちの福島信用金庫の借り入れもまだ残っていた。とても新たに自分の事業を立ち上げられるような経済力がなかったんです。でも、福島で人に使われるのは、京都で人に使われるより惨めだったですね。

で、半年で京都へ

あの、最終的には閉店しちゃったカフェにはお客さんでよく行ってて。

ごめんなさい、そのカフェっていうのは

勤めていたカフェが（京都の）五条にあったんです、烏丸五条に。そこのオーナーさん

2　陳述書によれば、この間の事情はつぎのようである。通っていた医院の医師から、空き物件があるのでそこで洋菓子店を開いてはどうかとの提案があり、K・Kさんはそこを改装して洋菓子店を出店した。ところが、しだいに持ち主の医師は居丈高な態度に出るようになり、自分の「善意」の宣伝のために新聞社に連絡を取って記事を書かせることまでした。それに抗議すると「出ていけ」と言われ、店をたたむことになる。開業資金や店舗の原状回復資金がK・Kさんの借金として残ったのだった。

が二店舗目を出すからって。で、私もそのオーナーさんとは仲が良くて、福島に戻ってからも結構やりとりがあって、「Kさん、福島どう」って。「こちらで二店舗目を出したいんだけれど、今度は洋菓子工房を作りたいから、もし良かったらまた京都に戻ってこない」って言ってもらって。ああ、それなら私もやりがいがあるし、福島でしんどい思いをしているより、京都に戻りたいなって思って、戻ったんです。

それが三年半後ですね

そんな感じですかね。もうあまりにいろんなことがあって、明確ではないんですが。はっきりわかった方がいいんですか。

いえ、だいたいでいいです。それでまた京都に戻られたっていうことですね

その二店舗目の場所が周山[3]、京北[4]だったので、京北に住みました。そのあと本店に異動にしてもらって、下京に移ったんです。

そのあと福島に戻ってこられたってことですね。その時のお気持ちはどんな感じですか

戻ってきたときですか。もう、なんか限界だなって。京都で頑張るのも限界だなって。「どうせよそ者や」みたいな。なんかことごとくうまく行かないし、店はつぶれるし。流行っていたんですけどね。オーナーさんが既婚の女性だったんですが、産後うつみたいになってしまって。で、私の年も四〇代後半で、京都で全然実力とか見てもらえない。他に就職活動しても年齢で落とされるし、「一生このまま京都に住んでたら、お菓子作られへんな」っていう感じでしたね。

もしお店がつぶれなかったら、そのまま残られたって感じですか

そうだと思います。京都で機会を狙っていた、独立の機会を狙っていたかなと思いま

3　京都市右京区北周山町。
4　旧京北町。現在は合併して京都市右京区の一部。周山も含む。

すけどね。でも、そのお店の閉店っていうのがショックだったっていうのがありますね。なんか、どんなに頑張っても道が閉ざされるんだなっていう。うん、なんかもう希望が無くなったんですよ、新天地でも。もう行ったり来たりするのも無理やなっていうのがあったし、どうせ帰るしかない。

でも、なんか福島に少し希望があって。っていうのは、母親の実家が、国見町の母親がひとりで暮らすのが心細いって言ったのもあったり、あと畑が放射線量が高くて自家菜園ができなくなったり。結構な広い畑があって、それも線量があって作物も取れないし、母親も管理が大変だし。それで、引き払って市内にマンションを買うっていう話を進めていて、町中で中古のマンションが見つかったっていうのがちょうど帰る頃合いでした。

お母さんとはずっとやりとりをつづけられていたわけですね。じゃあ、一緒に住もうかっていうことで

そうですね。そして、そこで私も教室ができるんじゃないかなっていうのがあって。あと、福島も五年も六年もたって、除染も進んで、食べ物の放射線量が下がったりして、暮らせるかなって感じになったっていうのがありましたね。

その時に戻ってこられて、すっとまちに入っていけたんですか

うーん、その時はそうだったんですけど。本当はそのマンションで、自宅のマンションでお菓子教室を再開しようと思っていたんですけど、やっぱり母親と一緒に暮らしてみると無理だなっていうのがあって。でも、お金はないし、仕事がなかったです。

その、住まいは確保できたけど、今度は仕事がない。それで職安に行って。でも、どこも一緒なんですよ。この年で新しい仕事っていっても。あと「車がないと無理です」って言われて。私は運転はしたくない。免許はあったんですけど、もう避難生活で疲れているところで、慣れない運転をして事故を起こすような、そういう緊張感のあることはしたくなかった。で、職安に行って、もうパティシエの仕事はあきらめるしかないのかなって。

その、パティシエの仕事はなかったんですか

ないですよ、そんな。あとは、福島で使われるのは嫌だなっていうのがあった。それで職業訓練校みたいなところに行って、パソコンとか、簿記とか。とりあえず行くとお金がもらえるんですよ。でも、結局もらわなかったですけど。もう、一ケ月くらい行って、こんなの全然自分に向いてないし(笑い)、無駄だなと思いました。

どうしたものかと思っていた時に、おなじケーキ屋仲間から、「郡山の製菓学校の講師の仕事があるけど、どうですか」って言われて。「あっ、それなら前職にも近いし、いいな」と思って行ってみたんです。ちょうど四年前、二〇一六年かな。でも、大阪の専門学校とは違って、かなり教育方針のレベルが低くって。あの震災以降、製菓学校の生徒がみんな東京に行くようになったんですって。だから生徒数が減ってて、生徒を確保するために、授業内容よりもまず入学させるみたいな感じでした。悶々としているところに、フェリシモってご存知ですか、神戸の通販会社で、そこが女子向けの企業の助成金を出しますっていうのがあったので応募してたんです。それが三月くらいに発表があって、最終審査が通ったと。それで、「ああ、これで辞められるわ」と思って辞めて、その年の六月に再開業したんです。

お店を作られた

お店っていうか、教室をメインにしたラボラトリーみたいな。でも、保健所の許可も取って販売もできるようにしたんですが。

でも、教室ってそんなに人が集まるんですか

それがやっぱり、おっしゃるように変わっていたわけです、震災前と。震災前は、教室の生徒さんってのがお店より安定した収入だったんですけど、震災以降、福島のまちの経済的なこと、社会的なことが変わっていた。もう若い人はいなくなってたし、教室には来なくなっていた。ユーチューブとか動画でレシピを見れちゃうので。あと、何ていうんですかね、五、六年間の空白の中で、消費スタイルも変わったっていうんですかね。一〇年前と違って、若い人が車に乗らなくなったりとか、お酒も飲まなくなったりとか、そういうことに価値を置かなくなりましたよね。それと一緒で、若い人がわざわざお金を払ってお菓子作りを習うってことがなくなったかな。

震災当時は生徒さんが八〇人。一〇代の方から七〇代の方まで幅広く本当にぎっしり来て下さっていたんですけど、半分集められない。もう今、当時の半分集めるのもやっと。今となれば店の方が収入はある、店のかたちのほうがと思うんですけど。でも、まあ四〇人くらいは集まって下さったし、イベント販売をすればお客さんは以前の店を懐かしがってくれて行列になって下さっていたし。良かったんです、一年くらいはそれで。ところが、開業して一年くらいで癌がわかり、半年は休業しなくちゃいけなくなったんです。自分自身体力もすごく落ちたし、精神的にもちょっとやられたり。ただステージは1だったので、時間をかければ仕事は再開できるとは思ったんですけど。で、半年間

は空家賃を払って再開したけれども、やっぱりこの固定費を払い続けていくのは大変だなっていうのがあったことや、福島でやっていても伸びない、景気の悪さも感じてました。

そうですか。復興予算も落ちているし、景気がいいのかと思ってましたが

　本当ですか。駅前、めちゃめちゃ寂しいじゃないですか。いやもう五年前の方が福島まだ活気がありましたよ。ちょうど私が戻ってきた時ぐらいまで、震災後五年ぐらいずっと除染で。その時のほうが除染業者もいたし、福島の建設業者も潤っていたし。

なんでですかね、なんで福島市ってこんなにさびれてるのかなって思っているんですが

　そうでしょう。本当に人がいないんですよ。復興予算の使い方が間違っているんですよ。除染とイベントに使って終わりです。全然、長期的なまちの復興、まちづくりの復興ビジョンがなかったと思います。まちづくりにお金かけなかったですよ、全然、福島市は。

福島大学の先生を何人か知ってるんですが、そんな話をしてくれないんですよ。もう復興は済んだ、どこでも頑張ってますみたいな話が多くて。でも、街を歩くと何だろなと思って

　エネルギーとかないですよ、街に。もう死んでますよ。第一、大学生が街の中にいないですもの。山の上の、大学の場所ご存知ですか。まあ、そこに作ったことから始まっているんだろうけど。けど、少なくともサテライトだってまちなかにあるのに。私、京都ですごく良かったのは、活躍できる場所は結局得られなかったですけど、すごく大学が多いですよね、学生がいっぱいいて。で、学生と大人が結構一緒に考える場所があって。なので、向こうの大学生と仲良くなったし、今でも交流がある。でも、福島はまったくそういうアカデミックなものとしてこの原発事故を捉えている人がいないんじゃないかな。なんか、みんなで話す場もないし、これを継承していこうっていう動きもないです。

ただ、福島って潜在力があるじゃないですか。果物だってあるし、土地は広いし、水はいいし

そうですよね。やっぱり私、お菓子を作る人間として、果物っていうのはかなり大事な素材なんですね。それが汚染されて、どうしたらいいかわからないっていうのが避難した理由でもあったし、果樹農家さんとの関わりっていうのもすごくあったし。けど、それがうまく活かせていない。とにかく復興予算を福島市が有効に使っていない。だからまちも全然パッとしない、人もどんどん郊外へ。あと一番腹が立つのは、まったくこの震災の、原発事故のことを継承しようとしていない、記憶しようとしていないってことですね。だから、福島市が放射線量が高かったってことは、県外の人は知らないですよね。なんで避難したのとか言われる。「あーっ」て感じ（うつむく）。

仙台の人も知らない。会津の人もわかっていない。浜通りから避難してきた人が一番よくわかってます。浜通りの人が、「ここ、うちらのとこより放射線量高いね」って（笑い）。そして、今は中間貯蔵施設ができたからだいぶ搬出されましたけど、信夫山ってところの近くに税務署があって、国の土地なんで、そこが仮置き場になっていたんですね。で、もうすごかったですよ、三階建ての隣の職安、ハローワークの三階建ての窓より高く（フレコンバックが）積み上がってて。で、その脇に浜通りの方々の仮設があって、どんだけシュールなんだろうって。

街を歩いていて、何でこんななんだろうって思って。中心がないですよね

そうですよね。スーパーも郊外にしかないので、買い物をするにしても、高齢の方なんか駅前のエスパル（駅ビル）でしか買えないんですよ。私、子どももいないし、たとえば私を乗せてくれる子どもや孫がいるわけでもないし。で、まちなかには買い物が不便。本当にこのまちで年取って暮らしている自分っていうのが想像がつかない。だから、私最近ビジョンがなくなったんです、自分の将来のビジョンが。だけど、東電は半年で復興したって私たちを見ているわけですよね。私への賠償も半年で打ち切っているし、直接請求で三ケ月分、ＡＤＲ[5]でまた三ケ月分って。そのあと、たった二〇万円ですよね。「ふざけるな」って話ですよ。そして、こんなさびれたまちで、みんな諦めちゃってるんですよ、なんか。

図書館に行ったんですけど

行かれたんですか。どんだけ古いのって。公会堂とかもなんであんなにボロボロのままなのって思います。私、お菓子教室をやっていたテナントは、癌の後、結局引き払ったんです。で、いま公共の施設を借りて教室をやっているんですけど、そういう調理室のある場所がほんとになくて。市のは二、三ケ所ぐらいしかない。で、ひとつは古いし、冷蔵庫とかも三〇年ぐらい前の冷蔵庫で。私が市に言って、「古くて、なかなか冷えないです」って言って、やっと買ってもらったけど。何か市民の生活を向上させようっていう政策がないですよ。

ご存知と思いますが、国が避難指示を出したところだと、多いところで一家四人で慰謝料が数千万円出てますよね。で、自主避難だと避難者ひとり当たり八万円。

うーん、雲泥の差。それに、その避難指示区域の人たちは、家の建設費に五千万円もらったとか言ってますよね。だから、本当に虫けらみたいに福島市は扱われているし。で、

5　「裁判外紛争解決手続」の略語。原発事故後は多くの損害賠償請求が発生したので、国が「原子力損害賠償紛争解決センター（ＡＤＲセンター）」を設置し、それが指定する仲介委員（多くは弁護士）を介して東京電力と交渉することで早期解決を図った。初期には東京電力はセンターの和解案をおおむね受け入れていたが、のちにはそれを拒絶するようになり、多くの裁判が生じることとなった。

福島市も主張しない。本当に私みたいな、子どもがいない単身者に対する扱いってひどいものですよね。たった八万円。そして、その事業に対する損失っていうのがすごく低く見積もられている。なんか自分の人生が否定されたと思ってきたし、結婚していない、子どもがいない、自分の人生の選択っていうか、それが本当に間違っていたんだっていうことを、「お前の人生の選択、間違っていたんだ」っていうことを、ずっと神様に言われているような、何年もそう思ってた。

御商売をやられている方々の賠償がもっと出ているのかなって思っていたんですが、出てないんですね

出てないですよね。どうなんでしょう。でも、山形もひどかったですよね、今回[6]。

何であんなにひどかったんですか。

山形は弁護団主導でやってるみたいですね。原告があまり積極的に参加しなくて。京都は公判のたびに原告が二〇人くらい並びますよね、それがないらしいですね

ああっ、なんで行かないんでしょうね、原告が。京都の原告の方ってすごい強いじゃないですか、結束が。頑張っていると思うんですけど、でもそれも疎外感があります。母子避難の方が多いですし。あと私と意見が違うのは、福島には今も住めないって言うでしょう。それは全然意見が違う。別に今、住めますよっていう感じ。何か、いまだに避難が必要だっていうようなことを言いつづけているから、そこはちょっとね。

そうじゃなくて、事故当時の、とくにそこから三、四年くらいの、結果もわからない、健康状況とか、除染もされないとか、食品にどれくらい出るとか、そういう数値もはっきりわからないという、その初期の三、四年のものが今も経済的に響いている。そのと

6　山形地裁の原発賠償裁判のこと。二〇一九年一二月一七日、山形地方裁判所で出された判決は、国の責任を認めず、自主避難者に対する賠償額の上乗せも認めなかった。

きの避難を選択せざるを得なかったことが響いているっていうことを主張したいんですけど。私はあの時、福島の食材を使って、福島で提供するっていうことはとてもできなかったし。

そうしたら、福島はどうしたらいいんですか。土地は広いし、農業だってあるし、最近は福島のお酒って評価が高いですよね

私は、福島の日本酒業界の人とはもう関わりたくありません。私も福島に戻ってきた以上、福島の経済とかを活性化させたいと思って。それに、福島がいまだに危険だと思われているのは嫌だし、ここにいたるまですごい努力があったわけですから。除染をしたり、生産者の人も、穫れた作物を使わない、木を剥いだり、土を反したりとか、相当の努力があって、今放射線量っていうのが安全な数値が出るようになったんで。そういうのを払拭していきたいと思って、日本酒しかないと思ったんですよ。でも、日本酒業界の人たちは殿様、なんか危機感がないです。何人か会いましたけど。やっぱり県も手厚く守ってますし、日本酒業界に対して持ち上げているし、危機感がない。

福島県全体に受け身なんですかね

そうじゃないですか。福島のプライド、いろんな意味でのプライドがないんですよ。

そういう県民性なんですかね

いい面もあると思うんですよ。でも、波風立てたくないっていうのがあるんじゃないですか。穏やかに、円満に、何か言って叩かれるのも嫌だっていう。

ずいぶん私は叩かれましたけれどもね、福島の人に。まず、避難したこと自体と、あといろんな活動。私はこの問題って基本的人権の侵害だと思っているんですけど、それについて活動したことがものすごいバッシングされました。「別に侵害なんかされていない。何なの人権て」みたいな。まあ、それが本当に福島県民だったのかわかりませんが。その人曰く、「言わないことが美学である」と。「金をたかる気か」とも言われたし。だから、もう言いたくないです。一切、ＳＮＳとかでもそういうことに触れないようにしてます。自分の商売にも響くし。

さっきの話に戻りますね。今ちょっと景気が悪くなって、学生さんていうか、お菓子教室の生徒さんが減ったっていう話で、今はどうされているんですか。

今ですか。教室だけの収入ではやっていけないので、今アルバイトをしてるんです、和菓子屋さんで。昨日も、今日も、明日もなんですけど。そこで月にある程度の収入があるのと、あと県の六次産業化のアドバイザーっていうのになっていまして、農家さんの。加工品のスイーツコンサルみたいな。それに月に何ケ所か行ってて、県から毎月歩合で支払われます。

農家の方の反応はどうなんですか

あっ、すごくいいです。大変喜ばれるし、農家の方も無料なんで、向こうにデメリットは何もないですし。小さいところも、保健所の許可を取ってて、道の駅とか物産展に出す商品を作りたいって一生懸命ですよ。それがあるので何とかやってるって感じですけど、やっぱりすごく働いていています。

最後に全体的なことで、何か言いたいこと、つけ加えたいことってありますか

今、震災一〇年とか報道があるんですけど、でも報道だけなんですよね。市民が震災のことを話しする機会があるかって言ったら、全然ないです。ないし、このコロナ禍ですごく震災と重なることが多かったにもかかわらず、そういうことを教訓にすることが何ひとつなかった。たとえば、放射能汚染の時も、被ばくしたんじゃないか、うつるんじゃないか、とか言われたわけですよね。

もちろん自分も不安があるし、実際に空気や土壌や食べ物が汚染されていたわけだけど、福島県民がものすごく穢(けが)れ扱いされたことと、コロナにかかった方への批判、非難、差別、誹謗中傷っていうのはおなじですよね、構造が。でも、それについて考察するようなことは、誰も言わなかった。なかには言った方もいたかもしれないけど、それがクローズアップされるようなことは全然なかったし、たとえば福島の知事とかが、「あの時、福島県民が言われのない誹謗中傷をうけたことと、今回のコロナのこととは似ています。何か、でも、私たちはああいうことはくり返さない」っていうことを発信もしなかった。何か、もったいないなって思ったし、そういうことを言う相手もいないんですよね。

この一〇年間、何だったんだっていう感じです。この一〇年間、悩んできたこと、苦しんできたこと、失ったこと、でも逆に得たこととか、それは何にも役立たなかったんでしょうか。何かこう、いろいろ学んだことがあったはずなのに、このコロナに何一つ役立ってないんじゃないかって思うんですよね。

第二章　京都訴訟原告の陳述書は何を明らかにしているか

これまで見てきた語りは、三人の原告の被災前の生き方と原発事故がもたらした影響をくわしく再現している。しかし、そこで示されていることは京都訴訟原告が経験したことの一部でしかない。一七四名の原告は、重大事故が発生した直後に何を考え、何を恐れ、何をめざして行動したのだろうか。彼らは、なぜ関西に避難することを決め、そのあとどのような困難に直面したのだろうか。彼らはそれらの困難を乗り越えることができたのか、それともできなかったのだろうか。そうした彼らの経験の全体像を示すには、それぞれが語った語りを個別にとり上げるだけでなく、全体像を引き出すための方法を見出すことが必要である。

私の手元に、京都訴訟原告が京都地裁に提出した陳述書、全五六通がある。個々の世帯の代表者が語ったことばを担当の弁護士がまとめて記述したものである。そこには、各世帯の避難前の生活の実態や家族構成、原発事故発生時の混乱と不安、関西地区に避難するにいたった経緯、避難生活の中で直面した困難や苦難、元の居住地への帰還の有無などがくわしく記載されている。それに加えて、私たちは陳述書にもとづくアンケートを実施し[1]、それに各原告は自分たちの思いを自由かつ詳細に書き加えてくれた。そこに書き込まれた彼らの声と裁判所に提出された陳述書の内容を総合していくなら、京都訴訟原告の避難行動と避難生活の全体像を描くことが可能になるのではないか。それが、この章で試みることである。なお、京都訴訟原告の特徴を明らかにするために、区域外避難者数が最大である新潟訴訟原告のデータを適宜参照することにする。

ここでは以下の項目についてひとつひとつ見ていく。1、原告各世帯はどのような年齢層に属し、どのような家族構成をもち、政府の避難区分のどこに住んでいたか。2、

1 アンケートの実施時期は二〇一九年九‐一〇月。原告五六世帯に送付し、全世帯から回答を得た。

彼らは原発事故直後にどのような避難行動をとったか。3、彼らはどのようにして本避難を、つまり関西への移住を決意するにいたったか。4、母子避難をした世帯はどのような困難に直面し、それは解消できたか。5、避難は学齢期の子どもに対してどのような影響を与えたか。彼らは新しい環境に容易に適応できたか。6、避難生活は成人原告にどのような困難や苦痛を課したか。7、避難から二〇一五年の陳述書作成までのあいだに、彼らは元の居住地に帰還したか。帰還していないとすればその理由は何か。8、東京電力による賠償や、国や自治体が避難者に対して採った政策や支援を原告はどう評価しているか。以下、この順に見ていく。

1　京都訴訟に加わった避難者はどういう人たちか

居住地区分

まず、京都訴訟原告五六世帯の避難前の居住地である。政府の居住地区分に従えば、福島第一原子力発電所に近い帰還困難区域一、その周囲の緊急時避難準備区域一であるほかは、全原告が区域外避難者である。京都訴訟原告の特徴は福島県外からの避難者が多いことであり、宮城県二、茨城県二、栃木県一、千葉県二の避難世帯がある。これらの土地はかなりの濃度の放射能汚染を記録したが、東京電力は彼らに対する賠償を一切おこなっておらず、そのことが彼らが原告になった理由のひとつである。

原告の年齢

つぎに、陳述書を作成した原告代表者（以下、原告）の年齢層を見ていく。避難時に三〇代と四〇代が中心であり、このふたつで全体の七一・五パーセントを占めている。その他には、二〇代が一四・八パーセント、五〇代と六〇代が五・三パーセントであり、他には七〇代と八〇代が各一世帯である。三〇代と四〇代というのは働き盛り、地域で中心的な役割を果たす世代である。その彼らが、それまで職場や地域社会で築いた業績や信頼関係を投げうってまで避難したというのだから、私たちには容易に想像できないほどの覚悟と決断があったのだろう。また、この世代を中心に未成年の子どもをもつ子育て世代が世帯全体の八三・六パーセントに達しており、震災の前年の二〇一〇年の全国のデータでは子育て世代の割合は二五・三パーセントなので（福島県では二六・二パーセント）[2]、際立って多いことがわかる。原告の多くは放射能汚染の危険から自分を守るという以上に、子どもを守るという強い意志によって避難をしたのである。

避難前の世帯構成

彼らの世帯構成はどうか[3]。単身世帯三、夫婦が同居する核家族世帯四一、ひとり親世帯二、複合直系家族世帯一〇（そのうち三世代世帯八）であり、ここから避難前の原告の世帯構成について二つの特徴を指摘することができる。ひとつは、夫婦同居の核家族世帯と複合直系家族世帯をあわせて九一・一パーセントとなり、その多くが未成年の子どもを含む子育て世帯だということである。これを見ても、子どもの健康を第一に考えての避難であったことがわかる。特徴の第二は、複数の直系核家族が同居する世帯の多さ

2　厚生労働省二〇一二「国民生活基礎調査」e-stat.go.jp/dbview?sid:0003046970.

3　世帯の分類については、同居の有無を重視する厚生省の定義に準じて、①単身世帯、②核家族世帯で夫婦同居、③ひとり親世帯（核家族世帯で夫婦別居）、④複合直系家族世帯、⑤その他、の五つに区別する。このうち、②は同居する夫婦および未婚の子どもからなる世帯であり、③は夫婦が離婚・死別したか別居している家族で未婚の子どもとの同居がある世帯をさす（子どもがいない場合には単身世帯）。④は複数の直系の核家族が同居している世帯であり、その多くは三世代世帯である。

である。また同居していなくても、近所に住む親世帯と頻繁に行き来し、支援を受けていたと記している世帯が一五あることも興味深い。大家族的な性格をもつ福島県および隣接県の家族構成の特徴を示すとともに、親子のきずなの強さを示している。

避難による世帯構成の変化

このような特徴をもつ世帯は避難によってどう変化したか。その直接の結果は世帯の分離ないし解体であった。避難前と避難後の世帯構成を比較すると（**図1**）、夫婦同居の核家族世帯が原発事故前の七三・二パーセントから事故後の五三・六パーセントへ、三世代家族を含む直系複合核家族世帯が一九・六パーセントから七・一パーセントへと減少する一方、ひとり親世帯は三・六パーセントから三二・一パーセントへと激増している。ひとり親世帯の増加は夫婦の別居ないし離婚を意味しているが、それは放射能汚染を避けるために母子のみが避難し、夫は収入を確保するために居住地にとどまったいわゆる母子避難が理由である。また、三世代家族の分離が進んだことも明らかであり、避難にともなう夫婦間・親子間の別離によって、夫、妻、子、孫、祖父母のそれぞれが多大な苦痛と困難を味わったのである。

2　原発事故直後の避難行動（初期避難）

原発事故を知った経緯

つぎに、原告が福島原発事故の直後にどのようにして事故の発生を知ったか、そして

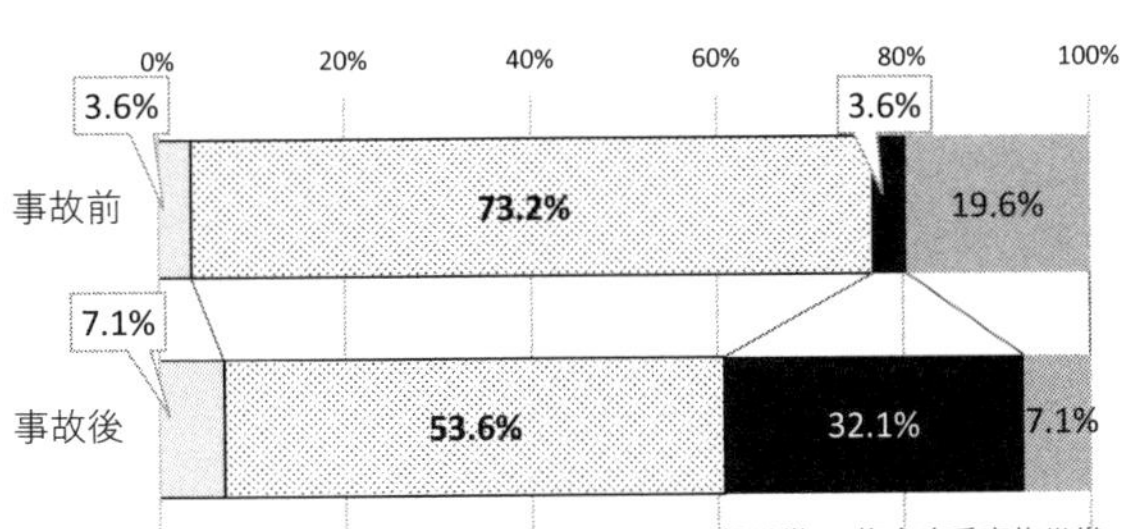

図1　避難による世帯構成の変化（n=56）

どのような行動に出たかを見ていく。最初に事故を知った経緯については、京都訴訟原告の大半が区域外避難者であるため、避難指示は出ておらず、テレビ等の報道を通じて原発事故を知ったケースが大半であった（九四・六パーセント）。その他、家族や知人を通じて知ったとする原告も一七・六パーセントいる。福島市に住んでいたある原告は、原発から遠く離れた福島市にも事故の影響がおよんでいたことを、交通量の増大や変化で知ったとする生々しい証言を残している。「浜通りから医大病院へ来る救急車の数が増えたり、交通が激しくなるなど、普通でない事がわかった。早く避難しなければとの事で、近所の方とガソリンを合わせて共に京都へ避難した。ガソリンはどの店にもなかった」[4]。

事故直後の対応

原発事故直後の対応については、「TVやネットを通じて調べた」（五二・三パーセント）、「窓を閉めるなどの自衛策をとった」（四九・〇パーセント）などの割合が高く、事故の直後から積極的・意識的に行動していたことがわかる。「外出時はマスク、外遊びはしない、洗濯物を外に干さない、床の水拭き、水道水にヨウ素が出たため水道水は飲まない」といった予防措置をとったり、「妊娠中だったのでヨウ素剤のかわりに何か飲んでおくべき物はないか調べ、産婦人科の医師に相談した（ヨウ素のうがい薬を飲んだ人がいるという情報を知ったため）」などの行動をとったというのである。彼らの約半数は「すぐに家族全員で避難した」り、「すぐに母子だけで避難し」ており、迅速な避難行動をとったことも特徴的である。ある原告はつぎのように書いている。「一号機爆発をテレビ生中継で見て避難を考えたが決断しきれず、二日後の三号機爆発でもうダメだと思い西日本へ逃げ

4　この引用のような記述は、各原告がアンケート用紙に記入した文章をそのまま転記したものである。

5　東京電力福島第一原子力発電所に設置されたカメラ。遠隔地から発電所の様子をリアルタイムで見ることができる。

なくてはと行動に移したが、その二日間も全く眠れずフクイチカメラ[5]をずっと確認していた」。

緊急避難の時期

緊急避難をした時期については、事故直後の三月一五日までがもっとも多く（四〇・〇パーセント）、つぎが三月一六日から三一日である（三〇・九パーセント）。彼らはじきに原発事故が終息するだろうと考えて、距離的に近い会津地方や新潟、山形などに避難したのである。一方、事故の終息が困難と考えてすぐに関西地区に避難し、そのまま避難生活を継続した世帯も一定数存在する（二〇・〇パーセント）。この二つを合わせると京都訴訟原告の八七・三パーセントが原発事故から三週間以内に避難したことがわかる。避難という行動が多大な犠牲を課したであろうことを考慮するなら、異例の多さといえる。それだけ、原発事故による放射能汚染の脅威は大きく、緊急避難の必要性を痛感していたのである。

避難のきっかけ

避難のきっかけについては（**図2**）、「指示はないがネット等で調べた」が最多であり、「子どもや胎児の健康への不安」がつづいているところにも、京都訴訟の原告の能動性を認めることができる。「本人、第一子ともに化学物質過敏症なので、放射能汚染を避けたかった」、「第一子は二〇〇五年に急性リンパ性白血病を発症していたため、放射能被ばくを避けたかった」など、身内に持病のある人間がい

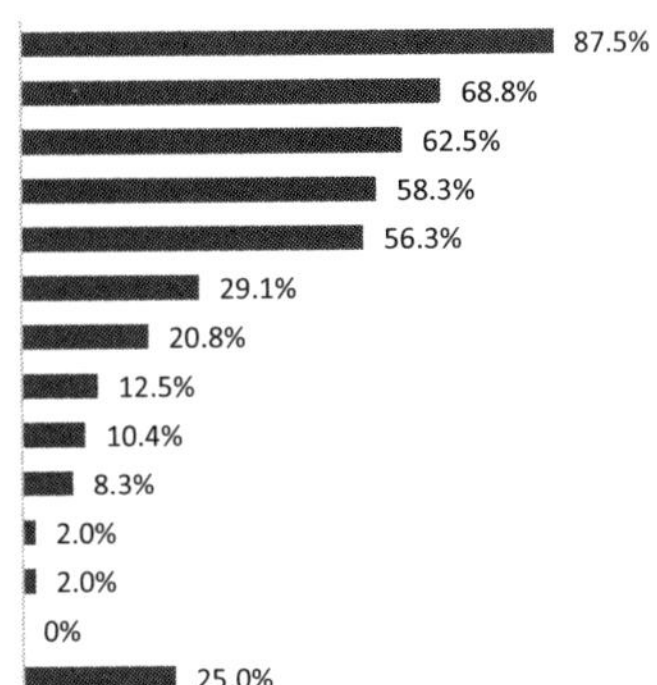

図2　避難を開始したきっかけ（複数回答可、n=48）

るので放射能被ばくを避けようとしたケースや、「アメリカ国籍の友人は三月一四日には米国に家族とともに避難を終えていた」と、外国籍の友人から緊急避難を説得された原告が多いことも特徴的である。

自分で放射線量を測ったか

かなりの数の原告が（六一・八パーセント）、自分で自宅周辺や登校路の放射線量を測定しており、「自治体の発表より大幅に高い」（七四・三パーセント）こと、「予想していたよりはるかに高い」（六八・六パーセント）ことを知った。そこから多くの彼らが（七七・三パーセント）「子どもには安全でないと感じた」のである。彼らは政府の発表にしたがうより、自分で調べ判断する機会と能力をもっていたのであり、だからこそ原告の多くが「政府や自治体の発表は信用できないと思」い（六五・七パーセント）、正確な情報を出さない政府や福島県への不信がつのったのである。

放射線リスク情報の情報源と信頼度

放射線リスク情報の入手経路と信頼度に関しても、原告の積極性と自主性は際立っている（**図3**）。可能な限りの手段を尽くし、ネット等を通じて国内外の情報の違いに敏感であった彼らは、「ネット等を通じて得られる情報」に信をおく一方で、「行政機関による広報」には不信感をもち、「政府や自治体による説明会」も役に立たないと判断した。とりわけ多くの原告が批判するのは、チェルノブイリ事故の専門委員であり、放射能汚染の警告を発していた長崎大学の山下俊一医師が事故後に態度を豹変させ、福島では放射能汚染の危険はないとする講演をして回ったことであった。これに対し、福島県内の小中学校校庭の利用基準を年間二〇ミリシーベルトに引き上げた政府に対し、内閣官房参与の佐古敏荘東京大学教授が、「この数値を乳児、幼児、小学生に求めることは、学問上の見地からのみならず、私のヒューマニズムからしても受け入れがたい」と涙を流して抗議したことを見て関西への避難を決定したと述べる原告が多い。ある原告のつぎのことばは多くの原告に共通する見解である。「福島市等は事故当初から放射性物質が避難すべき値になっていたにもかかわらず、急に国際基準を無視し、年間二〇ミリシーベルトに上げて安全だとし、福島県民を福島に閉じこめ、内外に安全とアピールし、居住と被ばくを強いた。……行政のいうことを聞いていたら、子どもの安全は守れないと思った」。

3　関西へ本避難するにいたった理由と経過

本避難の理由

放射線量の高さに驚き、政府や自治体の発表への信頼を失った彼らは、放射線量の低い地域への避難を決意する。彼らが一時的な避難ではなく、本避難を決意した理由は**図4**に示されている。圧倒的多数の原告は、「避難指示がないが、いろいろと自分で調べた」結果、「生活

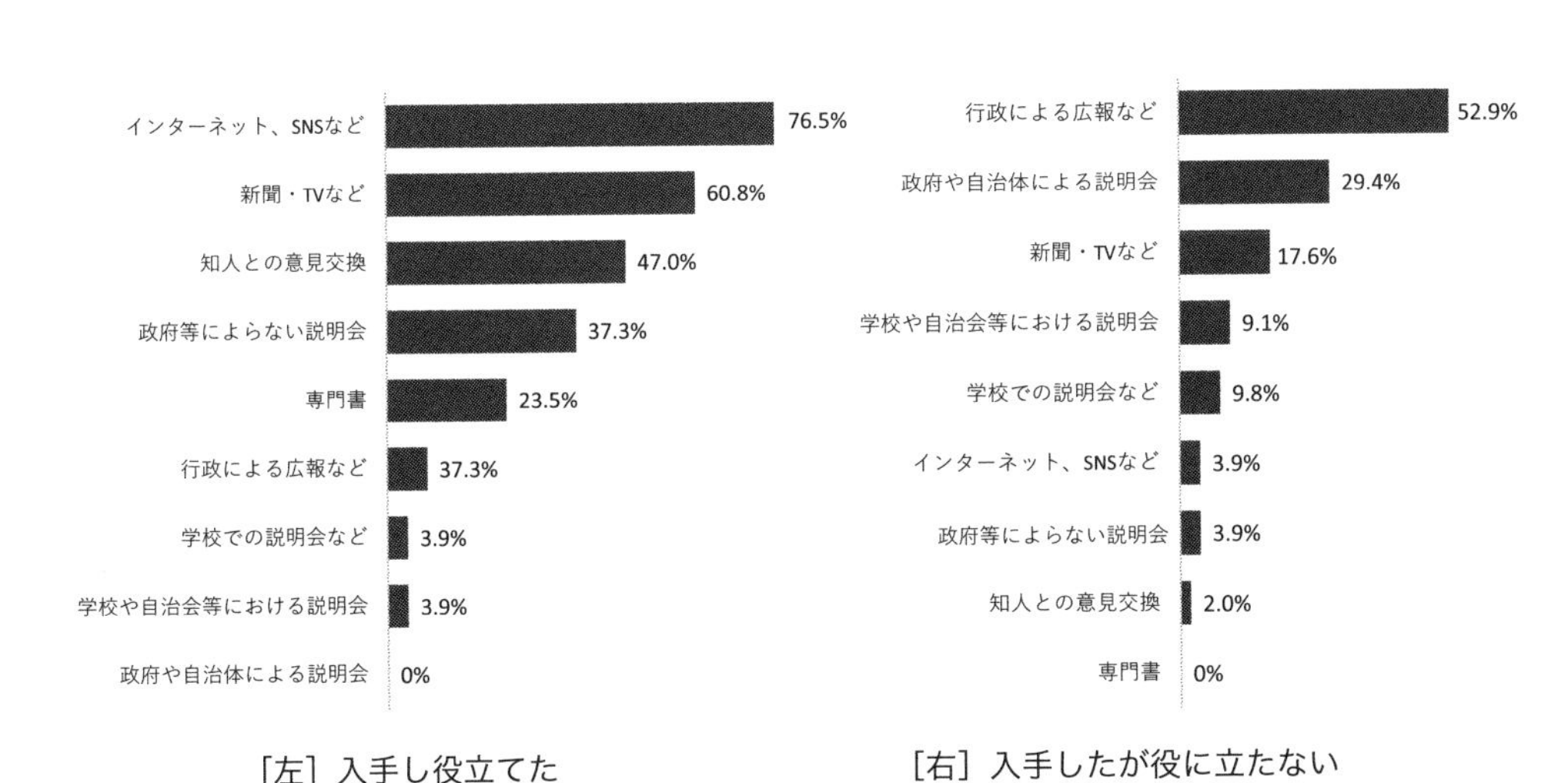

［左］入手し役立てた　　［右］入手したが役に立たない

図3　放射線リスク情報の入手経路と信頼度（複数回答可、n=51）

圏内での数値が高い」ことに驚き、「将来の健康影響に不安を感じ」るようになった。にもかかわらず、四月になると福島県でも学校が何事もなかったかのように再開され、平常通りの授業や課外活動が復活したことに親としての不安が増大した。ある原告はつぎのように語っている。「子どもに将来健康被害が出ることに対する恐れもあったが、雨が降ってきただけでおびえる子どもの様子に、健全な成長ができない恐れも感じた」。夫や親から離れ、見知らぬ土地で暮らすことの不安に逡巡しながらも、放射能汚染の心配のない遠隔の土地への避難を決意したのである。

避難前の体調の異変

彼らの不安は根拠のないものではなかった。多くの原告は自分や子どもの身体に異変を感じていたことから、急き立てられるように放射能汚染のない関西へと避難したのである。子どものあいだで一番多く見られたのは鼻血（四一・一パーセント）であり、下痢（三三・五パーセント）、風邪・熱（三〇・六パーセント）、肌荒れとつづいていた。「二〇一一年五月頃から、娘が急に高

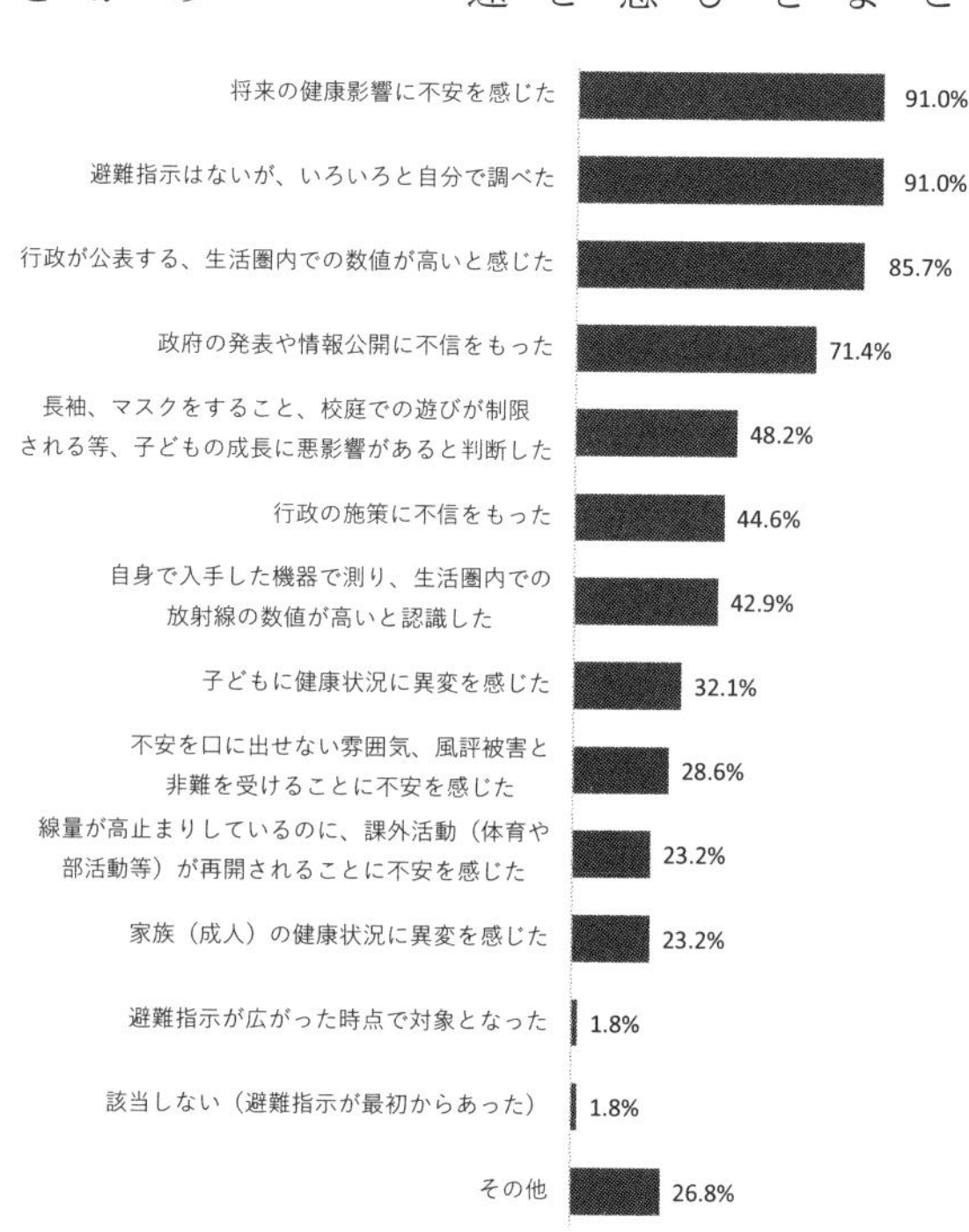

図４ 本避難にいたった理由（複数回答可、n=56）

熱を出したり、朝起きるとシーツ一面が真っ赤になるほどの鼻血を出していたりと、体調の異変が生じ始めました」。「鉄のスプーンをなめているような味覚を感じた（私）。子どもたちは三人ともマイコプラズマ、中耳炎、結膜炎などに頻繁にかかった。三・一一以前は誰も頻繁にということはなかった」。さらに、つぎのような記述もある。「一時帰還中にお葬式がとても多く、若い人の死亡率も多かった。また事業所の職員などの体調不良者も多く、仕事が続けられないほど退職者もいた」。

こうした身体的異変が京都原告のもとで生じた割合は新潟訴訟原告より非常に多く、後者の場合には、鼻血（一三・五パーセント）、下痢（二・八パーセント）、風邪・熱（二・二パーセント）と、いずれも半分以下にとどまっている（髙橋・小池二〇一八、六三）。冷静な判断力を備えた京都訴訟原告であったが、身内の身体的異変を通じて放射能汚染の恐怖にじかに直面したことで、関西に避難することを決めたのである。

本避難にあたって感じた不安

本避難をするにあたって彼らが心配したのは、何より「金銭的不安」（九二・七パーセント）であり、「離職・転職することの苦痛」（六五・五パーセント）も高率であるなど、避難のための経費の増大や転職・離職の必要性であった。その他では、「家族が離れ離れになること」（四九・一パーセント）、「子どもを転校・転園させること」（四七・三パーセント）も多く、家族の問題が上位を占めている。なかでも京都への避難者に特徴的なのは、「ふるさとを離れるうしろめたさ」（六九・一パーセント）に示される、住み慣れた土地や家を離れることの寂しさやうしろめたさの多いことである。「私が生まれ育ち、はぐくまれた自然の環境はとても大事なものだと思うし、それを失った事の絶望感が心からなくならない。色付きの星空、目の前をフクロウが飛ぶ自然、真冬に樹が浸みて割れる音、コンクリートの上をぬうように張る雪、そしてダイヤモンドダストも見た。雪の降った日の朝の静けさは、言葉に表せない静寂の中にある」。遠く離れた関西への避難を決意したからこそ、ふるさとを喪失した感覚は一層募ったのである。

関西に避難した理由

そうした喪失感を抱えてまで関西地区に避難しようとした理由は、何より「放射線量が低い」ことであった（**図5**）。放射能汚染を避けるためには、隣県の新潟県や関東地方ではなく、原子力発電所から遠く離れた関西に避難しなくてはならないと考えたのである。新潟訴訟原告との最大の違いはこの点であり、区域外避難者が新潟に避難した理由は、「民間借り上げ仮設制度があった」（四七・六パーセント）や「地理的要因（高速で一本など）」（四〇・二パーセント）が多く、「放射線量が低い」は三一・七パーセントにすぎない（高橋・小池二〇一八、六六）。京都訴訟原告の三分の一の割合なのである。放射能汚染を避けることを最重視した彼らは、区域外避難者に対しても「避難受け入れ制

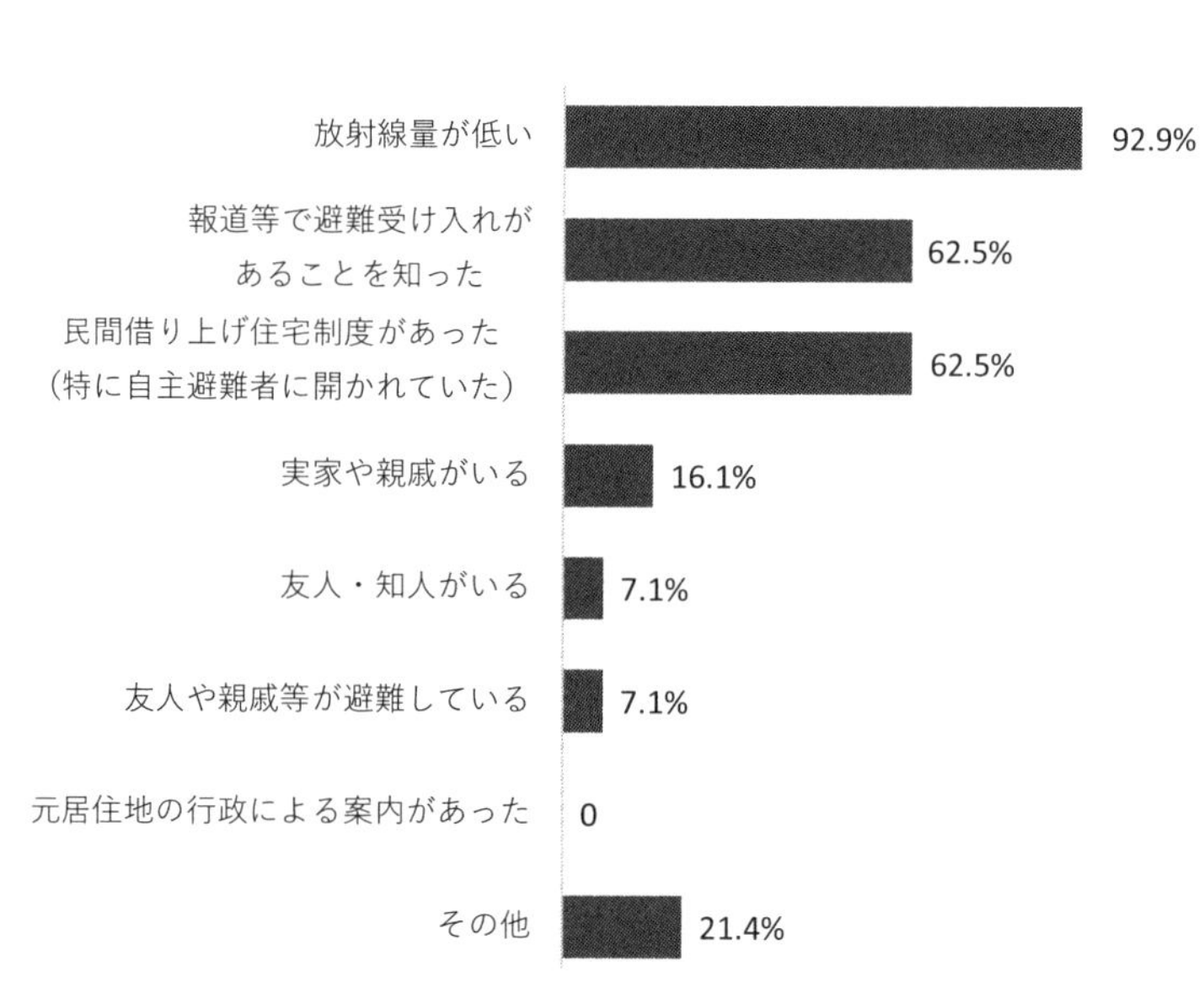

図5　関西に避難した理由（複数回答可、n=56）

度のある」地域を探し（六二・五パーセント）、そのひとつである京都への避難を決意した。その間の事情はつぎの記述に示されている。「報道ではなく、たまたまネットで検索したら見つけた見ず知らずの人の情報で、公営住宅を自主避難者にも貸していると知った」。この記述は他の多くの原告と共通しており、他に頼るあてのなかった彼らの心情を吐露している。

関西での避難場所

避難場所については、彼らの大半は京都府や京都市の斡旋で市営住宅や旧国家公務員住宅に入居した（七六・八パーセント）。府が斡旋した旧公務員住宅は交通や買い物の便が良かったので多くの原告が選択したが、実情は取り壊されることが決定されていた築五〇年以上の古い団地であった。そのため、多くの原告は住宅事情の悪化に苦しめられた。「団地は母子避難が多く、地元の変質者がよく出没した。子どもが追いかけられたり、部屋に入ってきた人もいて、防犯上安心出来ない一階の部屋に住んでいたので、常に不安だった」。

避難にあたっての合意の有無

避難するにあたって、家族や親族のあいだで合意はあったのだろうか。「家族中、皆で合意した」とする原告世帯が三分の二に達しており（六六・一パーセント）、家族や近親者のあいだで合意ができていたことを示している。反面、「家族の中でも合意が難しかった」（一四・三パーセント）、「家族では合意したが親族の合意は難しかった」（七・一パーセント）などのケースもかなりあった。「避難する時、夫の実家にあいさつに行こうと思って電話した時、『来ないでほしい』と言われ、夫のみ行った。仕事を急に辞めて避難する事になったが、職場の約半数の人が露骨に怒った態度をとったり無視したりした。皆、お子さんがいて不安な気持ちがあって、ひとり避難する人への対応と思うが、当時は傷ついた」。

4　母子避難の苦しさ

母子避難の割合

原発事故後の区域外避難の特徴とされる母子避難について見ていこう。父親が生活費を捻出するために元の居住地に残って仕事を継続し、母親だけが子どもを連れて避難したケースである。その世帯数は三〇であり（五三・六パーセント）、過半数を超えている。その他に、子どものうちのひとりが父親のもとに残り、母親と他の兄弟が避難した世帯が一あり、これを加えると母子避難の割合は五五・四パーセントになる。かなりの数の世帯が原発事故後に母子避難を選択したのである。

父親が会いに来た頻度

京都と福島は遠く離れているだけに、父親が関西まで会いに来る頻度は「月に一回」（四〇・七パーセント）か「二ケ月に一回」（一八・五パーセント）というケースが多く、この二つで六割を占めている。「福島・京都はとても遠い。高速でも一〇時間かかる。夫は忙しく、京都に来るのは二、三ケ月に一度、一泊程度だ。車では、二日休みでも来るのに一日、帰るのに一日かかり、家族で話し合う時間が十分に取れない。新幹線でも似たようなものだ。近県に避難したのとはそこに大きな違いがあると思う」。

父親が感じた困難

そうした父親にとって、最大の苦痛は「妻や子供と離れる苦痛」(九二・六パーセント)であり、「経済的な負担増」(九二・六パーセント)であった。つぎの原告のことばは多くの父親の偽らざる気持であっただろう。「福島から京都へと家族に会いに行く身体的・時間的・経済的負担。何よりも家族が一緒に暮らせないことによる精神的苦痛。毎日一緒にいられた家族と離れ離れにされた苦痛は計り知れない。幼い娘と共に過ごす時間、記憶を絶たれた苦しみ」。こうした父親の苦痛は新潟訴訟原告と違う点であり、地理的に近い新潟では九五パーセントの父親が月に二回以上の割合で母子に会いに来ている(髙橋・小池二〇一八、六八)。放射能汚染を避けるために遠い関西に母子避難した原告世帯は、家族分離の悲哀を味わい、相互の意思疎通が困難になり、離婚や家族崩壊の危険により強くさらされたのである。

世帯分離は解消されたか

母子避難による世帯分離は解消されたのだろうか。事故から四年経過した陳述書作成の時点で、半数以上(五二・九パーセント)の世帯が世帯分離を解消せず、母子避難を継続している。一方、父親が母子の避難先に合流した世帯は三五・三パーセント、帰還によって世帯分離を解消した世帯は八・八パーセントにすぎない。避難生活による夫婦関係については六八・九パーセントが「悪化していない」とするが、「口論が多発するようになった」とする世帯もかなりあり（一七・八パーセント）、六世帯（一三・三パーセント）は離婚にいたっている。「福島の父や避難元の住民から、『いつ帰ってくるのか？』と聞かれ辛かった。友人や親せきの数人に話したところ、反応が良くなかったので、残りの多数の友人・親戚には話せなかった。夫に理解がなく、『帰ってこなければ離婚だ』と言われた」。地理的に近い新潟では離婚の割合は半分以下の五・三パーセントなので、関西に避難した母子の孤立の様がここにも表れている。

5　避難は子どもにどんな影響を与えたか

陳述書とアンケートには避難した子どもについての記述があるが、避難が彼らにどのような影響を与えたかについてはＰＴＳＤのアンケートの個所で分析するので、ここでは概略だけを示すものとする。

避難が子どもにいかなる影響を与えたかをたずねたところ、「体調や様子に変化があった」が五八・五パーセントと半数以上を占めているほか、「周囲に馴染めないなど人間関係に問題が生じた」（三九・〇パーセント）ケースもかなりある。とりわけ深刻なのは「不登校や引きこもり」（二二・〇パーセント）になったケースであり、「とくに悪影響はない」との答えはわずか四例にとどまるなど、ほとんどの子どもに深刻な影響がもたらされたことがわかる。学校で子どもが福島出身者だとしていじめられたとする記述は多くあり、なかには「いじめにあい、退学を強いられた」ケースや、「まつげを抜く、こだわりが強くなる、舌をぺろぺろと出すなど」の問題行動が出てきた子どももいる。「二男は転校先になじめず勉学の意欲を失った。親との関係も非常に悪くなった。家庭内暴力のようなものもあった。人生に希望を見出せなくなり、精神状態が非常に不安定になった。母親とのいざこざもよくあり、下手をすればどちらか(あるいは両方)がけがをするような時もあった」。避難生活は母子ともに心に深い傷を負わせたのである。

6　避難生活を続けることの苦痛や困難

避難を続けることの困難

避難生活で生じた苦痛や困難として、ほぼすべての原告があげているのが「経済的負担」である(**図6**)。これをあげないのは二世帯だけであり、「暮らし向き(生活の質の低下)についての苦労」、「日常生活の費用増大」がつづくなど、経済

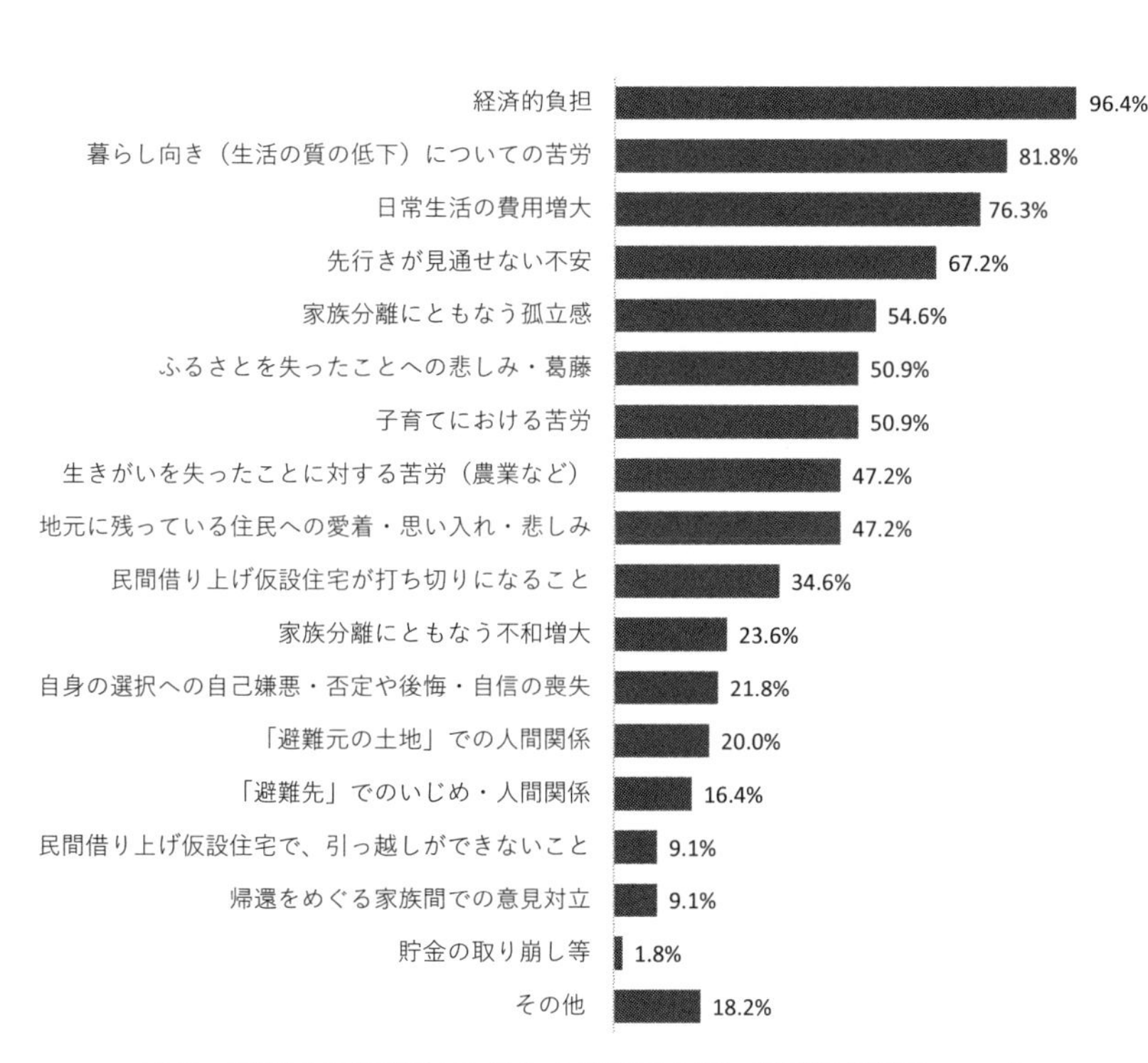

図6　避難生活を続けることの苦痛や困難（複数回答可、n=55）

的困窮を訴える原告の割合がきわめて多いことがわかる。その他では、「先行きが見通せない不安」や「生きがいを失ったことに対する苦労」といった自己意識やアイデンティティに関する不安がかなりの高率である。さらに、「ふるさとを失ったことへの悲しみ」といった故郷喪失感や、「家族分離にともなう孤立感」、「子育てにおける苦労」といった母子避難の苦痛も約半数存在する。彼らは慣れない土地でさまざまな困難や苦痛に直面させられたのであり、これらの項目については以下に順に検討する。

経済状況の変化

まず、避難生活によって生じた経済状況の変化について検討する。避難後の経済状況については、もっとも多いのが避難によって生じた「失業」と「収入自体の減少」であり、七二・七パーセントの世帯がこれをあげている。また三〇の母子避難世帯にうち、二四世帯が「二重生活による生活費増」、二三世帯が「夫が関西へ通う交通費負担」をあげており、八割の母子世帯がこれらに苦しんでいる計算になる。「先行きの不安から、出費を抑えた生活をした。その結果、がまん、がまん、がまん、がまん、がまん。買いたいものは買わない、使いたいものは使わない、安物でとりあえず済ます。とくに息子と妻は、それで心が寂しくなりました」。

彼らがそれほど経済的困難を強いられた理由は明らかである。京都訴訟原告は二世帯を除いて区域外避難者であり、ごく少額の賠償しかなされていないことは冒頭で触れた。福島県内であっても彼らの慰謝料は大人八万円（のち四万円追加）、放射能の影響を受けやすい子ども妊婦四八万円に過ぎず（避難で二〇万円追加）、県外者に対しては皆無である。「中間指針」に沿って四人家族への慰謝料を試算した大阪市立大の除本理史教授の計算では、「帰還困難区域」(約二・五万人)の慰謝料総額五八〇〇万円、除染後帰還が可能な「居住制限区域」(約二・三万人)の慰謝料総額二八〇〇万円、早期の帰還が可能な「避難指示解除準備区域」(約三・三万人)の慰謝料総額一九二〇万円に対し、区域外避難者(一四三・五万人)の場合は総額で一六八万円にしかならない(除本二〇一三、三九)。[6]これでは、避難にかかった費用や、二重生活をつづけるがゆえの負担増、避難にともなう経済環境の悪化をいささかも相殺できないことは明らかである。実際、新潟訴訟の陳述書においても、「経済的負担」の困難をあげる避難者の割合が、区域内と区域外ではそれぞれ五五・九パーセントと七八・七パーセントと一・五倍の違いがある(髙橋・小池二〇一九、九二)。区域内避難者であれ区域外避難者であれ、それまで築いてきた生活基盤から離れたことによる経済的負担の増大は同一であるはずなのに、それを苦しさと感じるか否かにこれだけの違いがあるのは、東京電力による慰謝料の相違以外のいかなる理由もない。理不尽としかいいようのない措置である。

人間関係上の困難

避難先での人間関係について見ていくと、最多の答えは「親切な人びとに助けてもらうことがあった」(七七・六パーセント)であり、感謝を示す原告が多いことが特徴的である。「避難者同士で支えあうことができた」と、避難者間の横のつながりを強調する原告も多い。そうした支援やつながりがあったからこそ、彼らは見知らぬ土地で、しかもしばしば母子のみで生き抜いてこられたのであろう。

6　しかも、避難指示が出された前三者の場合には住居や田畑の賠償金も支給されるのに対し、区域外避難者に対しては、たとえ住宅ローンが残っていたとしても一切その補償がない。これでは、「中間指針」が重点を置いたのが、避難者の生活を支援することより、賠償額を低く抑えることで東京電力を救済することであったと言われても否定できないだろう。

その一方で、半数の原告は「孤独感を強めた、孤立した」と述べ、「避難者であるという理由で誹謗中傷を受けた」（二三・五パーセント）ケースも少なくない。「親切な人もいたが無関心な人も多かった。福島の現状を周囲に伝えたり訴えたりすることは大きな負担になるので、あえて触れず、自分でも考える事をせず、生活に慣れるようにだけ専念した」。「もともと単身者で、避難先でも単身者への支援が非常に限られていた。母子避難だけが避難者ではないのに、疎外感があり、単身であることが非常に惨めに感じられた。支援者が反原発の方が多く、活動の材料にされていると思うこともあった。『福島のおかげで活動出来る』という大学教授もいた。反論したら、『事故前は畑で鍬を持っていたのに、事故が起きたから大学のえらい人とも話ができるようになった』とまで言われた。もちろんそんな人ばかりでなく、優しく賢い方もいらして、その方々のおかげで生きてこられた。何度も死のうと思いました」。

避難後の健康状態

避難後の健康状態について言えば、男性の原告では「精神症状の発症」（二二・九パーセント）がもっとも多く、「放射能の影響が考えられる症状の発症」（一四・六パーセント）もかなりの割合を示している。女性については、「放射能の影響が考えられる症状の発症」（三〇・一パーセント）がもっとも多く、「精神症状の発症」（二一・八パーセント）もかなりの高率である。「精神的ストレスでイライラする。独り言が多い。金銭面・仕事の収入が少ないなど、生活できるか不安。のどの痛みやめまいを感じるようになった。知らないうちに大声をあげている。自殺したいと感じる。めまいは心因性ではないかと思い通院し、心療内科でストレス関連障害と診断された」などの症状である。

精神的苦痛

これらの項目にもまして先の図6で高い割合を示しているのは、「先行きが見通せない不安」である。彼らは、元の居住地に戻るべきか、それとも避難先で生活基盤を拡充すべきか、一年更新の住宅補助はいつまで延長されるかなどの一切が不明なままにおかれていた。「精神的に宙ぶらりんな状態が今も続いている。いつか再び被災するかもしれないという気持ちが消えない」。「家族の心が病んでしまったことへの壮絶な悲しみと苦しみと疲れ。長きにわたって安心のない生活をし続けていることへの不安と虚無感。命がけの日々」。将来像を描けないことの苦しみは彼らの心を蝕んでいるのである。それに加えて、「ふるさとを失ったことへの苦しみ・葛藤」（五〇・九パーセント）や「生きがいを失ったことの苦労」（四七・二パーセント）といった精神的な苦しみも深く刻まれている。「残してきた親の介護。京都で幸せそうな家族連れを目にすると苦しかった。私や子どもはどうしてここにいるのかと思った」。ふるさとへの思い、ふるさとに残してきた人びとへの愛着が高じるほどに、自信と生きがいが失われていく。原告たちは苦さと悲しさを噛みしめながら生きることを余儀なくされてきたのである。

7 帰還の有無と帰還しない理由

帰還したか

二〇一五年の陳述書作成時までに元の居住地に帰還した原告は四世帯、七・一パーセントにすぎない。その理由は四世帯すべてが「経済的負担」を挙げており、母子避難等の二重生活が課した経済的困難の大きさが推測される。一方、未帰還者に対して帰還しない理由をたずねると、「放射線量、健康不安」(九八・〇パーセント)とほぼ全員であり、原発事故による放射能汚染が一向に解決されていないことを挙げている。国や福島県は除染によって放射線量が減少したと主張するが、「除染は済んでいないし、土壌汚染は相変わらず低減していない。東電も国も事故を清算していない」。そして、「行政の優先が経済で、命を守ろうという姿勢がないため帰還しない」というのである。

帰還するための放射線量の低下

未帰還の原告は放射線量がどれくらい低下したら帰還してもよいと考えているのだろうか。「事故前のレベル」とする記述が最多の七二・一パーセントあり、他では「具体的な線量はないが、まだ高いと感じている」が一一・〇パーセント、この二つで約八五パーセントと圧倒的多数を占めている。

帰還後の不安や懸念

すでに帰還した人、いまだ帰還していない人の双方にとって、帰還にはどのような不安や懸念があるのだろうか。「放射能レベル」が九二・九パーセントと圧倒的に多く、ついで「子どもへの健康影響」（七三・二パーセント）が続いている。国や福島県は除染によって放射線量が低くなったと主張するが、その発表を信用しない原告が大半である。また、たとえ帰還したとしても、「周囲との意見の相違」や、「不安を話せないこと」を懸念する割合が三〇パーセントほどあり、地元に残った人びととの軋轢を懸念する声がかなりある。「また新たに仕事を探し、人間関係も一から作っていかなければならないという困難と不安」。「事故後、甲状腺がんを発症し、体力も低下して、帰還する気力も体力もなくなってしまった。放射線の被害について無知である人たちや、知っていても見ないふりをする人たちの中で、心にうそをついて生活することに疲れたことと怒りがある」。そうした懸念を超えてまで帰還する理由はないというのである。

8　東京電力の賠償や国と自治体の支援に対する評価

東京電力の対応への不満

東京電力に対して賠償の直接請求をした原告は六一・一パーセントと、半数強を占めている。しかしその賠償額については九三・〇パーセントが「まったく不満である」と答えており、強い不満を示している。原発事故前に農業や事業等をおこなっていた場合には、これとは別に、国が設置した調停機関であるＡＤＲセンターによって協議のうえで賠償額が決定された。ＡＤＲの賠償額について見ると、四三世帯のうち九三・〇パーセントにあたる四〇世帯が「まったく不十分である」と記しており、区域外避難者の多い京都訴訟の原告にとって東京電力の賠償はきわめて不十分と受け止められていることが明らかである。

政府の政策への不満

原告の不満は東京電力に向けられるだけでなく、事故後の対応に当たった政府にも向かっている（**図7**）。政府の政策に対して「特に不満はない」は〇パーセントであり、強い不満があることがわかる。彼らの最大の不満は国がおこなった「避難の線引き」であり（八一・六パーセント）、それによって多くの地域が避難指示の対象から取り残されたことである。とりわけ、避難指示基準を原発事故前の年間一ミリシーベルトから「二〇ミリシーベルトとした」ことにより、福島市や郡山市などの地域が放射線量が高いにもかかわらず避難指示対象から外され、避難の責任が国や東電から個人へと転嫁されたことである。

それに加えて、国への不満は、文部科学省のSPEEDIによって放射線量の拡散予測が可能であったにもかかわらず、情報を三月二三日まで公開しなかったような「原発事故に関する情報公開」の不十分さや、「線量データの公開」が不十分であったことにも向かっている。情報公開の不十分さの結果、

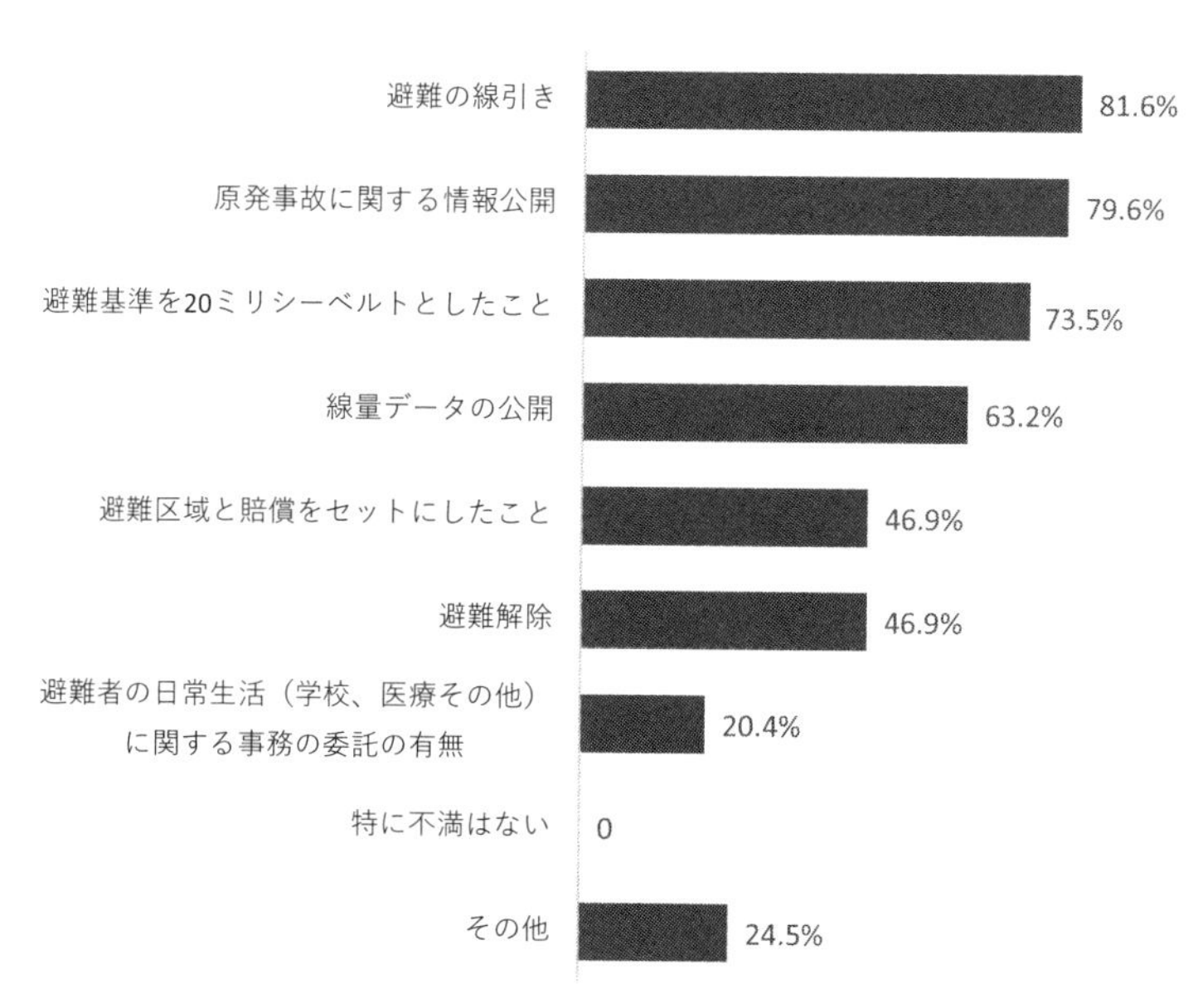

図7　政府の政策への不満（n=49）

多くの原告が異なる情報に振り回されたばかりか、周囲の誤解にさらされることになったのである。「裁判官も一般の人も、『浜通りの人の方が被ばく量が多い＝被害が多い』と思っていませんか？　私は一概にそうとも言い切れないと思う。浜通りの人びとは三・一一に原発から遠く離れたところまで逃げた人がたくさんいると聞いています。三・一二以降も続々と逃げて、三・一五の放射性物質大拡散を免れた人も多いはずです。避難指示もなく福島市に居続けた私達の方が、放射性物質を浴びた量は多いと思っています。それなのに国からは『区域外』と勝手に決められ、被害を過小評価され、世間的にも『浜通りの人は大変。中通りは住めるんでしょ、浜の人より被害は小さい』と見られるのは、実状と違っていると思います」。これは多くの原告の見解である。

東電、政府、自治体の評価

最後に、事故後の東京電力、国、福島県、市町村の対応についての評価を見ていく（**図8**）。各機関に対して「強い不満がある」とする割合の百分率が、九六・四、九六・四、六三・八、四七・八であり、押しなべてこれらの機関に対し強い不満を持っていることがわかる。この点は新潟訴訟原告と異なる点であり、「強い不満がある」とする割合は、区域外避難者の百分率で九四・一、八八・一、二〇・一、二一・二と大幅に少ないだけでなく、とりわけ福島県や市町村に対して高い評価を与える傾向がある。[7]

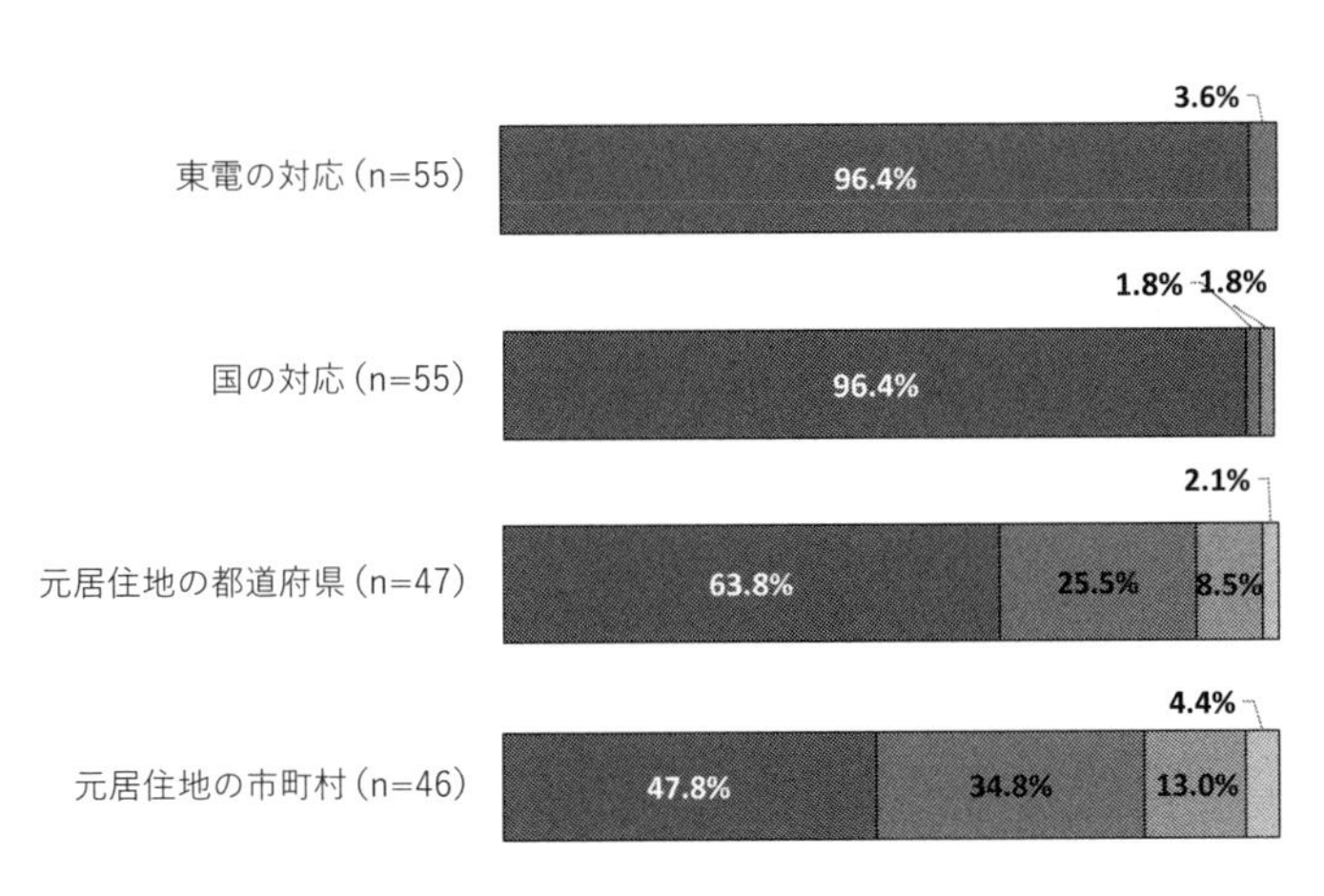

図８　東電、政府、県、自治体の対応への評価

京都訴訟原告の方が自分たちの行動についてより自覚的であり、より批判的な傾向があること、遠隔地であるために母子避難をした家族と会う頻度が少なく負担がより大きいこと、各種の手続きに元の居住地へ戻る費用が支払われていないので交通費がかさんでいることなどが、京都訴訟原告のもとでの不満の高さの理由であろう。とりわけ最後の点は全額支出されるべきものであり、制度の不備を示すものといえる。

まとめ

陳述書が示す京都訴訟原告の特性と避難行動の特徴について最後にまとめよう。彼らの特徴の第一は子育て世代、働き盛り世代の多いことであり、この点は他地域の原告とも共通する。一方、京都訴訟原告に固有の特徴は自立的かつ批判的な意識の強さであり、積極的で能動的な行動様式をもつことである。であるからこそ彼らは国や福島県の発表を無条件に受け入れることなく、自分で放射線量を測り、インターネット等で情報を収集することで放射能汚染が行政の発表以上に深刻なことを知り、避難の必要性を痛感したのだった。それに加え、彼らの多くは自分や身内の身体に異変が生じたことに不安をいだいており、せき立てられるようにして放射能汚染を避けるべく遠い関西への避難を決意したのである。

とはいっても、遠い遠隔地、しかも知り合いも紹介もないところへの避難である。彼らは経済的な困難や故郷を離れることの不安、転職や子どもの転校など、さまざまな困難や不安が待ち受けているだろうことを予想していた。しかし、実際に生じたのはそれ

7　この評価は二〇一五年前後になされたものであることに注意が必要である。その後、福島県は二〇一七年に避難者への住宅補助の打ち切りを決定し、他の府県もそれに追随した。この措置によって福島県への評価は大きく低減したのであった。

以上の困難であり苦難であった。困難の第一は経済的なものであり、家族中で避難した場合には失業と転職を余儀なくされ、慣れない土地で働くことの苦痛や収入減に苦しめられた。原告男性のうちの三人が神経症をわずらって入通院するなど、男女を問わず多くの原告が精神的苦痛に呻吟したのである。他方、収入を維持するために夫が居住地に残って母子避難を選択した場合には、家族の分離と孤立、二重生活ゆえの出費の増大に苦しめられた。その結果、母子避難六世帯につき一世帯もの割合で離婚へと追い込まれたのである。

原告の抱えた困難は経済的なものだけではなかった。彼らは友人や親族とのつながりを失い、慣れ親しんだ自然環境から切り離され、ことばも慣習も異なる新しい世界で生きることで、孤立と孤独を余儀なくされた。人間関係の希薄化、慣れない環境への適応不全、ときに投げかけられた心無いことばや差別。それらに対してもっとも敏感であったのが子どもたちであり、彼らは六人にひとりの割合で不登校や引きこもりに追い込まれている。そして、そうした子どもの苦しみにじかに向き合ってきたのが母親であり、彼女たちのうちの三人にふたりが「ストレスによる心身の不調」に苦しめられてきたのである。

経済的困難、社会的関係の喪失、精神的ストレスの増大、ふるさとの喪失。京都訴訟原告が背負った困難や苦難はそれにかぎられたわけではなかった。目に見えにくい、数字にあらわれてこない困難や苦しみに彼らは呻吟してきたのである。人間は与えられた環境の中で時間をかけて人間関係をやしない、勉学や仕事を積み重ねることで成長する。生きることは時間の経過を前提とするものであり、過去の出来事や経験の積み重ねがあってはじめて未来の展望が可能になり、過去から未来へと橋渡しするかたちでアイデンティティが可能になる。そして、そのようにして自己意識が形成されることではじめて安定した家庭や人間関係を築くことができるようになるのである。

しかし、原発事故とそれによる避難はその多くを彼らから奪ったのであった。それは、彼らの過去とのつながりを断ち切り、地域社会や親族の保護を失わせ、いつまで避難すればよいかをわからなくして未来への展望を奪ったことで、各自のアイデンティティを不確実にした。そのことは、原告の九割以上が避難当初に「先行きの不安」をあげ、その四年後の陳述書作成の時点でも三分の二が「先行きが見通せない不安」を挙げていること、そして「長きに渡って安心のない生活を続けていることへの不安と虚無感」などの彼らのことばに示されている。ほとんどの原告が未来の見通しのない、暗闇の中を歩かされ続けていると感じているのであり、彼らは自分たちには十分な保障が与えられず、さまざまな危険に剥き出しのかたちで晒されながら生きることを余儀なくされていると認識しているのである。

私はこれまで原告の手になる陳述書やアンケートの記述によりながら、彼らがどのような困難と苦難を負わされながら生きてきたかと問うてきた。彼らに課せられたこれらの困難や苦しみは、福島第一原子力発電所の事故がもしなかったなら生じるはずのないものであった。しかも、彼らはそれらの困難や苦しみにいささかも責任を負わず、何ら引き受ける義務も必然性もないものであった。にもかかわらず、彼らの人生はそれによって大きく変えさせられ、将来の展望さえも奪われてしまったのである。であれば、原告たちがいかなる困難や苦しみを課せられてきたかというこの章の問いは、間違いであったかもしれない。原告たちが多くの困難や苦しみを負わされたと言うのでは正確ではなく、それらの困難や苦しみを経験せずに生きる権利、社会の中で人びとや自然と交わりながらより良き生を作っていくという人間としての基本的権利を、原発事故によって剥奪されたと言うべきであろう。

イタリアの哲学者ジョルジョ・アガンベンは、古代ギリシャのアリストテレスの有名なことば、「生きることのために生まれたが、本質的には善く生きることのために存在する」を引きながら[8]、古代ギリシャでは単に生きることと、社会の中で善き生を求めて生きることとが明確に区別されていたとする。後者が「ビオス」と呼ばれる社会の中で可能な生の形式であったのに対し、前者は単に生きること、生物学的に生きることとしての「ゾーエー」であり、アガンベンはこれをあらゆる社会的な保護や規範から離れた生という意味で「剥き出しの生」と名づけている(アガンベン二〇〇三、七―二〇)。原発事故避難者は、その生が何ら保護されることなく、開いた傷が外気に晒されるように裸形のままに留めおかれていたのであり、十分な賠償も支援も与えられないままに放置されてきた彼らは、傷つきやすい「剥き出しの生」を生きることを余儀なくされてきたのである。

「善き生を求めて生きること」の権利は、全日本国民に等しく与えられている権利であり、日本国憲法はこれを、「生命、自由及び幸福追求に対する国民の権利については、公共の福祉に反しない限り、立法その他の国政の上で、最大の尊重を必要とする」(一三条)と保証している。これに沿って国会は震災の翌年の二〇一二年に、すべての原発事故被災者を支援するための法律、「子ども被災者支援法」を全会一致で批准した。その

8　アリストテレスは『政治学』のなかでつぎのように書いている。「あらゆる自足の可能性を極限まで充たした共同体が国家(ポリス)である。それは人々が生きるために生じたものであるが、それが存在するのは人々が善く生きるためのものとしてある」(アリストテレス二〇一八、二二)。

第二条には、「被災者一人一人が……居住、他の地域への移動及び移動前の地域への帰還についての選択を自らの意思によって行うことができるよう、被災者がそのいずれを選択した場合であっても適切に支援するものでなければならない」とあり、すべての被災者が自由意思で避難する権利をもつこと、国や地方自治体が適切な支援をおこなうべきことを明言している。にもかかわらず、二〇一二年冬に成立した第二次安倍政権は、この法律が明記する支援プログラムを策定することを怠り、その結果、放射能汚染を避けるために自己の判断で避難した人びとを「剥き出しの生」の状態に放置してきたのである。

こうした事態に接するとき、過去の水俣病患者への対応との共通性が浮かんでくるのは私だけではあるまい。今から半世紀以上前、利益を追求するあまりチッソは未処理の有機水銀を海に垂れ流して水俣病を引き起こしたが[9]、患者たちはチッソによる賠償も国や県の支援も受けることなく長期にわたって放置された。そればかりか彼らは、原因不明の「奇病」に侵された困窮者として、さらには地域経済の中心にあるチッソに楯突く不逞の輩として、地域社会からも差別され排斥されたのである[10]。その後、日本社会はその反省に立って環境庁を一九七一年に設置し、世界でももっとも厳しいレベルの環境政策を遂行し、水俣病をはじめとする環境汚染の被害者への支援に尽力すると明言したはずであった。にもかかわらず、半世紀を経て、生活環境を根こそぎ破壊した原発事故が生んだ被災者を保護の外に放置する政策がくり返されていることを見るとき、暗然たる思いに襲われないではない。私たちの目の前にあるのは、過去の教訓を生かすことのできない日本の政治の未成熟さであり、あいかわらず多くの人間を「剥き出し」の状

9　水俣病の最初の「公式確認」は、一九五六年にチッソ附属病院長の細川一医師が、「原因不明の中枢神経疾患の発生」を水俣保健所に届け出たことである。細川は有機水銀を含む工場廃液が猫に類似の症状を引き起こすことを実験で確認したが、チッソの経営陣はそれを公表することを禁止し、有機水銀を含む工場廃液を一九六八年まで水俣湾に未処理のまま排出して多くの水俣病患者を生んだ。

10　患者の病気の苦しみと家族の苦難、彼らに対する地域社会の差別や排斥については、一九六九年に出版された石牟礼道子の『苦海浄土』が克明に伝えている。公害の存在を日本社会に広く伝えると同時に、わが国の環境行政に大きな影響を与えたのは、一九六〇年代

態に放置して顧みない日本社会の残酷さなのではないか。

後半に多発した公害訴訟とこの本の出版であった。

第三章　未成年者は避難生活のなかで何を経験したか

原発事故当時未成年であった人びとは、避難をどう思い、避難生活のなかで何を経験したのだろうか。ここでは四人の語りを取り上げることにする。彼らの事故当時の年齢は、一番若くて小学二年生、一番上で高校三年生であり、いずれも転校を経験している。家族を養い子どもを育てるために多様な社会生活をおくる成人と異なり、彼らの社会生活は学校でのそれに集約されている。彼らは多感な思春期であったことに加え、学校という閉ざされた空間で、育った環境の異なる同級生との長期にわたる接触を強いられただけに、さまざまな困難や課題に直面したのだった。

東北と京都ということばの隔たり、建前と本音が異なる京都人特有の行動パターン、閉ざされた友人関係の中に入っていかなくてはならない苦労。それらの困難はここで取り上げた四人にかぎらず、多くの未成年の避難者が抱えたものであった。全部で二三名のアンケートに答えた学童期の避難者のうち、のちに見るように半数はＰＴＳＤリスクを抱えており、うち五名は明らかにＰＴＳＤを発症していると思われる。

1　阿部ゆりかさん、阿部小織さん

阿部ゆりかさんは二〇〇一年生まれ、お母さんの阿部小織さんは一九六八年生まれ。震災前は父と三人で福島市に住んでいた。ゆりかさんが小学三年の時に原発事故が生じ、父を残して、北海道、喜多方市、沖縄と避難し、京都市に定着。短期間のうちに三度学校が変わったことになる。京都の小学校ではいじめにあい、いまだに避難訓練や警報は苦手である。現在は母と一緒に八王子市に住み大学に通っている。

阿部ゆりかさん

避難されたのはいくつのときですか

九歳の時です。

避難するのは嫌だったですか

えーっと、福島に原発があるってこととか、原発ってこととか放射能とか、全然知らなかったので、何か起きたのか正直わかっていなくて。だから、両親の表情を見て大変なことが起こっているんだなっていうのは漠然とわかるんですけど、ある意味でその瞬間は一番気楽で、「避難するぞ」って言われたときも、まあ軽い旅行感覚といいますか、避難するっていうことに対してはそんなに抵抗はなかったです、最初は。

山形に移って、山形から東京に逃げようって言ってたんですけど、北海道に変更して。で、北海道に逃げるぞってなったときに、父が一緒に来れないってなった時は、もしかしたら二度と会えないかもしれないっていうぐらい、父との別れが寂しいっていうのがあったんです。で、北海道に避難して、「学校にも通いませんか」って声をかけていただいたんで、学校にも通わせていただいて、北海道で進級して四年生になったんですけど。で、複式学級を体験させてもらって、こう全校生徒が仲いいといいますか。

小さい学校だったんですか

小さい学校でした。全校生徒が一六人だったんです。なので、みんなめちゃくちゃ仲が良くて。で、二学年で勉強を進めるので、体験したことのない学校を体験できたりとか、すごい楽しい思い出があって。そこから、せっかく友達ができたのに、戻らなくてはいけないってことで、ちょっと残念だなっていうのがあって。で、喜多方に避難して、また学校に入って、一から友達作って、仲良くなったらまた移りますよって言って沖縄に行って。夏休みはドイツの全額支援で、保養として行ったんですね[1]。

沖縄はどこですか

那覇市で一ケ所に百人くらい福島の子どもたちが集まっていたんですけど、そこでも友だちを一から作ってみたいな感じで。せっかく仲良くなったんですけど、保養期間が終わってって感じで移って。で、最後京都ですので。京都もまあそういう感じで、一から人間関係を作っていかなくてはなんないって感じになりましたけど、京都はさすがに嫌でした。

京都に行ったのはいつですか

京都に行ったのは、えーっと八月二六日でした、二〇一一年の。

それじゃ、わりと短期間であちこちへ

そうですね。三月一六日に山形に行き、三月一八日から四月二五日まで北海道に行って、ゴールデンウィーク明けぐらいから七月の二一日ぐらいまで喜多方市に行って。で、

1　ドイツのドルトムント独日協会の支援のもとに、沖縄県ユースホステル協会が窓口になっておこなわれた保養活動。二〇一一年夏には一一二名が参加した。

夏休みに入ってから八月の二〇日くらいまで沖縄に行って、二六日から京都でした。

そのあいだも学校はずっと行ってたわけですか

学校も沖縄以外は行きました。三校学校を変わったっていう感じでしたね。京都で三校目みたいな感じで。でも、人間関係がこう目まぐるしく変わって。京都に移ったときに、京都って未知の世界だったのでさすがにちょっと嫌だなって思ったんですけど。まあ、人間関係一から作ればいいやって前向きな気持ちでは行きましたが、あんまりうまく行きませんでしたね、京都は（笑い）。そううまくはいかなかったです。

それは最初の学年だけじゃなくて、あとあとまでうまく行かなかったんですか

そうですね、最後は何とかって感じでみんなに合わせてやってきましたけど、疲れましたね。すごい疲れました、京都の小学校は。やっぱり精神年齢的にも、おませといいますか、高いし。当時、あの地域ってめちゃくちゃ避難者が多かったんで、お金もらってただで住んでるあの人らみたいな感じだったんで。もう子ども同士で、「福島県民帰れ」とか言われたりするんですけど、そういうので馴染めないし。ことばが違うのでもいじられるから、そのときはもう関西弁の本を買って、関西弁の練習をしました（笑い）。似非でもいいから関西弁を喋れるようになろうって努力して。なんとか六年生ぐらいにはみんなと仲良くできるようにはなりましたけど。この人たちと同じ中学行きたくないなって思って、中学受験をして。中学と高校はいろんな県からいろんな人が集まって来るような学校に行くことにして。そこからは仲良くなれるしっていう感じでやれましたから、中高は割と楽しかったですけど、小学校は大変でしたね。うん、そうですね。

やっぱりそれが一番つらかったですか

そうですね、小学校はもうめちゃくちゃつらくて、学校へ行きたくなかったんですけど。いじめっぽかったんですけど、いじめられているって言うと親は心配しますし。母親は全部自分のコミュニティを捨てて京都まで来て、父もすごい決断をしてるわけじゃないですか。家族とも別れて。どれくらいの期間になるかわかんないけど、普通にできることじゃないじゃないですか。だから、心配かけたくないなっていうのはあったんで、自分がいじめられているっていうことも一切言わなくて。ま、感づいてはいたって母は言ってましたけど、本当にいじめられていた内容とかを言ったのは中二とかでしたね。

すごく気を張って学校とかにも行っていたんで、中学に行ってこうバランスを崩しました。学校にはちゃんと行っていたんですけど、すごく気を張って小学校生活をやっていたんで、ある意味中学でフランクにできるからこそ、一気に疲れが出たといいますか。中学時代はちょっと沈んでいたっていうか、病み期みたいな、不安になりましたね。

人と会うのが辛いとか、そんな感じですか

そうですね、何というか、友達を作るっていうか。友達は欲しかったんで、小学校の時にうまくいかなかったから。だから人間関係的に、何とか友達を作ろうってふうにしてましたけど、やっぱり自分は福島県民だっていうのが嫌だったし、またみんな離れちゃうんじゃないかって思ったりして嫌だったし。「震災を経験したんだ」みたいなことは言いましたけど、あんまり言わなかったです、「原発事故で」とかは。うん。

（遅れていた母の小織さん到着）落ち込んでいたっていう話を聞いていたんですけど

【母】落ち込み期みたいな、病み期っていうか。

どんな具合に病み期だったんですか

もちろんみんなに理解してほしいっていうわけじゃないんですけど。どうせ理解されないから、自分の経験とか、自分が感じていることとか。だいたい原発事故を体験してこっちにいるんだっていうと、ま、同情されるか、引かれるかですよね。理解してくれる子ももちろん少数派でいるんですけど、だいたい同情されるか引かれるかなんですよね。何かね、同情もしてほしくないし、かわいそうだって思われたくもないし。「あっ」て言って離れていかれるのも悲しいし。だから、ま、当たり障りなくやってる、普通にみんなと変わりないふうに振舞うといいますか。ていうので、どんどん自分の中で闇が深くなっていきました。

で、その時に、あんまり学校もさぼるような子じゃなかったんですけど、三・一一の時しんどくてさぼったんですよ。中学一年生の三月一一日にさぼったら、その時の担任の先生が気づいてくれて、話を聞いてくれるようになったんですけど、それはすごくありがたくて。で、その先生が三年間持ってくれて、担任を。だから、まあ自分の精神的なバランスとしては、担任の先生のおかげで保てていたなあと思うんですけど。やっぱりその先生がいない場のほうが多いじゃないですか、生徒のコミュニティのほうが多いから。そういう所でどんどん卑屈になっていったんですね。みんなどうせ理解してくれないとか、そういうので沈んだりとか。

避難訓練とか、緊急地震速報が本当にダメで。地震もダメなんですけど、緊急地震速報がダメで。そのダメだって気づいたときに、なんて自分は弱い人間なんだって思っちゃって。ま、弱い人間じゃなかった、そういうわけじゃなかったっていうのもわかったんですけど。その時は自分がここまで弱い人間だって思っていなかったんで、すごい沈んでました。うん、ていう中学時代でした。

三年間そんな感じですか

三年間ずっとそんな感じでした。高一まで続いたかな。ある意味で高一までそんな感じで。自分の自己肯定感も低いし、他人に対しても信頼感とか置けるタイプの人間ではなくて。ま、どんなに仲いい子でも、どっかで疑ってしまうっていう感じの子だったですね。

疑うっていうのは、どういう感じなんですかね

「わかるよ」って言ってくれるけど、「わかるよ」っていうのがうれしいんだけど、わかるわけないじゃんって思ったりとか。本当にわかってくれてんのかなって。逆に、わかってほしいのに、何だろう、ちょっと頭おかしいんですけど、わかってほしいと思っているからこそ、一番仲のいい子とかに言うけど、やっぱり本当にわかっているわけじゃないだろうとか。つねに人に対して疑心暗鬼じゃないですけど、本当にこの人信じていいのかとか、どんなに仲のいい子でもふと思ったりして、人間、こう距離を置いたりとか。ていうので、すごく仲のいい子に対して不安にさせてしまっていたっていうのがあって。

高校に入ってから、一貫校だったんで高校に入って自分で精神的に落ち着いた時に、友達に「つねに不安だった」って言われて。ああ、そういうふうに思わせてしまったんだなっていう感じなぐらい、人間に対して、コミュニケーションを取りたいと思いつつも、いじめられていたっていうのがあったんで、つねに疑心暗鬼といいますか、信じられないなっていう感じでしたね。ま、不安でした。

それは結構長くつづいたんですか

高一まではそんな感じだったんですけど。先生は、中学の三年間ずっと一緒だった先生は信じていたんですけど、一番仲いい子は信じ切れていなかった部分があって。で、高二で担任になった先生が、空気読めないっていう言い方はよくないですけど、何ていうか結構ぐいぐい来る先生で。私は結構察してってタイプだったんですけど、「ぼくは言ってくれないとわかんないから。その時にどう思ったのか、ちゃんと言ってほしい」とか。放置されるっていうんじゃないですけど、「ぼくは全然わかんないから、ごめん、無理無理」みたいなタイプの先生だったんで、ある意味、依存しなかったっていいますか、その先生に対して依存することがなかったんで、こう考え方が変わったっていいますか。

その時ちょうど北部地震[2]があったんですよ。北部地震があって結構バランスを崩したっていうか。カウンセリングを高一から受けるようにしてたんですけど、さすがにまずいなって思って。カウンセリングを受けてきて、ちょっと良くなってきたなって思っていた時に北部地震があって、学校に行けなくなっちゃって。そういった時にその先生が、「まあ、大変なのはわかるけど、割り切っていかなきゃダメだよ」って言われた時に、「ああ」って。「ある意味で割り切ることも大事なんだな」って、「割り切って考えてみよう」って思った時に、すごい楽になったし。なんかこう、考え込まずに済むといいますか、いい意味で考え込まずに済むようになったら、まわりのことも見えてくるようになって、自分のことばっかりじゃなくて。それで本当の意味で人間関係がうまく行くというか、人に対して信じれるようになったんですね。

で、高二ぐらいからは、自分はたとえば防災訓練は苦手だしっていうのもちゃんと

2　大阪府北部地震。二〇一八年六月一八日に発生。高槻市付近を震源とし、高槻市、茨木市、大阪市北区などで震度六弱を記録した。

伝えるようになったし、やっぱり精神的に弱い部分が、強がってみせるけど弱い部分があるってこともわかってほしいってことも伝えるようになったし、結構バランスがとれるようになってきて。そしたら自分は、結構フランクにいろんな人とつながりたいなって思えるようになってきて。高二以降はいろんな出会いを、学校だけじゃなくて、農業に興味を持ったら農学の先生のところに行ってみたりとか、講演会に参加してみたりとかって、つながりを求めていけるようになって。

そしたら、お話しする機会とかもいただけるようになって。自分の体験を話すってことによって、理解されるっていいますか、すごく楽になったっていいますか。話す機会をもらったことによって、共感を同情ととらえなくなったし。あ、自分は福島県民で、原発事故を体験したっていうのをある種アピールしてもいいっていうか、無理に隠さなくてもいいんじゃないかなって、高二以降は気づけて。今でも結構ネガティブ人間なんで、沈む時はわりと沈みますけど、中学時代にくらべればだいぶ明るくなったかなって思いますね。

うまく理解できているかどうかわからないんですが、中学校の時は、こうありたい自分と実際の自分とがずれていて、自分を肯定できないでいたって感じですかね

やっぱり親に心配かけたくないっていうのが第一だったので。明るい子でありたかったし、だからこそ弱い自分があってはいけない、弱い部分があってはいけないと思っていたから、自分を認められなかったし。なりたい自分を、友達の前とか親の前でもなるべく振舞っていたけど、そうやって振舞うとやっぱり疲れてくるじゃないですか。その反動が全部担任に行ってたっていう感じですかね。そういうのも認められるようになりました、高校に入ってちょっとしてから。うん。弱くてもありかなって思えるようになりました。

すると、今は大体そんな感じですか。今は友達と会えないですけど

今、友達と会えないですよね。ちょくちょく電話かけたりとか、手紙書いたりとか、ズームで話したりとかしますけれど。ゲームをオンラインでやったりとかでコミュニケーションは取りつつやっていますけど。中学校から仲良かった友達もいますけど、高校で作った友達とは今も密にやれてるかなと思ってるんですけど、いい出会いといいますか。

今から何をしたいと思いますか。人生ということも、福島県に対する思いということもあるでしょうが

そうですね、うーん。今大学に入って、もともと考えていたこととヴィジョンが変わりつつあるっていうのがありますけど。やっぱり福島原発事故っていうのの経験を、自分の武器に変えていけたら、お話し会とか続けていけたらいいかなって思いますし、母がお母さんたちと立ちあげた保養団体とかあるので、そういうので活動していきたいなっていうのもあるし。福島に対して、何て言ったらいいか、避難した側なので福島に対して言えることってあんまりないんですけど。うーん、何だろ。福島に残っている人たちでも、この社会に対して言いにくい、言いにくさっていう部分をある意味で解放できるスペースというか、場所を作っていけたらいいなっては思っていますね。それをどういう風に将来的なビジョンとしていったらいいかわかんないけど、自分の中では福島県民とか原発っていうのは、中心ていうわけじゃないけど、社会に対してこぼれ落ちてしまう部分に対して、スポットライトを当てていけるようになっていけたらなっては思

います ね。

さっき武器にって言ってたけど、もう少し言うとどういうことですかね

まあ、いろんな方向があると思うんですけど。自分が経験したことに対して、社会に訴える武器としても使えるっていうのがありますし。さっきも言いましたけど、こぼれ落ちてしまうとか、世間から見たら自主避難者ってマイノリティなんで、いっぱいいるけどマイノリティとされているし。原発っていうのは日本の中でまだ推進派が多いっていうのがあるからこそ、そういうマイノリティに対してできることといいますか、そういう部分で武器にもできるし。普通に何か苦労されたりとか、大変な思いをしてきた人に対して、その人の気持ちが百パーセントわかるわけじゃないけど、自分もある意味苦労してきたかなとは思っているので、理解してあげられる人にっていいますか、経験値として使えるかなっていうので、武器ということばを使いました。いろいろ使い道があるかなって思っていますし、そういう経験もマイナスじゃなくてプラスに転換していけるように、今後の人生賭けてじゃないですけど、自分にできることを見つけていけたらいいなって思ってます。

【母】どうするかですよね

お母さん、そんなに大人になっているとは思っていなかったですか

【以下、母】何だろう。やっぱり大学に行って、いろいろとね。本もいっぱい読まざるを得ないというか、課題もあるし。何かこう視野というか、ものの見方が広がったなぁって。で、あんまり語ることがなかった時期があったから。でも、内に秘めているものがあるんだろうなっていうのはあって。でも、語らせたら、「えっ、いろいろすごいこと思っていたじゃん」みたいな（笑い）。「もっと早く言ってよ」みたいな。

「言ってくれれば楽だったのに」って感じですかね

うーん、楽というか。そういうのが聞いてあげられなかったのかなって思ったり。でも、やっぱり彼女らしくなくなっていったので、いじめみたいなのがあって。それまでは天真爛漫だし、明るいし、誰にでもついていくみたいな言い方は変だけど、フレンドリーに声をかけていくような小学生、低学年だったけど。急に「人見知り」って言い出して。「えっ、人見知りだったっけ」みたいな。殻に閉じこもっていってしまったんだけど。だから親としても、こういう子だったっけ、どういう子なんだろうみたいな。「私は人見知りだよ」みたいなことを言うから、うーんて。私自身もどういうことなんだろうって、彼女自身がどういう性格なのかがわからなくなったっていうか、どっちが本当なんだろうって。そんなんで私も戸惑ったっていうか、どう接していいんだろうなって。

ちょっと話が戻りますけど、避難をされたっていうところをおうかがいしたいんですけど

主人の仕事の関係で、いろいろと映画の上映会であったりとか、お話を主人伝いで聞く機会とかもあったし。さかのぼれば、佐藤栄佐久[3]さんがプルサーマルの導入にずっと反対してくれていて。私も内容はよくはわからないんですけど、すごく安心していて、プルサーマルを導入しないでいてくれる県知事だっていうんですごく安心していたのだけど。訳の分からない、贈収賄ゼロ円で訴えられるみたいなことがあった時に、「ああ、怖いな」って。あんまりよくはわからなかったけど、「原発って怖いな」って思って。爆発したらどうのこうのっていうより、国の政策として怖いなっていうのはずっとあっ

3　前福島県知事。三五ページの注10参照。

たんですね。

それは事故のずっと前からですね

はい、あの事件があった時からそれがずっと頭にあって。で、主人からもそういう話を聞いたりとか、関心はあったので、そういう記事が出れば見たりとかしていて。チェルノブイリのこととかもくわしくはないけど目にしていたりしていたので、とにかく身体にはよくないって思っていたので。あんなことが起きた以上、自分たちは構わないけど、とにかく子どもは何とか守らなくちゃいけないっていう思いで。あの時は、「こんなに心配する必要なかったよね」って言えたらいいねって言いながら、一応避難したんですね。やっぱり危険っていうか、身体に対する影響っていうのがわからないだけに、とにかくそういうリスクは除外していきたいなと。大丈夫と思えれば戻ればいいしとか。

まだ戻っていないんですよね

できるだけそういう環境からは遠ざけたいっていうのがありますよね。

帰りますか、いつか

ノーコメントですかね(笑い)。まあ、いずれはそうなんでしょうけど。もう今となっては、放射能がどうとかいうより、福島県の物言わぬ空気感というか。心配している人って、やっぱりいまだに友達なんかでもいるんですね。いいとは思っていない、避難はできなかったけど、もうしようがないっていうような、そういう友達もいるけど、心配していているっていうことを、恐怖に思っているっていうことを口に出せない空気感というか、そういう雰囲気が今ではすごく嫌。そういう空気感に自分は耐えられるのかなって。関西だと言えるじゃないですか、「嫌だよね」って。「影響あるから嫌だよね」って言えるんですけど、そんなことすらも言えないその雰囲気とか空気感が、九年経ったら耐えられない。その前は放射能の影響とかが多少は気になっていたんですけど、そんなことより、物言わぬ空気感が耐えられるのかな私っていう感じですね。そういうことを、関西とかにいる時のように言えるんだったら、また違うかなって思うんだけど。

帰られた方にお聞きしましたけど、昔のコミュニティはないっておっしゃってましたから

そういうのも聞くので、なんか人間関係がね。正直、福島より、関西なり全国でつながった人たちの方が濃いというか、深いというか、そんなふうになっているなあって思うんで。いずれはまあ帰らなきゃならないんだろうけど、心情的にはああいう空気感はちょっともう嫌だなって、耐えられるのかなっていうのがありますね。

(ゆりかさんに)あなたは帰りますか

うーん、福島の小学校の時とかは、そういう県民性なのか、この場所でずっと生きて、そして死んでいくみたいな気持ちでいたんですよ。だから、福島で生きて、福島で就職して、福島で子育てしてっていうのをずっと考えていたんですけど。避難した時に、そういうのがすべてじゃないっていうのに触れて。ある意味、九州とかだったらこっちに来るのが当たり前だったり、こう本州に行くのが当たり前なんですけど、福島だけが選択肢じゃないっていうのに気づいてしまったので、どうしようかなっていうのがあって、自分の中で福島で就職しようっていう選択肢は狭くなっているんですけど。

そうですね、戻る戻らないって言われると、うーん、いずれは戻りたいなって思うんですね、老後とか。老後とかは戻りたいなって思ってるけど、自分の将来をどこでやっていくのかっていう部分は、福島がすべてじゃないって思うように。いろんな選択肢が自分にはあるなっていうのが今あるので。そうですね、今言えるのは、老後だったら戻るかなっていう感じですかね。

実際に戻るとか、戻らないとかではなくても、どういう関係でありたいですか

どういう関係か。うーん。でも、福島県民、福島出身っていうことに関しては、今結構誇りをもてているといいますか。やっぱり福島って、原発を抜きにするとめちゃくちゃいいところなんで。どこにも負けないいいところだって、まあ地元だからこそですが、そういうのがあるから、福島出身っていうのは大事にしていきたいなっていうのがあって。福島とのかかわり方っていうとちょっとわからないですけど、自分が福島出身だっていうアイデンティティとかは大事にしていきたいなって思いますね。

お母さんはいかがですか

それはもう、娘の自由。

いえいえ、お母さん自身

えーっ、福島って本当はすごくいいところで好きなんですけど、今は国に忖度ばかりして、県民が不安に思ってる健康のことなんかもきちんとやってないような感じなので、そういう点では嫌いかな。本当はすごくいいところで好きなんですけど。今の福島のあり方が、すごく悔しいぐらい納得がいかないっていうか、救われないなって思いますね。

あの、最初は山形に行かれて、それから北海道に行って、沖縄で、最後に京都っていう感じで避難されたわけですよね。なんでそういうかたちになったんですか

一番最初は、とにかく爆発して危ないっていう時に、主人の会社の本社が山形にあって、その社長が「危ないから、とにかくいったん来い」みたいに言って下さって、「とにかくホテル取ったから」って。そのあいだに、東京に知り合いがいたので、まず東京に避難しようと思ったんですね。その時主人はずっと鎌仲さん、映画監督の鎌仲[4]さんに連絡を取っていて、やっぱりそういうのにくわしいので。で、やっと連絡が取れた時に、「東京に避難しようと思うんだけど、どう思う」って言ったら、「私だったら行かない」って言われて、東京の知り合いの人の実家が北海道だったんで、それで急遽。

山形にいるときにもう東京行のチケットとかも取っていたんですけど、その一言で北海道に変えて、そこから北海道に行ったっていう感じですね。で、そこが知り合いの御実家で、ご高齢のおじいちゃんおばあちゃんだったので、そこにずっといるっていうのがものすごく大変、お互いに。ちょっともういられないなって感じていた時に、突然朝、「今日出ていってほしい」と言われて、お世話になった学校の先生や父兄、娘は友達に挨拶できずに朝早く北海道を離れざるを得ませんでした。この日は娘の誕生日だったので、こんなかたちで北海道を離れることになったのはとてもつらかった。そして福島に戻ってきました。でも、そこにいることが嫌だったんですよ、福島にいることが。

北海道は二週間ぐらいですか

いや、一ケ月くらい。だから学校にも行っていたし。そこすごくいい学校で、いまだに連絡とらせていただいているようなすごくいい所で。でも、とりあえず帰らざるを得ないんで帰ってきて。でも、そのあいだも、つぎどこに行こうって思っていて。山形の鶴岡に下見に行ったりとか。山形もすごくいい所だったんだけど、ただ主人が行き来するには、お隣の山形でもすごく遠かったんですよ、福島から鶴岡っていうのは。なので、

4　鎌仲ひとみ氏は一九五八年生まれ。ドキュメンタリー映画監督。「ヒバクシャ――世界の終わりに」や「六ケ所村ラプソディー」など、多くの核をめぐる作品がある。なかでも前者は、日本、イラク、アメリカなどの被爆者を撮影したものであり、多くの賞を取った。

喜多方だったらまあ一時間半ぐらいで行けるから、まずは喜多方に行こうっていうことになって、五月のゴールデンウィーク明けに。

それまで、その北海道の小学校に「ゴールデンウィーク明けまで在籍していてほしい」って言われてたんですよ。何か子どもの数によって先生の数が決まるみたいで。それくらいはお安い御用だったので「いいですよ」って。で、そのあいだに色々と探して、喜多方のそのところに。その時はまだ自主避難者の住宅支援とかもなかったので、実費で。ただ、農泊だから、もう家電とか全部そろっているところに入れるっていうメリットがあったので、それで喜多方を選んで。でも、主人が来るたびに線量をはかると、喜多方でもどんどん高くなっていったし、イワナだったかな、イワナでもセシウムが出たりとか、喜多方の牛もセシウムが出るみたいな感じもあったので、ここもあまりよくないのかなって思っている時に、友達が沖縄の保養の話をもってきてくれたんですよ。

とりあえず申し込んでみたら行けたし、親も洗濯隊として行けることになったので、「じゃあ、八月の一ケ月間はとりあえず沖縄に行ける」と。「でも、そのあとどうしようかな」みたいなときに、京都に避難した人がいて、主人の知り合いなんですね、その方が。「下見もしてきたけど、すごくいいよ」って聞いたので、じゃあそこにしようってことで問い合わせをして。で、あの時シャトルバスっていうのが出ていたんですよ、公務員さんを京都と福島を往復させるために。それに乗って契約しに行って。それが七月だったんですよ。それの契約を終えてから、沖縄に行ったたっていうことですね。

定住地ではないけど、そこに行くまでに転々とせざるを得なかったっていうか（うなづく）。だから学校が三校も変わるって、北海道、喜多方、京都ってことになってしまったんで、さすがに申し訳ないなっていう思いはあったけど、とにかく遠くに、一メートルでも遠く一秒でも早くってね。少しでも遠くにっていう思いがあったので、かわいそうだっては思うけど、居られる所っていうので転々としていたっていうのが。

京都は受け入れ態勢があったから行かれたっていう感じですか

そうですね。知り合いもいないけど、唯一その主人の知り合いの母子が山科団地だったので、私は面識がなかったんですけど、その奥さんとお子さんは。でも、主人のお友達っていうことで、それで行けたっていうことがありました。で、そこは避難者が沢山いるし、避難者のネットワークもあるよって言われたので、じゃあ知り合いがいなくても、おなじ県民で避難してきた者同士がいるんだったら安心だなっていうふうに(うなづく)。

最初は不安だったでしょ

でも、とにかく最初は必死で。必死だったので、不安より必死さの方が多かったって。で、いざ京都に行ってからすごく不安になるっていう。それまでは「行かなくちゃ、少しでも遠くに、とにかく行かなくちゃ。長期居られるところに行かなくちゃ」っていう思いで無我夢中だったので、あまり一生懸命すぎてよくわかんなかったっていうような。だからあの時期、桜咲いていたっけっていうような。(娘に向かって)どっかで見たっけ。

【ゆりか】　何やっていたかわかんない。わかんないですよね。転々としてたし、桜も見た覚えがないし、テレビドラマとかも何をやっていたのかわからないみたいな。とにかく必死で。

三月に事故があって、京都に行かれたのが八月の末ですか。五ケ月間経っているけど、そのあいだずっとそんな感じですか

五ケ月間。そうですね、京都に行くまで転々としていたので。北海道で一ケ月、喜多方でも二ケ月、そして沖縄でも一ケ月くらい。それで沖縄からは三日後ぐらいには京都に来たっていう感じで。もういつもいつも、つぎどこに行ったらいいんだろうって感じで私はいましたね。それで、自主避難でも住宅支援が受けられるって決まった時は、ああなんかちょっと救われたっていう思いがあって、京都に行きましたけど。それでも最初は（期間が）半年だったんで、だからどうしようって。でも、京都について三日目ぐらいから、府の方に延長の交渉に行かされるというか、それに参加したりとか。府に行ったら、あなたは市営だから違うよと言われたりしたとか。「いや、でも府がやれば、市も付随して」みたいに一生懸命言ったりして。だから避難者でつながる以前に、山科団地の避難者として要請に行くみたいな感じでしたね。

で、結局延長になったから、そのままそこにとどまって

はい。でも、延長をお願いするために、市長あてとかに手紙を書いてもらったりとか、それを集めてお届けしたりとか。とにかく、その住宅延長の要請の戦いとか。うん、ずっとそれでしたね。そのうち、いろんな避難者、京都にいる、他の桃山だったり、向島だったり、他のところにもいて、そういう人たちと横につながっていって。山科だけじゃなくて、そういう人たちとも一緒にやれていったっていうのがありましたけど。そのつながりにも、やっぱり個人情報っていう壁があって、どこにどういう人がいるかっていうのがまったくわからない状況だったので。

　でも、山科ではお困り相談会っていうのがおこなわれていて、自治会と民生委員と、そういう関係者の人たちが来て、いつごみを捨てる、どこに病院があってっていう生活支援をしてくれる。週に一回、土曜日だったかな、そういうのをやっていたし。そういう時に支援者の方も来てくれて、そこで奥森さん[5]が来てくれて、初めて奥森さんに会うんですけど。いや、何だってすごい人だな、この人。福島の人じゃないのにすごい人だな、こんなに一生懸命やってくれる人がいるんだなって思うようになって。そういうので、いろんな他の地域の方ともつながれたっていうのがありますね。

裁判になるっていうのは、もうちょっと後ですね

　後ですね。まずはＡＤＲの説明会があって、じゃ、やってみようってことで。その後に集団訴訟って流れになっていったんですけど。被害者はいても加害者の実態が明らかにされないみたいな、責任の追及をしなくてはっていうのがすごくあったし。このまま泣き寝入りしてたまるかっていうのもあったし。こんなことでね、声も上げずに黙っていたら、全部がそういうことになっていってしまう、今後も。原発事故なんて二度と起きてはいけないけど、起きた時だって国のいいようにされてしまうし、本当に泣き寝入りさせられるしかないし、そういう状況にもっていってはいけないなってすごく思ったんで。

どういうかたちで裁判をしようってなったんですかね

　説明会があったと思いますよ、弁護士さんの。私はその時にＡＤＲもやっていたので、ＡＤＲをやろうと思っていた人は、そこから集団訴訟になっていったかなって思いますが。全国的にもそういう流れにだんだんなっていっていたので、「あっ、京都だけ

5　奥森祥陽氏。奥森さんは二〇一三年に原発賠償訴訟京都原告団を支援する会の立ち上げにかかわり、現在までその事務局長をつとめている。

集団訴訟のための説明会

じゃないんだ。全国に避難した人が団結して、こういう訴訟をやるっていうのが大事だし、すごい大きな力になるんじゃないかな」って思って。自分たちとかだけじゃなくって、全国でっていうのがありましたけど。やっぱり地域によっても色々と違うみたいなので。

そうですよね、新潟なんかは原告団ができていないっていう話ですし

そう、原告団があって支援者がいてみたいな今の京都のかたちが、全国で展開されていると思っていたら、原告団がないとか、支援者の会がないとか。そういうのがあるって聞いて、すごいビックリというか。そうなんだ、これ当たり前じゃないんだって思った時に、本当にありがたいなって思って。原告だけではとてもこれまでやってこれなかったし、だから本当に避難した場所が京都でよかったなって思いましたね。

今からどうしたいとお思いですか

今はコロナでこんな事態になってしまっているから。本当はこっちに（八王子に）来たら、いろんな支援者さんを紹介してもらったり、保養をやってるところもあるので、そういうのを手伝わせてもらおうと思っていたし。避難者を紹介してもらってつながっていこうと思っていたんですけど、それがまったくできなくなってしまったんで。ま、これからちょっと動けそうなんで、できることはやっていきたいなって思っているんですよ。向こうで知り合った人で、カメラマンなんですけど、ずっとチェルノブイリとか福島とかを撮りつづけている方の写真展が横浜であったんですけど、そういうことの手伝いとか。来年一〇年になるので、大々的に写真展をやる予定なので、そういったことも手伝っていければなって思っています。そういうので、何かきっかけを見つけていければなって。

2　菅野はんなさん

菅野はんなさんは二〇〇四年生まれ。原発事故前は福島市で両親と姉の四人で暮らしていた。二〇一一年の八月に京都市に避難し、一年後に父親が京都市に避難するまで母子避難を継続する。その後、両親の仕事のために島根県に移住し、そこで中学校を卒業後、以前から関心のあった韓国社会の理解のために、韓国の高校に入学する。韓国語は独学で身につけており、インタビューはズームでおこなった。

菅野はんなさん

東日本大震災の時はいくつでしたか

七歳でした。

すると小学校の一年か、二年

小一でした。

避難をするってお母さんに聞いたのはいつ頃ですか

避難をしたのは八歳の時ですね。小学二年生の夏でした。

その時、どう思いました。避難するよって聞いた時

あの時は深く考えなくって。お母さん[1]とお父さんに、「避難するよ。避難してもいい」って聞かれた時に、すぐに「あっ、大丈夫だよ、いいよ」って答えたと思います。

それじゃ、そんなに心配とかはしていなかった

当時はすごく幼かったので、そこまで考えられなかったですね。避難がどれだけ自分

1　本書第六章4に、はんなさんの母親である菅野千景さんのインタビューがある。

に大きい影響を与えるのかとか、考えられなかったんだと思います。

その時はすぐ京都に来られたんでしたっけ

はい、そうです。京都にすぐ来ました。

お母さんから、学校で大変だったって聞きましたが

ああ、小学二年生の時ですか。

小学校で結構いじめられたとか

いじめられたっていうよりは、からかわれたりすることが多かったですね。「福島に帰れ」とか。何か私にとってはすごく傷つくことばだけど、友達はそんなに考えずに言ったことば、それで結構辛かったりすることが多かったですね。あと、ことばも違うので、福島と。関西弁でちょっときつく言われることとかも多くて、それで傷ついて辛かった時もありました。

それは移って来てすぐですか、それとももう少し後で

すぐですね。小学二年生、三年生の時。

それが結構続いたって感じですね

でも、小学四年生ぐらいの時からはもっと楽に。みんなとなじめて過ごせてました。

四年の頃はあれですか、ことばも京都弁になってましたか

そうだと思います。そういうふうに変わっていったと思います。

じゃあ、あなたの方から合わせたっていうか

そうですね。

他にどんな努力をしましたか

やっぱり、お父さんと一年離れて過ごしてたので、その時が一番辛かったですね。京都で私とお姉ちゃんとお母さんで三人で生活していた時が、結構辛かったです。やっぱりお父さんと離れて過ごすっていうのが。一ケ月に一回ぐらいは会いに来てくれたんですけど、京都の方に。会いに来て、また福島の方にお父さんが帰らないといけないのが辛くて。また別れなければいけないって時が辛かったので、その時の生活が思い出しても辛かったです。

お父さんは、その時はまだ京都のほうに来られるかどうか決まってなかったんですか

ああ、そうですね。いつ来れるかどうかっていうのは、わかってなかった状態でした。

ひょっとしたらこのままバラバラになるかも知れないって感じがあったんですか

はい、そうです。だから、そういう不安もありました。

それは辛かったよね。そして学校に行くといじめられるというか、いじられるというか

いじられるっていうか。からかわれたり、うん。

京都の人はいじめているつもりではなかったんでしょうかね

う―ん、そうだと思います。ただ単に発したことばが、私にとっては傷つくことだった。だから、あいつをいじめようと思っていじめられたことはなかったです。

学校の、他は大丈夫だったんですか、先生とのやり取りとか

う―ん、そうですね。先生とかは良い方が多かったと思います。だけど、一回すごく傷ついた時があって。「福島に帰れ」とか何とか言われたときに、すごく私が学校で泣いて。で、足を蹴られたかなんかしたんですよ。それで、その子が私の足を蹴ったので、私もその子の足を蹴り返した時があって。その時に何の理由も聞かずに先生が、「あなたも蹴ったからおなじだ」って、私のことばを一切聞いてくれなかったことがありました。

それは辛かったですね。それは二年生の時ですか

えーっと、二年生の時でした。

三年生になったらちょっと落ち着いたんですか。それとも不安定な

三年生になったら落ち着いたと思います。友達もいっぱいできて、結構安定してました。

そして三年の夏にお父さんが来られたんですかね

はい。そうです。

でも、お父さんが京都でいろいろ苦労されて、ちょっと大変だったですよね[2]

うーん、そうですね。

その時はどんなことを考えたですか

その時は、そんなにお父さんが辛いっていうことをわかっていなかったんだと思います。お父さんも私たち子どもの前で一切涙を流さなかったので。その、会社で何かあったとか、精神的に辛いとか、そういう考えもできなかったです。精神的に辛かったとか、どういう理由で辛いのかとか、どのくらい辛いのかとか、そういうことはわからなかったです。その時は小さかったので、あまりわかっていない状況でした。

小学校はそのまま京都の小学校を卒業したんですか

はい。

島根に行かれたのは何年の時ですか

中学二年の時です。

2 この辺の事情については本書第六章4でくわしく語られている。

島根に何年いたんですか

二年ですね。中学二年生と中学三年生。

中学は大変だったってお母さんが言ってましたが

そうですね。お父さんとお母さんの仕事がすごく忙しくて、私がひとりでいる時間がすごく多かったんですね。それでやっぱり、学校であったこととか、辛いこととか、そういうことを話しすることができないくらい忙しくて。それで、ひとりで抱え込んだりすることも多くって。あと、反抗することもすごく増えてしまって。それで、家でも辛いし、学校でも辛かった時が多かったです。

うちも娘がふたりですけど、女の子は中学二年が一番反抗期ですよね

はい、そうですね（笑い）。

反抗もできなかった感じですかね。それとも、一生懸命反抗してました

反抗してましたね。その時は。何かお母さんが「ああしろ、こうしろ」って言った時に、普段、一緒にいてくれないくせに、なんでこういう時だけこうしろって言うんだっていう不満があったんだと思います。

学校では問題なかったんですか

学校では、友達関係とかで悩むことはいっぱいあったんですけど。うん、大丈夫でした。

今、韓国にお住まいですよね

そうです。

今、学年で言うと何年生ですか

今、高校二年です。

高校の一年の時から韓国に行ったんでしたよね。それは何か理由があるんですか

そうですね、韓国に留学に来たかったので、ずーっと。なんか中三の時に進路で悩んでいた時に、自分がしたいこととか、自分がこれから何をしていきたいかって考えた時に、何も思い浮かばなくて。だけど、いろんな国に行ってみたいっていう気持ちがあったんですよね。目標があったので、ずっと韓国に関心もあったし、魅力を感じていたので。あと、行きたい高校もなくて。だから、今韓国に行こうって思って留学に来ました。

ことばはどうしたんですか

ことばは独学で勉強しました。

その前に。いつごろから始めたんですか

本格的に勉強を始めたのは中三の初めですね。中三の最初から一年間です。一年間猛勉強しました。

そうしたら、中二の時に韓国に行こうって考えたんですかね

韓国に来ようって思ったのは中三の時だったと思います。

その、韓国を選んだ理由っていうのは何かあるんですか

うーん、韓国の文化とか歴史とか、そういうのに興味があって。あと、日韓関係の問題とかにも興味があったし。韓国についての関心がすごく多くって、それで、私が日本と韓国のあいだで何かできることがあればいいなって思ったこともあって。なので、韓国、現地に行っていろんなことを学びたいって思ったのと、あと、ここの学校がフリースクールみたいな感じで、結構ラフな学校なんですよね。

ラフっていうとどんな感じですか

うーん、とても自由なんですね。たとえば見た目も、髪を染めたり、ピアス開けたり、そういうのも自由ですし。あと授業内容も、普通の学校で教わるようなのもあることはあるんですけど、それよりも現代社会の問題に対してとか。あるいは、なんだろ、社会運動のこととか、そういう現代世界の問題についての学習がすごく多くって。それで、そういうところでいろんな知識を得れたらなって思って。そういう積極的に活動する、勉強以外で活動できる学校に行きたかったっていうこともあって、ここの学校に入学しました。

日本ではそういう高校はなかった

あることはあると思うんですけど、韓国に来たかったので。

それはあれですか、講義をするっていうよりは、むしろディスカッションが多い

はい、そうですね。

それは自分の力になっていますか

はい、すごく力になっていますね。ここに来て、初めて新しく知ったことがすごくたくさんあるので、毎日毎日、新しいことを学んでいるような気がします。

今、高校二年ですよね、大学は韓国で進学って感じですか

今は、大学は韓国で行こうかなって思っています。

韓国は大学受験がものすごく厳しいでしょう。日本より厳しいって聞きますが

そうですね。でも、私は外国人専用の枠で行くと思うので、みんなとは違って。なので、そこまで難しいことはないと思って。

韓国は受験勉強がすごく厳しいっていうけど、そこまでやらなくてもいいのかな

いいえ、厳しいことは厳しいので、しっかり勉強をやんなくちゃ。

韓国に関心があったっていうのが、よくわからないんですね。アメリカに関心があるとか、ヨーロッパにあるとかって人もいますよね。なぜ韓国だったんでしょう

小学六年生の時に初めて韓国に来た時があって。その時は原発の問題で、私とお母さんが韓国で講演をするっていうので、韓国に来たんですね。その時に食べた食事だとか、あとは会った人だとか、まちの風景だとか、そういうのに第一に大きい印象をもらって。その時に、すごく魅力的だと思ったんだと思います。

もう少し言うと、どういう点が魅力的だったんですか

うーん、まず人がすごくさばさばしてるっていうか、そういう人が韓国には多いんですけど、それが私とすごく合ってるんですかね。合ってるような気がして。だけど親切で。あと、韓国のまちの風景とか、都会よりも田舎の風景だとか、そういうのが。何でしょうかね、その時小学六年生で小さかったので、その時にどういう魅力をもらったのか、よく覚えてはいないんですけど、やっぱり初めて行った外国でもあったし。

その時に、こんなに世界が広いのに、なんで私は日本だけにいるんだろうって思った時があって。その時にいろんな外国の国に行ってみたい、いろんな言葉を学びたいっていう思いもありました。その小学六年生で初めて行った時のことをきっかけに、韓国の歌手だとか、料理だとか、いろんなことを学んだり、調べたり、そういう関心がたくさん増えました。

今の予定としては韓国で大学に行くという感じですか

そうですね、今のところは。

そのあとに、また他の国にも行きたいって感じですか

イギリスとか、カナダに英語を学びに行きたいなと思っています。なので、大学でも留学できたら、留学に行きたいなと思ってます。

英語もちゃんと勉強してますか

はい。

今から、将来の夢とかありますか。決めてること、あるいは考えていることが

通訳士になりたいなと思っています。

それは日本と韓国のってことですか

はい、日本と韓国の。

どういう領域の通訳にとかありますか。それとも、何でもいいですか

まだ考えがちゃんとまとまっていないので、今まだ悩んでいるところなんですけど。その、ことばとことばのあいだで何か私ができることがあればと思って、通訳士になりたいと今は考えています。

そしたら、その通訳になるっていうのが今の第一の目標ですね

そうです、はい。

福島に小学校の一年までいたわけでしょう。福島に対する気持ちって何かありますか

うーん、小さかったので、正直よく覚えていないです。でも、やっぱり友達もいっぱいいるので、会いたいなって思う時はいっぱいありますね。

福島のことで何かしたいとか、ありますか

うーん、そうですね。やっぱり原発の問題とかに対しては、そのせいで私たちの生活が一気に変わったので、原発事故に対しては私たちの世代が……。正直ニュースとか見てても、大人の方たちが当てにならないなって私は感じるので、私たちの世代がしっかりそのことに対して関心があればって思いますね。福島は結構遠くに離れてしまったので、今何かできていることとかはとくにないんですけど、何か福島のためにできたらなあとは思っています。

大人たちはちょっと当てにならないって言ったけど、お母さんとかは裁判をやって、東京電力とか国とかに責任を認めろって言ってるじゃないですか。それ以外の大人ってことですか

そうです、はい。私の母や父のような人はいるけど、すごく一部じゃないですか。それより、やはりそれに対して関心もなかったり興味もない。政治に対しての明確な意見もない。そういう大人の方がすごく多いって私は感じてるので、そういう大人たちですね。

その大人たちに対してどうしたいですか

うーん、やっぱりその声を広めないといけないと思うので、今現在の状況、今現在何が起こっているのかを正確に多くの国民が考えないといけないと思うので、まずはそのことについて知ってる私たちとか、母だとか、そういう人たちがいろいろと声をあげていかないといけないと思います。

それは大学に入ってからの仕事になりますか

私は今もそれをやっているんです。学校で福島第一原子力発電所の事故について、あと核について、そして原発についての講演ですかね、そういうのを活動していて。そういう発表を全校生徒の前で発表したこともあって。あと、ソウルだとかプサンだとか、そういう大きいところに行って大学で話をしたりとか。そういう集会っていうんですかね、環境問題の、そういうところでも話をしたり活動をしています。

それを聞いてくれるのはおなじ世代の人ですか

おなじ世代の人たちも聞いてくれるし、幅広く聞いて下さいます。大人の方も聞いて下さいます。

それは高校にもいるし、外にもいるっていう

はい、学校に環境の先生がいらっしゃって、その先生が一番初めに私に声をかけて下さって、そこから運動を始めたんですけど。それをきっかけにしていろんな団体に加わったりして、今の活動を始めたんです。

それは、環境の中の一部としての原発の問題っていうことですか

そうですね。

すると、もう少し幅の広い、地球温暖化とかそういう問題にもかかわっているわけですか

はい、そういうこともやっています。

将来の夢とか、何かありますか。通訳になるということのほかに何か

そういう環境問題とかも、大人になっても関心をもって続けていけたらなって思っています。

そうしたら環境問題も勉強しなくてはならないですね

ふふ、そうですね。

環境問題を勉強しに大学に行くとか考えていますか

いえ、環境問題だけのために大学に行くことはないと思います。

そうしたら、大学に行ってから、環境問題を含めて広く勉強したいって感じですか

はい、そうですね。そうしたいと思ってます。

3　廣木勇紀さん

廣木勇紀さんは一九九三生まれ。震災前はいわき市の小集落に両親と弟二人で住んでいた。高校二年の時に原発事故に遭遇し、関西に避難。両親はいわき市では農業をやるかたわらまちおこしに積極的にかかわっていたが、農業が不可能になり避難したことで強いバッシングを受け、そのことが勇紀さんの心にも深い傷を残している。本人も認めるようにPTSDのリスク値がきわめて高く出ている。

廣木勇紀さん

避難されたときはおいくつですか

えーっと、高校二年ですので、一七ですかね。

すると、京都で高三になられたって感じですか

いいえ、最初は滋賀県の彦根市に行きまして、そのあと半年ぐらいで京都に行きました。

避難する前に、ご両親はくわしい説明をされましたか

あまり説明とかはなかったんですけど、まあ判断はお任せするって感じで、とくに相談とかはなく。一家五人で車で関西まで行きました。ただ、受け入れして下さる県がなかなかなかったので。滋賀県は受け入れの担当だったんですかね、受け入れして下さるってことで、一般のお宅の場所を貸してくれていたので、そちらにしばらくお邪魔していました。

その時は高校二年だから、避難しなきゃならないっていう意識はあったんですか

そうですね。うーん、両親がとくにそういったものを気にしてましして、そういう方針ならいいかなっていう感じで、ついて行きましたけど。

それは嫌ではなかったですか

そうですね。ただ、高校のときに部活動を自分で作ってやってたんですけど、大会が一週間後くらいに控えていましたので。フラダンスの全国大会なんですけど、そういうのも無くなったりして、どうなるのかなって感じで。そうですね、そういう思いもあって転校とかしましたけど。

向こうで、新しい高校で別に問題とかはなかったですか

そうですね。もともとぼくはいわき市の山間部に住んでいたんですけど、田舎過ぎて中学では全校生徒がひとりだったんですね。福島県いわき市の田人地区っていうところだったんですけど。ぼくひとりしか生徒がいなくて、先生が八人くらいいるような環境だったんですね。で、そういった環境で育ったのでシャイになってしまいまして、高校の時とかはあまり友達ができなくて。そういった性格なので、転校してからもそれほどは。何ていうんですかね、友達とかすぐにはできなかったですけど。

でも、クラブを自分で作られたんですね

えーっと、福島にいるときに元々ブレークダンスをやっていて、ダンス部を作ったんですね。なんですけど、なかなか部員が集まらなくて。いわき市の湯本高校っていうところで、スパリゾートハワイアンズの最寄りの高校だったんですね。それで、フラダンスを習っている女の子たちはいたんです。なので、そういった人たちを勧誘してフラダンスをやることになりまして。そのタイミングで、いわき市のまちづくりをやってられる方と知り合いだったので、「フラガール甲子園」第一回が二〇一一年に開催される予定だったんで、「ダンス部を作ったんだったら、ぜひ出て見ないか」ってことで。本当はブレークダンスをやってたんですけど、フラダンスを勉強してチームを作って出ることになったんですね。

全国大会に出るはずだったんですね

はい。結局、震災とか原発事故とかありまして、一年くらい延期になりまして。東京のアキバで開催されることになったんですけど、転校先の高校から合流しまして、延期された大会には出場しました。

そうですか、昔の仲間たちと一緒に出たわけですね

そうですね。大会の当日に一年ぶりに会っててかたちで。本当は応援だけしに行くつもりだったんですけど、その時にテレビ局とか新聞社が取材に入りまして、ドキュメンタリーを作っていたんです。番組のシナリオとして、応援しているだけじゃなくて、感動の再会を果たして大会に参加するっていうストーリーが良かったらしいので、無理やり出ることになってしまいました。ただ、初対面の女の子もいましたから多少溝がある感じでした。

そのドキュメンタリーはテレビか何かの

そうですね、（日本テレビ系列の）ニュースエブリー[1]とか何とか。あと新聞社がいくつか。ネットにあるんじゃないかと思うんですけど。

ちょっと探してみます

あの、フラダンスの大会なんで、男性の参加者はぼくひとりしかいなくて。あとは百人くらい全員女の子だったんですけど、全国から集まってって感じですかね。なので、

1　datazoo.jp/w/廣本勇紀/8199733

男子ひとりってことで少し話題になったのかなって思うんですが。

話を戻しますが、転校することはそれほど嫌な感じではなかったってことですか

えーっとですね、震災の直前にちょっといろいろありまして。自殺未遂じゃないんですけど、重い傷が発生するような怪我をしてしまいまして。で、手術をして、もう一回検査に行く時に震災があったんですね。それで左手が一年くらい動かなくなりまして、手とか握ったりできなくなりまして。そういったタイミングだったので、結構精神的に不安定だったと思うんですね。

その手が動かないっていうのは物理的なものですか、それとも精神的な

えーっと、物理的ですね。腱が切れてしまいましたので。

そういうことがあったので、ちょっと精神的に負荷が多いというか

そうですね、いろんなことについて。でも、もちろんその大会に出れなくなったことに対して、何ていうんですかね。せっかく自分で作ったものですし、作るのに一年半かかったし、部活動も部長を二年の時にやっていたわけですから、離れなくてはならないっていうのは残念な気持ちになりましたね。

そのあと滋賀県の高校に移られて、高校三年だから受験勉強をして

受験勉強はしなかったですね。成績も一年の頃はクラスで一番良かったんですが、どんどん下がって、通知表の一〇段階評価でいうと一、二ぐらいになったんですけど。あの、京都の高校にいる時に早稲田大学の通信課程があるってことを知って。震災枠があったんですけど、多少の勉強をして、テストと論文を書いたら入ることができたので、そちらに入学しました。

それは何学部ですか

人間科学部です。入学金の免除とかありましたし、それからネームバリューもありますし、(高校の)勉強もついていけてなかったんですけど、論文だけがんばったら入れるかなって感じの大学だったので。まあ関心のある大学っていうか、頑張ったら入れるかなってことで。締め切りの三日前にそういうところがあるって知ったんだけど、他に選択肢もなかったので、そちらの受験を頑張ることにしました。

すると、入学されたのが二〇一二年の四月ですね

はい。

人間科学部のどこですか

情報科学科ですね。所沢にキャンパスがあるんで。ただ、通信課程ですので、全部ネットで授業を受けられるんですね。で、半年間は授業料の免除があったので、家族に負担をかけることもなく、まあ勉強ができるかなという感じでそこに進学しました。で、京都で嘱託社員として研究所で働きながら、仕事が終わってから授業を受けるっていう感じの生活をしてましたね。

そうしたら、ずっと京都にお住まいだったんですか

はい。

四年間、卒業するまで

卒業はしてなくて、二〇歳くらいまでいました。

申し訳ないですが、その、辞めた理由って何があったんですか

嘱託社員だったので契約期間があったんですけど。そうですね、続ける選択肢もあったんですが、趣味というか、将来の夢がありまして。ゲームが好きだったんですね。頭脳ゲームをやってまして、バックギャモンっていう世界の四大ボードゲームのひとつなんですけど。そちらの国際大会に行ったりとかしたかったので辞めて、もうちょっと稼げるようなバイトに切り替えたりとか。大学の授業も受けながら、二〇歳ぐらいまでは海外の大会にもちらほら行きました。はい、プロをめざしていたっていうのがありまして。

何ていうんですかね。今まで田舎に住んでいたので、自由がないとか、家も経済的に余裕があったわけではないので、購入費用が出ないとか。震災の直前にも頭脳ゲームというか、テレビゲームでポケモンの大会があったんですけど、それも出れなくなっちゃったりして、残念な気持ちもあったので。バックギャモンの大会では世界ランキングで一位を取ったりしてたんですけど、ただ実際の大会は震災で中止になってしまって。なので、将来は好きなゲームをやりたいし、今まで自由がなかった分、世界を股にかけて仕事ができるゲームのプロっていうのは格好いいなって思いまして、めざしていたんですね。なので、そういったものにもコミットするためにも退職しました。

今もそれは続けてらっしゃるんですか

今はいったん離れてまして。海外の大会に行ってるときに色々コネクションとかもできて、海外のプロとかの知り合いができたので。ま、そういった経験があって、日本バックギャモン協会というところで「仕事しないか」って言われて、二〇歳の時に東京に移動することにしました。

その仕事をずっとつづけらたんですか

えーっと一、二年ほど関わりまして、執行理事とかをやってたんですけど、いかんせん仕事と学校とバックギャモンと三点柱だと全部中途半端になってしまうんですね。で、ボクシングとかF1とかと一緒で、スポンサーがいないとなかなか厳しいということで、このまま貧乏学生をやりながら続けても、儲からないですし、食べていけないですし、辛いのでいったん離れることにしまして。別の仕事をしたりとか、経営とかをめざしたりして、将来を考えられるようになったら、またぐめざしたいなって思っています。

大学はそこで辞められたんですか

二三まで在籍していましたかね。

それはなぜですか。魅力がなかったのかな

そうですね。あまり学ぶ価値を見出せなくなってしまったのと、東京に出てから、卒業しなくてもやっていけるかなと思うようになったので、学費を払うよりも別のことに使った方が価値があるんじゃないかって思って、放っておいたらいつの間にか退学っていう感じになってて。

でも、情報科学科だったら関係はありますよね

そうですね、日常のこととか仕事とか、活かせることはたくさんありまして。統計学とかとくにそうなんですけど。それからプログラミングでしたり。ただ、まあ一通り勉強したら、あとは大学で勉強できることっていうのは別に独学でもできることばっかりで、必要ないかなっていう感じでしたね。

今もゲーム関係の仕事をしてるんですか

今は全然関係ない仕事を、夜職の方をしてるんで。また、そっち方面でお店を作ったりとかしてるんですね。

それはいろいろ役に立っているんですか、

大学で勉強したことですか。心理学とかは使えるところがありますし、対人関係の仕事なので。あとはそうですね、お店も自分で経営したりとかしましたので、大学で勉強したことは役に立っていたかなって思いますね。

アンケートしましたよね。ＰＴＳＤのリスクの数値がすごく高くて。そういう自覚はありますか

診断は受けていないんですけど、確実にそうだと思います。

やっぱり昔のことが思い出されるとか、意識のなかで記憶をシャットダウンしているとか

ま、トラウマ的なものがいくつかありまして。原発のことですとか、震災のこととかもそうなんですけど、それ以前にもいくつかあるんですね。何ていうのかな、全校生徒ひとりっていう環境にいまして、その時は友達欲しくてもできない、彼女欲しくてもできないですし、相談できる人もいないですし。先生とも、思春期の時だってこともあって、意思疎通ができないとか。両親もそんなに仲がいいわけじゃなかったですし、相談できる人もいない。そういった環境にずっと置かれていたので、うまくいかないこともありましたし。それから、そんな中でも自分で積み上げてきたものが不可抗力によって駄目になってしまったっていう経験がいくつもありまして。部活動のこともそうですし、趣味でやってたゲームのこともそうですし。あとは、怪我の内容とかもそうですし。あと、高校に行ってから人間関係とかもうまくいかなくて、二回転校したんですね、震災のあとで。

あとは、両親がいわき市のまちづくりに積極的に参加してたんですけど、そういう人が真っ先に自主避難っていうかたちになるんですけど、いわき市、福島県を捨てて、違う地域に行ってしまったっていうことで、当時の2ちゃんねるとかで炎上というか叩かれたりとか。家族の実名を出されてそういったことがあったりとか。震災のあとも何回かテレビに出る機会があったんですけど、そのたびに2ちゃんねるでスレッドが立って、誹謗中傷されたりとか。あとは大学入ってからも、友達も全然できない環境で、働きづめ、勉強詰めだったので。そういったことですかね。

そうすると、かなりの部分は原発事故と避難が元になっているってことですかね

そうですかね。

ちょっと戻りますが、避難した後でまず彦根の高校に入られて、そのあと京都に転校した

そうですね。

それは、彦根であまりうまくいかなかったってことですか

彦根にいるときは一般の男性の方が受け入れをして下さって、そちらに一時的に居させていただいたんですけど。ただ、ずっといさせていただくわけにはいかないので、京都で受け入れさせて下さるっていう感じだったので、探してお家が見つかったので、そちらに移動しました。

でも、彦根だったら通おうと思えば通えますよね。それは京都のほうがいいという判断で

そうですね、震災のあとすぐに両親が離婚したんです。それもあって経済的に困窮してましたので、交通費とかもかけられない。高校三年の時に弟が一年にあがりまして、下の末っ子もいるので、交通費を出したりするのはちょっと難しいかなって感じで。家賃も二、三万だったかな、そんなに高いところじゃなくて、仕事をしていれば払えるかなってことで移動しました。

不思議って言ったら失礼だけど、アンケートでは二番目の方は精神的にすごく安定しているんですよ

彼はすごい勉強が好きで、読書とかもすごいするんですね。弟も田舎でおなじような環境で育ったんですけど、なんていうかニヒリズムに目覚めたわけじゃないけど、哲学の本を中学生にして何冊も読んで、中学高校の時には大学の心理学を終わっているくらいの知識はあったんじゃないかな。なので、大人っぽい感じでずっといましたし、精神的には大人っぽいっていうか安定しているっていうか、そういう感じですね。

廣木さんはＰＴＳＤのリスクが高いってことで、それにどのように付き合っていこうって思われてるんですか

最近知ったんですけど、ＰＴＧ[2]というのか。ＰＴＳＤ[3]を経験している方の八割以上の方が、その経験をもとに何らかの成長をするっていうようなものがあると思うんですけど。ＰＴＧでしたっけ。そのようなものをめざしていくような生活をしたら、そういった経験を活かすことができるのかなって思うんですけど。でも、なかなか難しんじゃないかな。

2　Post Traumatic Growth（心的外傷後成長）の略語。若い時に大きな精神的苦痛を経験した人が、その後心的に大きく成長するケースが見られること。

3　Post Traumatic Stress Disorder（心的外傷後ストレス障害）の略語。第五章でくわしく論じる。

普通、ＰＴＳＤの症状が三つあるって言われてますよね。フラッシュバックと意識のシャットダウンと、緊張性と。そのなかで、どれが一番強い感じですか

そうですね、ふとしたきっかけでフラッシュバックがあったりとか、一時的にうつっぽくなったりとか。で、心療内科に通って薬を服用していた時もあったりとか。あと、東京に出てからもなかなかうまくいかないこともあったりして、街中で歩いていて人を見るだけで過呼吸になったりとか、動悸がしたりして、ちょっと立っていられなくなって座り込んでしまったりとか、そういう症状が頻繁に出るようになってた時期もあるんですけど。まあ、環境を変えたりとか、なんとかして克服して、仕事も多少できるようになったりしてきてはいるんですけど。まあ、そういった症状が出たりとか、うつとかも発症したりして、なかなか仕事に集中できないとか勉強ができないとかいうことが続いてますね、正直。

うつはある程度薬でコントロールできるようですけど、フラッシュバックとかは対処がむずかしいですよね

その辺は自分でも興味があって、大学で心理学とかを勉強できる早稲田の人間科学部に進学したっていうのもあるんですけど。トラウマの勉強を自分でしたりとか。じゃ、どうしたら解決できるんだろうなっていうのを自分で考えながら、生活をしてきましたね。それで、少しはましになったかな。

最後になりますけど、東電とか国とかに言いたいことって何かありますか

そうですね。それによって人生が少なからず変わってしまってはいるんですけど、うーん、あんまり考えないようにはしていますね。そんなところですかね。

4 H・Mさん

H・Mさんは一九九三年生まれ。被災前は母と弟の三人で福島市に住んでいた。原発事故は高校三年生の時で、受験を控えた夏に家族全員で京都に避難することになり、その年末に祖父が亡くなったこともあり、一時はひどく落ち込んでいた。関東の大学に進学したいという希望は家族の反対で実現することができず、香川大学へ進学。卒業後は関西で熱心に仕事に励んでいる元気な女性である。

避難されたのは何月何日でしたか

えっと、二〇一一年の八月四日。

そのときは何年、おいくつだったですか

高校三年生で一八歳でした。

引っ越するのは、転校もしなくちゃならないので、嫌だったですか

嫌でした。ひとりで残りたくて。家族にも、自分はあと半年で卒業だったので、あとおじいちゃんとおばあちゃんがいるので、「自分はここであと半年残るから、みんなで行ってくれ」って話をしてたんですけど。ある時勝手に転校の手続きをされてて、自分の意思とは関係なく来てしまったんです。

それはちょっとひどい話ですよね

そうですね。

ご両親は離婚されてたから、お母さんが全部決めたんですか

そうですね。でもうちは、父は離婚しててもやりとりが多くて。「福島から離れた方がいい」って話をずっとされてたみたいで。そういう影響もあったと思いますけど、手続きとかは全部お母さんが。

お母さんはその時危機感が強かったんですか

危機感と、あと食べ物に対する不安とか。毎日暮らしていく中で、飲んでる水とか空気とか食べ物とか。普通に生活したいのに、全部気にしなきゃいけないことのストレス。で、うちはおじいちゃんおばあちゃんが農家で、米作ってたりとかジャガイモとか、食べてるものが結構家で作っているものが多くて。でも、せっかく作って「おいしいよ」って出してくれるのに、それを拒否するのが辛かったりとか。

おじいちゃんおばあちゃんは割と平気で食べてたわけですか

うーん、平気というか、「自分たちはもう長くはないし」みたいなことは言ってましたね。食べたら味も変わらないしおいしいし、見た目もわからないから、食べる人は食べる。

でしたら、Mさんとしては残りたかったけど

残りたかったですね。すごく嫌でした。怒って、正直今でも許せない。許せないというか、あの時やっぱり行きたくなかったっていう気持ちが。

半年たって、卒業してからだったら来てもいいって感じですか

そうですね。それは仕方ないし、自分もやっぱり怖かったので、何が起こるかわかんなくて。ただ自分だけじゃなくて、友達もみんな怖がっていて、何が正解かわからないんだったら離れたいっていう感じで。ただ、卒業だけはしたかったです。

学校で避難した人、何人ぐらいいました。クラスで

いや、私だけです。高校はたぶん私と弟だけで。むしろ原町とか沿岸部の人がうちの高校に転校して来てたりして、避難先でもあったっていうか。

福島のどこですか

福島市内。橘高校っていう、信夫山の近くの。昔、福島女子高校って言ってたんです。

避難とかはしなくて

いや、眼に見える被害はそんなになかったし、指定されてる地域ではなかったので、みんな脅えつつもどうすることもできないって思ってたと思うんです。でも、同級生たちはすごく不安に思ってる子が多くて、その当時よく言われてたのは、「将来、子どもに影響があるんじゃないか」って言って。自分たちはまだ一八歳なのに、「結婚もできないんじゃないか」みたいな。で、結構友達も不安がってましたね。

そういう意識は今もあるんですか

今ですか。今はないですね。

友達もおなじ感じで

友達とはあんまりそういう話をしないんですけど、そういうことを言ってる子がいないから、薄れていったのかなとは思います。

そうしたら友達はみんな残って、Mさんだけが

そうですね。でも、進学で東京に出た子が結構多かったです。

機会があったら出たいと思っていたということですかね

うんうん。高校で一番仲良かった子は「出たい」って言ってましたね。「水も飲みたくない」、そう言ってましたね。

その場合どうしたんですか

その子は、みんながマスクをつけてなくてもマスクをつけて、水もミネラルウォーターみたいな。で、大学は東京に。「福島から離れる」って言ってましたね、その子は。

高校のときにクラブとかやってましたか

やってました。管弦楽部に入ってて、ビオラって楽器をやってました。それはやりたかったので、定期演奏会が終わってから引っ越ししました。

それは福島で演奏会があって

そうです、福島で。七月の終わりに演奏会があって、そのあとすぐに引っ越しして。

そうすると友達は避難しなくて。近所の人はどうだったですか

あまり引っ越ししてないですね。うちが例外的じゃないのかな。

お家はどこですか

庭阪の方です。吾妻山の麓ぐらいですね。

それじゃ、福島市の外れのほうですね。原発から一番遠いところの

遠いのは遠いですね。本当に山のほうだから。

そしたら外れのほうだし、避難しなくてもいいやって

なんかそんなに気にしてない。気にしてないこともないかもしれないけど、そこまでするほどじゃない。できない、できないって方が多かったと思います。いとこの女の子が、今二〇歳ぐらいなんですけど、当時が小学生ぐらいですかね。その子が本当に怖がってて、自分たちと一緒に京都に来たいっていうぐらいその子は怖がってたのを覚えてます。「嫌だ」って言って。でも、結局は親の仕事とかあるじゃないですか。そういうので、「怖くても、自分じゃどうしようもない」みたいに言ってるいとこや同級生を覚えてます。

そういう話を良くしましたか

当時は、自分が転校するかしないかみたいなこともあって、相談してたと思います。でも、高校三年の時の記憶があまりないんです。小学校とか中学校とかのほうが覚えてるんですけど、高校の時の記憶が、三年生の時の記憶がほとんどない。転向する前のクラスがどんなだったとかも覚えてないって感じで、忘れてますね[1]。

「猫を連れていかないと行かない」って言ったって、お母さんから聞きましたけど

猫を連れてくることと、浪人してもいいっていうのが条件。「そうじゃないと、絶対に行かない」って言いました。たしかあの時、本当に転校するのが嫌で、いろんな友達に相談してて。結構みんな、「自分だったら転校する」って言ってて。それで来た記憶が、今思い出しました。

それは、みんな転校したいって思っていたわけですか

みんな「行けるんだったら、行った方がいい」って言ってた。転校したいっていうか、この場所にいるのが怖いっていう気持ちがあるから、「家族と一緒に出れるんだったら、出た方がいいんじゃない」って言われましたね。高校は福島の高校を卒業するけど、大学から福島を離れるっていう子が多かったです。あと少しで卒業だったので。

それはやっぱり健康不安で

健康不安で、どうなるかわからないからって。

1　PTSDの防衛機制の一種として「解離」と呼ばれる症状がある。つらい経験や記憶を意識の底に沈め、想起を困難にすることである。高校三年生の時の記憶がほとんどないというこのH・Mさんのケースの場合、軽い解離が生じていたと思われる。

そのあと京都に来られたわけで、すぐに慣れましたか

慣れなかったですね。ことばも違うし。福島の人って結構内向的っていうか、うちのクラスに転校性が来たときも、ばっと押し掛ける感じじゃなくて、徐々にって感じだったんですけど。私が転校した時は、もう隣のクラスからも見に来るみたいな感じで（笑い）。「なんで来はった」、「兄弟何人おるん」とかすごい話しかけられて。私はいじめられると思ってたので、ビックリしたと同時に、ああいじめられなかったっていう安心感。ああ、話しかけてくれるんだってうれしさもありましたけど。何でしょうね。遠いから関東ほど気にしてないっていうか、いい意味でも悪い意味でも、遠い所の話って感じじゃないかなって。それで変に差別されないっていうか。

でも、話を聞いた方には、いじめられたって方が高校でも中学でもいるから

自分は幸いそんなこともなく。なんかめちゃめちゃ質問されて。同級生は普通でしたが、先生にはずいぶん気をつかわれてましたね。生徒は普通に遊びに誘われるし。何ていうんですかね、違う人が入ってきて興味津津みたいな感じしかなかったです。

京都ですぐに友達とかもできました

できましたね。仲よくしてくれる子がいました。大学生になってからも、京都に帰ったときには会ってる子がいます。

じゃ、受験勉強をして、大学は京都に

香川県に行って、四国に四年間いました。

それは何か理由があるんですか

私は受験生で転校しちゃって、学校も本当は行きたい学校は東京とか向こうにあって、「放射能高いので駄目だ」と言われたので、全部どうでもよくなってしまったというか。浪人しようと思ってたんですよ、本当は。もう私の受験はうまくいかないと思って。カリキュラムも、山城高校と向こうの高校とが真逆で、勉強もうまくできなくて。だから、一年間ちゃんと勉強して志望校に行こうと思ってたんですけど、当時の学校の先生に、「受験勉強をくり返すよりも、早く大学に行っていろんなことを勉強するほうが楽しいから、今行けるところに行きなさい」って言われて。別に何の思い入れもなかったんですけど、香川に行けそうだったので香川に行ったって、それだけです。

それは正解だったですか

入学して初めのほうは嫌だったんですけど。もっと上のレベルのところに行きたかったので、すごく嫌だったんですけど。ま、今振り返ると行ってよかったなって思います。

東京が駄目っていうのは、お母さんが、それともお父さんが

「西じゃないと駄目」って言われて、どっちからも。近くに住んでてほしいっていうのと、「東京もホットスポットとかいっぱいあるし、なるべく西のほうにしなさい」って言われて。「絶対もう行っちゃいけない」って言われて。

弟さんは東京ですね

そうですね。兄も東京で。彼らも行きたくて行ってるっていうよりは、仕事がやっぱり向こうのほうがいっぱいあるんで。後々はこっちに来たいみたいですけど、ふたりとも。

じゃ、大学で勉強はそんなにしなかった

そうですね、あんまりしなかったかもしんない。最初はすごく勉強する気で入ったんですよ、研究者になりたくて。農学部だったんですけど。研究職に就きたくて行ったんですけど、ＮＰＯの活動に参加してから、その活動が楽しくなって、就職とかもそれに影響されて変わってきて。すごく大学生活は楽しかったですね。そういう活動したりとか、大学の研究室も楽しかったですけど。

ＮＰＯはどんな活動を

「チャリティーサンタ」っていう団体なんですけど。クリスマスに一般の家庭から依頼を受けるんですけど、その時に子どもに渡してほしいプレゼントと支援金をいただいて、その支援金は日本や海外の子どもたちの支援に使うっていう。そのプレゼントはこちら側がサンタクロースになりきって届けに行って、思い出をプレゼントするみたいな活動をしてて。当時はまだＮＰＯじゃなくて、大学生みんなで頑張ってやってたんで。

お仕事はその関係ですか

いや、関係ないですね。でもそれがあって、子どもに何か影響を与えられるような仕事をしたいって思うようになって。農学部とかの仕事じゃなくて、児童書とか絵本を作りたくて、それで一社目は出版社に入社しました。

それは絵本とかを作る出版社ですか

そうですね、絵本とか健康系の本とか、小説とかありますけど、児童書もあって。それで、関西に本社があるっていうことで入りました。そこで四年間、去年まで勤めていました。

そのあと転職して。おなじような関係の会社ですか

うーん、うまくいかなくて。本当は編集者になりたくて、その会社でなれなくて転職したんですけど。じつは今三社目で、二社目は二月から六月まで働いていたんですが、そこが忙し過ぎて心と体に影響が出たので、また別の会社に。仕事が忙し過ぎて、深夜の二時三時まで終わらなくて、土日も終わらなくて、寝る間もなくてみたいな。

それはひどいですね

でも、なんていうんですかね。みんなは平気でやってるのにって思って、向いてないかもしれないって思って辞めちゃいました。ちょっともう考えるのが嫌になっちゃって。

それはＩＴとかの関係ですか

それは雑誌の編集の仕事だったんですが。月刊誌で、毎月毎月出るので。旅行雑誌だったんですよ。で、コロナのせいで余計忙しくなっちゃって。載せようと思っていたところが、コロナでもうやってないから載せられないとか。スピードがすごく早くて、新人でもいきなりガッてくるんで、それにちょっと対応できなかったんで。相談しても「いや、できてるよ」とかしか言われなくて。できてないから言ってるのに、ちょっともう無理って。

今の会社は落ち着いてるんですか

そうですね、忙しくはないですけど退屈過ぎて、今の仕事は。それで今は楽しくないなって(笑い)。むずかしいですね。ここで長くは働けないかなって思ってて。

大学は農学部ですよね。何を勉強したんですか

フレーバーとか、香りの研究をしたかったんですけど、第一志望の研究室に入れなくて。で、施設園芸学の研究室に入って、そこがイチゴの香りの研究をするっていうので、その研究をしてました。香りがイチゴの品種によって違うので、そういうのを研究してました。生活に密着してるじゃないですか、香りって、それがおもしろいなって思って。

そういう研究だと大学でやるか、企業の研究室に入るかですね

そうですね。香料会社とかありますけど、なかなかここから入るのはちょっと難しい。

今の希望とかありますか、仕事とか、人生でとか

仕事とか人生とかですか。今の会社に就職した時は、仕事はおいといて、生活が充実していればいいと思ってたんですけど、本当に退屈で（笑い）。やっぱり自分は結構仕事が好きだったんだなあって思ったんで。これから先、もう二七なんで結婚とか出産とかも考えたいんですけど、仕事もやっていきたくて。やりたいこととかもわかってきたんで、仕事にも力を注ぎつつ生活できたらって思います。

お姉さんも仕事をされてるんですか

姉は六歳上なんですけど、就職してたぶん二年目ぐらいで辞めて、こっちに来てるんですね。当時はちょっと精神的に参っていて。

今は会社とか、お姉さんは落ち着いて

楽しそうです。

そこに勤められたらどうですか

兄弟がいる会社には行きたくないので（笑い）。ちょっと離れたいです、距離を。

福島の原発事故は、あなたにとってどういうものでしたか

うーん、何て言ったらいいか。人生をがらっと変えられてしまった出来事だったなって思います。人生観も変わったというか。事故が起こる前までは、自分は福島で大学に行って就職して、なんだかんだ言って福島に住むのかなって思っていた。で、もし出たとしても東京ぐらいだろうなって思っていたのが、急にある時、転校させられて、行きたかった大学も変えさせられて。で、勉強をしようと思ってもまるっきり逆だったんです。前の学校と転校先の学校とで、教科書の進め方が逆で。もう全部変わってしまって。私がこれまで順調に重ねてきたのは何だったんだろう、もう、全部が崩れてしまったって気がして。

家族には言えてないんですけど、もう思い出したら泣きそうなんですけど、あの時、結構精神的に来ていて、おじいちゃん亡くなってしまって。でも、姉が苦しんでいたので、自分は苦しいって言えなくて、辛かったですね。引っ越しもしたくなかったし。でも、元気に振舞わなくてはならないっていう辛さみたいなのがあって、いまだに思い出すとちょっと泣きたくなるんですけど。そのくらい本当は嫌だった。全部変わってしまって。

それはこっち来てからしばらく続いたんですか

しばらく。大学に入学して、五月六月、三ケ月くらいはもう鬱々としていて。勉強に打ち込もうって思ったんですけど、それぐらいのときにさっき言ってたチャリティーサンタに出会って楽しくなって、そこからなんか前向きになって。いろんなことが変わってしまったけれども、逆に言ったら、何でもかんでも思った通りには進まないっていうか、突然変わってしまうことが自分の意思とかとは関係なくあるかもしれないから、毎日やりたいことをして、好きなことをして生きたいなって思うようになって、前向きに変わっていったっていうか。そこからは本当に楽しかったですね。香川もすごく楽しかったですし、関西もこっちのほうが合ってるっていうふうに思ってきて、もう福島に戻りたいとは思わないですし。なんか結果的に良かったなって思うようになってきました。うん。だから、後悔があるとしたら、本当に卒業できなかったっていうことだけが一生後悔するって思ってて。あとは、考え方がいい意味で変わるきっかけにもなったのかなって思います。

そしたら、今後何があっても平気ですね

まあ、あれ以上のことはないんじゃないかなって思いますけどね（笑い）。辛かったですけど、頑張ったなっていうか、そういうこともあるんだなって思ったっていうか。

そうしたら、辛かった時期が八ケ月から一年くらい

一年もなかったんじゃないかな。一番辛かったのは、おじいちゃんが二〇一一年の一一月に亡くなって、引っ越して四ケ月くらい後に亡くなって、その時が一番。もうすぐセンター試験っていうときで、そこが一番辛かったです。

それは死に目に会えなかったので

最後に会えなかったのが。おじいちゃんは私たちが引っ越すことをすごく寂しく思ってたみたいで。じつは私引っ越してからも、学校の関係で八月に一週間くらい福島に帰ってたんですよ。その時に祖父母がすごく楽しみにしてて、一緒にご飯とか食べたかったみたいなんですけど、自分は高校の友達と最後に会おうと思って全然家にいなくって。それも寂しかったみたいで、そっから結局もう会わないで亡くなったんで、後悔が残ってたりとか、寂しい思いをさせてしまったなって。

兄弟でそういう話ってしますか。原発事故のこととか

しないですね。

お母さんとはするんですすか

一方的にしてきます（笑い）。裁判とかやってるので、そういう話をしてくるんですけど、自分たちは日々生活してる中で全然意識しなくなってるんで。母がいないところでそういう話をすることはないですね。「京都来てよかったね」みたいなことはありますけど、姉と。

最後になりますけど、原発のことで人生が大きく変わったって言われたけど、国とか東京電力にこうしてほしいとかってありますか

そうですね、うやむやにしないでほしいなっていうのがあって。ま、自分は結果的に良かったたって思えてるからあれなんですけど、そうじゃない人もいっぱいいますし、直接的に被害を被った人は。私は何だかんだ言っても地元に帰れるじゃないですか。帰れない人もいっぱいいるので。絶対なかったことにしないでほしいですし、ちゃんと責任を取ってほしいですし。私の立場だけ見るとそんなに影響がなかったように思うんですが、当時の友達とか、怖いと思っていても残らなくてはならなかった友達の気持ちとか思うと、絶対にくり返さないでほしいですし、原発が稼働してるのも本当は止めた方がいいと思ってます。そういうことが二度と起こらないような対応策と、絶対になかったことにしないでほしい。ちゃんと最後まで責任持って対応するっていうか、そういう姿勢でいてほしいなって思います。

健康の不安とかは別にないですか

うーん、薄れてしまってますね。今はもう薄れてしまって、あんまり思ってないですけど。時々母に「甲状腺の検査とか受けなさい」って言われるんですけど、そういう時に、「自分はあのとき被ばくしてたんだな」って思います。

第四章　避難することの悲しさ、避難をつづけることの苦しさ

ここではふたりの女性の語りをとり上げる。放射能汚染の危険を避けるために事故後すぐに福島県から避難した彼女たちは、夫と離れて母子だけが避難する母子避難を強いられた。そのうちのひとりは夫との意見の違いが埋まらないままに離婚することを選択し、他のひとりは原発事故から二年後に夫が母子の避難先に合流することで母子分離を解消した。

ふたりとも他の人への配慮を欠かさない、責任感の強い人間であり、ふたりのうちのひとりは京都訴訟の三名の共同代表をつとめ、もうひとりは避難者の交流組織を立ち上げ、現在までそれを運営するなど積極的な活動を続けている。しかし、彼女たちが経験した精神的・社会的な苦痛は、家族の中のもっとも弱い人間の心にかたちを変えてあらわれた。ふたりの次女はいずれもＰＴＳＤの症状を示しており、不登校や退学を経験するなど、生きることの苦しさを身をもって示している。

このふたりの語りのほかに、別の原告が作った物語も加えることにする。愛犬との別れを語るこの物語は、原発事故が社会関係だけでなく、身近な動物や環境との親しいつながりを断ち切らせたことを示している。

1　高木久美子さん

高木久美子さんは一九六六年、秋田県生まれ。結婚を機にいわき市に移り住み、夫と娘二人で暮らしていた。震災後に子どもを出身地である秋田県に避難させたが、子どもと一緒に暮らすために自分も避難を決め、京都市に移住。避難者の交流組織である「笑顔つながろう会」を立ち上げ、その活動を今も継続している。母子避難の中で夫とのズレを感じ、離婚を決意。現在はひとりで二人の子どもと暮らしている。

高木久美子さん

被災前もお仕事はされたんですか

はい、してました。スーパーで働いていました。

ご主人は別の仕事を

はい、主人と私とふたりで働いていましたね。

いわき市にずっとお住まいだったんですか

えーっと、生まれが秋田なので、結婚してからいわきですね。もう一〇年、一一年ぐらいいたかな。

震災の時は、お子さんは小学生だったんですよね

被災当時は、小学校五年生と四年生って感じですね。まあ三月だったんで、四月からは進級して一級上になったんですが。

ちょっと難しくなる感じの年頃だと思いますが、避難について話していただけますか

原発が爆発した時に、一七日くらいにまず、皆さんが逃げたように私も神奈川の弟のところに行って。それから一〇日くらいして戻っていわきに住んで。六月くらいには、やっぱりやばいかなと思って。給食センターも被災してて、福島県で食べさせるのもどうかなと思ってたので、もう思い切って六月の上旬に秋田に。子供二人と、一緒に住んでた母とそれから近所に住んでた妹と姪とで、「秋田に行って避難して」って言って。で、私と主人はお金も困るし、住宅ローンも残ってたので、いわきの自宅に残るということで。そんな感じでした。

それは六月のいつ頃ですか

六月の上旬、第一週目ぐらいだったと思いますね。

そのあとはどうされたんですか

そのあとは九ケ月間ぐらい秋田といわきに分かれていて、翌年の二〇一二年の二月一四日に子ども二人を戻しました。転校も全部させて。お姉ちゃんが六年生で卒業の年だったので、いわきで保育園から小学校までずっといた友達と卒業したいんじゃないかなっていう思いとか。あとは、中学校の準備とか考えると、やっぱりいわきに戻そうって。で、夫も「戻しなさい」ってすごい言ってたんで。私はできれば離したかったんですけど、いろんなことをトータルすると、自分の意とは反して戻さざるを得ないかなと思ったんで、二月の一四日に戻して、子どもは無事卒業して(うなずく)。

で、そのあとどうされたんですか

そのあと、やっぱりどうしても自分の中で納得がいかなくて。三月の下旬には京都に避難完了しました。

それは高木さんとお子さん二人が

はい。

お子さんは納得されてましたか。それとも嫌だっていう気持ちが

いや、子どもたちはふたりともなかったと思います。転校に関しても、京都に行くってこととかも。原発がやばいっていうのを私かなり言ってたと思うんですよね。だから、たぶん「わかった」って感じだったと思うし。お友達と離れたっていうのは、ちょっとかわいそうだったかもしれないんですけど。

で、ご主人は行かないと

そうですね、「行かない」と言いました。「一緒に避難しよう」って言ったけど、「行かない、行かない」って言ってました。

それは奥さんももちろんそうでしょうが、お子さんも寂しかったでしょうね

なんでって思いますけど、やっぱり仕方ないですよね。四〇過ぎた男が県外に行って、仕事見つかるわけがないしってこととか。あと、旦那の親とかも避難することに反対してましたしね。私も本当に複雑でした。本当に人生の中で一番悩みましたね。子どもたちを避難させるかさせないか。でも、(前年の)六月に避難させたあとも、今度はいついわきに戻そうかってずーっと。で、自分も避難すべきじゃないか、汚染はどうなのか。もう考えないようにしようと思っても、考えてしまう。仕事中も四六時中、ずーっとでしたね。

一年間、悩み続けたって感じですか

悩み続けました。本当にしんどかったです。私インターネットとかパソコンとかするタイプじゃないんで、情報もないし、何がどうなっているのかがわかんないし。だからといって、いわきは四月の下旬にはもう安全宣言出してたし。だから五月のゴールデンウィークにはみんなマスクを取ってました。それで、だんだん避難するっていう雰囲気もなくなったし、「心配だ」っていう人はおかしいんじゃないかっていう雰囲気が、もうあっという間に。

ご近所も大体そんな感じで

あんなにみんな避難して、「命あったらまた会おうね」って言ってたみんなが、もう梅干し干してますから。あれっ、あれっみたいな(笑い)。おかしいとか思ってたんですけど、でもそんな感じでしたね。

事故の直後はみんなバタバタ逃げていたのに

私の住宅は一六世帯ぐらい家があって、みんな新しかったんですね。一斉にみんなスタートっていう感じだったんですよ。だからみんな仲良しでいたんですけど。もう三、四軒残してみんないなくなりましたね、直後に。一五、一六、一七日ぐらいに。うちもちょっと遅いぐらいの感じではあったんですけど、なかなかそう行くすべもなく。

でも、一ケ月後ぐらいには皆さん戻ってこられて

そうですね、皆さん戻ってきましたね。もうね、一六軒がそろってましたね。

そうすると、高木さんはちょっとそれに抵抗があった

自分もネット環境がそろっていたわけではなかったし、ガラケーの携帯でインターネットを見るくらいだったんですけど。でも、「いわき市の子どもを守るネットワーク」っていう団体を立ち上げた代表が私と仲のいい友達だったんで。で、その人がよく私に、

「学校のまわりは何シーベルト出たよ」とか、「原発がこういう状態で、やばいよ」とかね、私に教えてくれて。彼女はネットでいろんな情報を集められる方だったので。あと、もうひとりの友達もそういうのにはすごくくわしい人で、「もう、一緒に沖縄に避難しよう」って言ってくれるくらい危機感のある友達だったんですけど。私のまわりで仲良くしてくれた人たちが情報通で、危機感もすごく募らせた友達だったんで、余計にそうだったと思うんです。

京都に来られた理由はどういうわけだったんですか

京都に来た理由は、やっぱりずっと危険だなって思っていたんで。内部被ばくが一番心配なのと、福島の食材が心配で、地産地消っていうのをすごくうたっていたんでね。それに復興とか除染とか、安全神話的なところがすごかったのでね。で、友達も「砂埃が一番心配」って言ってたんで。そういうことがあったんで、いわきから京都へ。

京都へ避難しようって思ったのは、京都と名古屋と岡山を考えたんですよ。少ない情報の中ですけど、木下黄太[1]さんのインターネットの情報をよく見てたんです。で、その方は「愛知より西に逃げろ」っていうのをすごい発信されてたんで、もうこれしかないなって思って。で、愛知より西となればこの範囲かなって思ったので、三つの県庁とか市役所とか電話して。で、京都の受け入れのタイミングが合ったので、はい、京都に。

京都はどちらにお住まいでしたか

向島[2]です。たぶん私、最初に京都市に電話したと思うんですよ。それで京都市に電話した時に、三月の一九日くらいかな、「罹災証明[3]をもってない人でも受け入れますよ」って言ってくれて、被災証明しか私なかったんですね。それで一九日から申し込み

1　木下黄太氏はジャーナリスト。日本テレビ報道ディレクターなどをつとめる。一九九九年に東海村JCO臨界事故の取材をしたほか、二〇一一年の三月一一日以降は放射能汚染の問題に取り組み、「放射能防御プロジェクト」を立ち上げる。首都圏の土壌調査をおこない、放射能汚染の測定をおこなうなど、健康被害や汚染状況を取材調査している。

2　京都市伏見区向島にある市営住宅。戸数六〇〇〇のマンモス団地。

3　罹災証明書とは、地震や洪水などの自然災害によって家屋に被害を受けた人に対して市町村が発行する証明書。家屋の被害がない場合には、被災証明書が発行される。

が始まるっていうんで、他の人が殺到したら嫌だなって思って、仕事を遅番にしてもらって、京都に電話してって感じでしたね。で、「向島と洛西と、どちらがよろしいですか」って言われたので、「車をもっていけないので、交通の便がいいほうがいいです」って言って、向島にしました。

向島は結構、避難された方が多かったんじゃないですか

そうですね、個人情報だから本当に大変だったんですけど、私が知る限りでは二〇世帯は住まわれてたと思います。かなり広い団地だったので。当時、京都文教大学[4]の先生とか、民生委員さんとか地域の方たちが入ってくれていたので、そこに入り込みながら情報を。やっぱり行政は教えてくれないし、住宅供給公社には「街区には何人住んでいるのか」とか、そうやって何人かだけは教えてもらって皆さんと知り合っていきました。

文教大学ではどなたがかかわられて

杉本星子先生[5]と小林大祐先生[6]ですかね。あと、民生委員さんが高橋晴美会長さん。今はもうやめられましたけど。そこから私も会を、「笑顔つながろう会」って会を立ち上げたんで、すごい協力してくれましたね。だから、本当に地域の人たちにお世話になりました。あと、障がい者施設の愛隣館とか、なごみの大塚さんとか、京都府府民力推進課とか。

笑顔つながろう会をはじめられたのはいつですか

二〇一二年の七月に立ち上げました。

すごいですね。早いですね

そうですね。私も孤立孤独にさいなまれたんでね。私、インターネットもツイッター

4 京都文教大学は、京都府宇治市槇島町にある私立大学。向島のニュータウンに近いので、ここに多く住む中国残留日本人の支援や原発事故避難者の支援をおこなってきた。

5 杉本星子氏は京都文教大学総合社会学部教授。専門は文化人類学。

6 小林大祐氏は京都文教大学総合社会学部専任講師。専門は建築学。

もやっていなかったんで、やばいって思って。来てからしばらくして、「ああよかった、これでゆっくりして。水道も水も大丈夫、食べ物も大丈夫。洗濯物もいっぱいしてもいいし、子どもたちの安全も確保された」って思った時、赤十字から家電と冷蔵庫が届いた時に、はたと我に返って、「私すごいことしちゃった」って。自分では正気だったつもりだったんですけど、「私子ども連れて、こんな遠いところまで来ちゃった。どうしよう」って、すごい自分で。「ああ、これからお金どうしよう、仕事どうしよう」ってなって。友達もいないし誰も頼る人もいないし、「ああどうしよう、どうしよう」ってなって。そんなことになってしまって。

それは避難してからどれくらいしてですか

一週間、赤十字のものが来たのが二週間ぐらいだったと思うんですけど。

それまでは無我夢中ですよね

はい、そうでした。でも、そこではっと思って、それからこうベランダを見て、「こんな広いところに、どこに避難者がいるんだろう」って途方にくれました。ただ、住宅供給公社さんが気を使ってくれたと思うんですけど、お隣が浪江[7]の方だったんです。ああ、同郷でよかったって思って、ご挨拶に行って、「まあ、来たのね」っていう感じだったんですけど。ただ、その時にひどい温度差を感じました。私はやっとの思いで、一年間悩み、家のことも整え、旦那とも何回も話し合い喧嘩もし、本当にやっとの思いで来た。でも、浪江の方たちは避難指示の方たちですよね。だからその後の一年を知らないんです、福島の。たしかにね、家に帰れない、大変ってあっても、こんなに区域外避難の人が辛くて苦しい思いをして、もう大変な状態の中で来たっていうのがわかっていた

7　福島県双葉郡浪江町。原発事故のあと全町に避難指示が出され、全町民が避難した。二〇一七年三月に一部地域の避難指示が解除されたが、帰還者は今も全町民の一〇パーセントに満たないなど、国や福島県の進める帰還政策ははかばかしい成果を出していない。

だけない。家族みんな、兄弟みんな、そんな感じで来てるので、もう第三者を求めるってことがない。で、私としては本当に単独で、子どもたちとポコッて来た感じでしたからね。もしかしたら私みたいな人がいるかもしれないとか思って。で、棟長さんにお話しして、いろんな買い物の場所とか聞いたりして。

お隣の方は区域内避難の方で、温度差があって

はい、ありましたね。で、こんなことを言っては何ですけど、区域外避難の方のあいだでももちろん温度差はありました。あの時っていうのはめまぐるしく状態が変わるかたちだったので、夏ぐらいに避難した人と、三月に避難した私とではまったく考えが違うし。私は子どものため、子どもの命と健康っていうのが優先だったけれども、「もう、いつまでも避難者って言われたくない」って言う人もいればで、おなじ避難者でも気持ちは違うんだっていうことにまたガーンってきたりとか。

会は問題なく、うまく作れたんですか

笑顔つながろう会は七月に立ち上げたってなってますけど、その前に避難者の人たちを自治会の人が集めてくれて。「一緒にお茶会を開いてください」ってお願いしたんですよ、私。そこからみんなが、「ええっ、あなたおなじ幼稚園だったよね」とか、「どこから」とかって。その時に二〇人くらい集まったと思います、子どもも入れて。

それはいつ頃ですか。だいたいでいいんですけど

たぶん五月下旬か六月くらいかな。で、何か、被災者の何かがあったんで、祇園祭に行ったりとか、一緒に行こうって言ったりとかしましたけれども。

それはだいたい区域外の方だったんですか

笑顔つながろう会が毎月開いているお茶会

そうです、そうです、全員（うなづく）。で、みんな連れてる子が幼稚園レベルじゃないですか。大きい子でも小学校に入るか入らないかで。うちだけが上の子はもう中学一年だし、二番目は六年生って状態だったんで。おなじ子育てをするっていっても、私は通り過ぎた話ですし、ちっちゃい子をもつお母さんはお母さんたちで集まってたし、私とおなじくらいの人はいなくて寂しいなっていうのが。みんなを集めたけど、あれっていうのがちょっとありました。でも、ま、自分ができることって思って、笑顔つながろう会っていうのを立ち上げて。

何人くらい来てたんですか

当時は子どももちっちゃかったし、連れて来ていたから、二〇人くらいはいたと思います。

じゃあ、ご飯を持ち寄ったりした感じですか

民生委員さんが鍋を作ってくれたり、あとは芋煮会をしたり。まあ、当時は文教大学ともつながっていたので、「文教マイタウン向島[8]」っていうのがあって、そこが私たちの拠点として活動させてもらったりしたので、そこは台所もあるしね。私ひとりでは無理なんで、民生委員さんと私と、あと一緒に立ち上げようって言ってた女性の方とで。

会を立ち上げるのは大変ですよね。どこに誰がいるかもわからないわけだし

そうですよね。私五月の一五日から京都府の本庁の健康福祉部の医療企画課っていうところで仕事させてもらえることになって。その時に月一回のミーティングとか会議とかもあったんで入れてもらって。ボランティア団体のコーディネーターの方とかいらっしゃったんで、その方に会をどう立ち上げればよいかとか、どういう風に進めていけば

8　文教マイタウン向島は、文教大学が京都市住宅供給公社などとともに、向島ニュータウン内に設置したサテライト施設。地域のまちおこしのための活動拠点。

いいかっていうのを、よく相談とかしてました。

お仕事はどういう具合に見つけられたんですか

ハローワークに行ったんです、四月に。探したら震災対応の仕事があって。私はスーパーで働いていましたけど、スーパーは土日祝日盆正月に仕事があって、京都に来たら子どもたちにちゃんと対応したいと思ったので、「土日祝日盆正月が休みならば、何の仕事でも頑張るので紹介していただきたい」って言って。結果、事務系しかないなと思ってたんで、震災の関係で仕事がありますよって言われて、「じゃあ、そこに応募します」って感じでしたね。

それは震災支援の関係ですか

はい。で、「すぐ行きたい」って言ったんです。お金も欲しいし、有給休暇も前職のが一ケ月くらい残っていたんですけど、「いりません」って言ったら、「いえいえ、有給はちゃんと使ってきて下さい」って言われて。その時初めて「えっ、有給休暇使っていいの」ってびっくりしましたね。私十年いて、福島で有休使ったの七日しかなかったんで、イヤー都会だなって思って(笑い)。

お仕事はそれで勤められて。ずっと勤められたんですか

えーっと、一年半ぐらいしたら、「来年の雇用はありません」って言われたんですよ。「えっ、なんで」って言ったら、「福島県からもう補助金が出ないし、申し訳ないんですけど、来年の四月以降はありませんので、早く他に仕事を決めて下さい」って言われたのが一二月だったんですね。で、急いで探して。たまたま、また京都府の保健所のほうに空きがあったので、そこに生活困窮者自立支援事業の相談員として働かせていただいているんです。

その時からずっとそこで働いて

ずっとですね。だから京都府にはお世話になっているんですよね。

お子さんはこちらの学校にすぐ慣れたんですか。それとも何か問題が

もちろんありました。大変でした、かわいそうでした。

どちらが。お二人ともですか

そうですね、二人ともかわいそうでしたね。でも、「帰る」って絶対言いませんでした。避難する時、先輩ママさんや近所の人にも言われたけど、「女の子が、六年生で、中学生で行くなんて厳しいよ。みんながっちがっちで」。男の子と違ってみんな集団でしょ、女の子は。そこに知らない子が入ってくるっていうのはかなりきつかったですし、私も禿げました、心配で。でも、気をつけて話は聞くし、できるだけ学校に顔を出すようにしたり、先生と話をしたりってやってきました。でも、いわきでは起きないようなことがたくさん起きました。

たとえばどんなことですか

子どもはことばの壁を乗り越えても、仲良しだと思ってても、すっと離れられてひとりぼっちになったりとか、ありましたね。何でしょうね。仲良くてやさしくしてくれるけど、うわべだけ。ま、うわべだけでも気にかけてくれている人がいるからありがたいと思って。お姉ちゃんは近所の、おなじ団地の一級上の子が「一緒に行こう」って言ってくれて、中学校の一年半ぐらいはその子と一緒に行ってたり。でも、部活動ではいつも何となく疎外感、クラスでもなじめずに何となく疎外感。だから、親友って子ができなかったと思います。

でも、高校に入ってからはじけました。反抗期はもちろんありましたけど、中学校の時に仲良しで、「おなじ高校に進もう」って言ってくれた子がいたけど、それも結果うわべだけ。高校に入ってすぐにトラブルになって、私もその家に行って話をすると、うちが悪いのって思うようなことだったんですけど、一応「いろいろ申し訳ありませんでした」って謝ってきたけど、あの子は泣きながらね……。子どもを励ましましたね。励まして励まして。「絶対、まわりまわって神様が見てるから、きっといいことあるから」って言って。

上のお子さんは高校に行ってはじけて

そうですね、はじけたし、元気で。親友っていうか、今もつながって仲良しの友達ができたんで、ああ良かったなと思いました。ただ二番目が中学の時に体調を崩してしまって、二年間学校を遅れてしまった現状にはなりました。

学校に行けなかった感じですか

そうですね。小学校の時はちょっとお勉強ができる感じではあったんですけど、だんだん中学校のテスト勉強が頭に入らなくなって、「覚えられない、覚えられない」って言って。「そんなにあせって勉強するからでしょ」って言ってたんですけど、徐々に覚えられないことができてきたりとか。私も知らなかったんですけど、学校で音楽の先生が合唱会の練習をした時に、「花は咲く」を歌いましょうってことになったみたいで。その時に、「震災を経てな、大変だっただろうけど、みんなに一言いうことないか」って言ってくれたみたいで。そしたら次女が、何を話したかわかんないですけど、ぽろぽろぽろって泣いちゃったらしくて。その時から自分でガーって崩壊した感じ。まあ、ちょっと元気な女の子、鋼鉄の女みたいなのを学校で演じてたんじゃないかと思うんですね。みんな次女を見習えみたいな感じの、先生もクラスもそんな感じの。

頑張ってたんですね

そうだったんだと思います。それがクラスで泣いてしまって。学校の先生が後から話してくれたのでは、みんなの前で泣いて、恥ずかしくてそれ以来学校に行けなくなって。学校に行っても倒れてしまったり、いろいろあったんですけど。で、先生たちが病院に連れて行ったり。[9] 私もこれまずいなと思ってある人に相談したら、「病院に行ってみたほうがよくないか」って言われて、そこから今の病院に通院がつづいています。

そうしたら高校は行かなかったんですか

それが三年生の時だったので、普通の高校入試はもう無理だなと思って。まあ定時制高校だったら無理なく、四年かけて卒業できたらいいかなと思って、定時制高校を受験させて、そこに行かせたんですけど、そこも課題の多い子が多いんですよね。だから、一年間は療養しようってことでやめて。京都美山高校ってあるんですね、通信制というか、ウェブで授業をおこなう。で、何とかうまくいって、来年の春に卒業できることに。

離婚をされましたよね。それはいつですか

えっと、二〇一三年の八月ですね。

それは何か理由があったんですか。ご主人は「行かない」って言われたということですが

そうですね、事故当時からあまり危機感はなかったし、秋田に避難させる時もまった

9　彼女のカウンセリングを半年つづけているが、彼女自身の説明によると、東日本大震災の歌とされる「花は咲く」を聞いたり歌ったりすると、故郷を離れて避難したり、それが契機となって両親が離婚したことなど、つらい記憶が蘇って苦しくなる。ところが、音楽コンクールの課題曲になったことでくり返しこの歌を歌わされたために、それが重なるうちに嘔吐や失神をするようになったとのことである。私がカウンセリングを始めた時は、このシーンがフラッシュバックになってくり返し生じるなど、PTSDの症状が重篤であったが、現在ではおさまるまでに改善されている。しかし、彼女がこの六年あまり苦しみ続けたことを思うと、教員側の姿勢は配慮

く関与しなかったし、京都に私たち行くっていうときも大喧嘩して、「大丈夫だから」って言うし。あまり子煩悩でもなかったし、家庭的な夫ではなかったと思うんです。お金的にもね、母の年金、主人の仕事、私の仕事の三つで家をやりくりして、住宅ローンも払ってきたのが、母は秋田に避難して、夫はいわき、私はこっち。そういう経済的な面っていうのもそうですし、他の家族はお父さんが来てくれたりしていたのに、うちなんて本当に盆と正月に来るか来ないか。何だろう、私が大事に思っているものを思ってくれないとか、だんだんすれ違いが出てきて、自分ひとりでやる方がどれだけいいかなって思うようになってしまって。もちろん愛情がなかったわけではないんですけど、だんだん気持ち的に離れてきて。で、私が「離婚して」って言ってたんですね。一年は、「おいでよ、来てよ」って何度も何度も言ってたんですけど、何かある時から気持ちが冷めたっていうか。もう無理だなって。

それはお二人の関係ですね。お子さんはどうだったですか

離婚の話は、決めてから言ったと思います。その前は、「ママ、離婚するかも、もう無理かも」って。相談とかではなく。

お子さんの反応はどうだったですか

そうじゃないかなと思っていたと思います。避難する時の話し合いの時からもうごちゃごちゃしたし、来る来ないもあったし。だから私は、子どもを守るためと京都に居続けるためには、経済的なことも含めて色んなことをトータルすると離婚しかないかなって(うなづく)。私とおなじ気持ちになってくれなかったのは残念だったですね、うん。どうでしょう、間違ってたのかな。でも、いろいろ悩みましたよ、やっぱり。私が避

を欠いていたと言わざるを得ない。

難するって言わなかったらね、家族がバラバラになることがなかったし、子どもたちがこんな現状になることがなかったんじゃないかなとか、母も秋田に行ってよかったのかなとか。福島を離れたのは、今住んでる皆さんには申し訳ないけど、やっぱり健康を考えたら離れてよかったっていう選択は間違ってはいないと思うんですけど、家族みんなが離れたって選択は間違ってたかなってちょっと思います。各人それぞれが大変だったんだろうなって。夫は夫なりに大変だっただろうし、私は私なりに。だから、養育費ももらってないし。

そうですね。会うことはたまにありますよ。三年四年ぐらい会ってなかった時間がありましたが、だけど子どもにこれよくないなって思って。私と旦那が話していないことが子どもに影響あったらいけないなと思ったんで、福島に帰ったら会うようにしてるとか。二番目がこんな感じになってしまったんで、これはよくないなと思って旦那に、「私がこんなことをしてしまったから悪かったんだ、ごめんね」って電話したら、旦那が「避難したことは間違ってなかったから」って（うつむく）。そう言ってくれたのが何よりの救いだったんですけど。だけど、子どもたちの苦しみを考えると。

私はそこですね。自分は仕事でも人間関係でも、頑張ろう、うまくやろうって。だから、原発のことも、測定所のこと[10]も、うつくしま福島[11]も、保養の家も、もちろん笑顔つながろう会も。でも、もう無理、できないって。そんなにたくさんはできないんで、四つも五つも持ってたら二〇パーセントのことしかできないんで、みんな中途半端になって皆さんに逆に迷惑かけてしまうって思ったら、よくないなって思ったんで。

10　京都市民放射能測定所、二〇一二年五月開設。現在は京都市伏見区桃山羽柴長吉中町にある。食品や水などに含まれる放射線量を、市民の手で測定するための施設。

11　うつくしま☆ふくしまin京都。避難者と支援者のネットワーク。避難者の抱えるさまざまな問題の相談にのったり、原発賠償訴訟の支援をおこなっている。

ちょっと頑張りすぎかもしれないですね

本来ならね、娘がそういう状況になった時点で、自分も仕事を辞めるしかないかなとか、こういう活動とかもできなくなるなって思ったんですけど。でも、何だろ。みんなに迷惑かけちゃいけないっていうのが先だったんですよ。何でしょうね。責任感と、やっぱり支援の方たちがこんなに避難者のために頑張ってくれてるのに、頑張らなかったら申し訳ないっていうのがずーっとあったんです。ずーっと常に。だから測定所来て、終わってから次女のお見舞いに行ったりとか、仕事終わって毎日次女のところに通ったりとか、そんな感じの生活を毎日続けてきたんですけど、さすがにね。

今は次女も元気ですけど。最近ちょっと調子悪いんで、気をつけなきゃと思ってるんですけど。私結構タフだと思ってたんですけど、このコロナの影響で仕事仕事仕事に追い詰められた時に、ちょっとうつっぽくなりそうだなって。自分で自分がわかるので、わかるうちはまだ大丈夫だと思ってて。やばい、これだとうつになるのかなって。朝起きたときにしんどくなって気をつけなきゃって、ちょっと今は自分と自分の家族優先って。もちろん笑顔つながろう会は自分で立ち上げたし、そこでみんなとつながるのも大事なので、それは上手にやっていかなきゃと思ってるところですけど。

支援者のほうは大丈夫ですよ、気にしなくても

やっぱり共同代表には申し訳なく思ってます。だから、「心は離れてないの」って言って。避難者さんの中でも、みんなすっと姿を消していなくなるでしょ、連絡も途絶えて。私そういうの見てきているので。そしたら、逆に、こっち悪いこと言ったのかなとか悩むんですよ。先に立ってる人たちって、不安になるんです。だから、そういうことのな

いようにって、たまに連絡とかするようにしてますけど。今、みんなを和ますくらいしかできないかなって感じですけどね。自分自身も和みますからね、そうして。

下のお子さんは何をしたいって言ってるんですか

来年の春から美容関係の仕事に行こうと思ってて、そこに学校から推薦をいただいて合格して、もう手続きは終わって第一回のお金を払ったりしてるんですけど。あとは本人が四月から行けるかどうかなんです。私としては一番上のお姉ちゃんも京都文教大出て、幼稚園の先生で今働いているし、二番目も働いてもらおうかなって思ってたんですけど。去年ぐらいから無償化とか、給付金が出たりとか、お金のないおうちでも専門学校や大学も行きやすくなっているんで、次女にもチャンスを与えたいなって思って。もしダメだったら仕方ないにしても、資格を取って社会に出れたらいいかなって思って。で、二年間専門学校に行くことになったんですよ。ただ、今ちょっと体調悪いかなって。三・一一が近づくとちょっとまずくて、フラッシュバックがひどくて、音楽の時間のあの時がよみがえってくるんですよ。

子どもたちは自分の経験を話す機会がなかったと思うんですよね。私もそうですが、大人は自分のことを話す機会があったので、お話ししていると自分で何がしんどいのかがわかるんですよ。子どものことを話すのが自分で一番辛いんだなって、涙が出てくる。そういうことがわかるんですけど、子どもたちってね、そういう吐き出すところと、自分の気持ちを整理するところと、あと福島にいる友達とつながるすべがもうない。そこがいけないなって思うんですよ。

私は子どものことは大事にしてきたつもりだし、スキンシップもよくしてきたつもりだし。でもこんな状況にしてしまって、本当に悪いことしたなって。でも、自分のことを責めてはいけないなって。そうなると自分のことがしんどくなるから、それは気をつけようって。とにかく自分が倒れてしまったら元も子もないと思っているので、しっかりしなきゃって、ずっとしっかりしなきゃって思ってるんです。だから、いつの間にか強くなってるんでしょうね。かわいくない女だなって。

今後どうしたいっていうのがありますか

今後ですか。みんな自立してくれたらいいなと思ってるんですけど。自分のことだったら、将来何かお金を得られる仕事を。今、「来年契約ありません」って言われたら、どうするんだってなるので。私、就労支援の仕事もしてるんで、この年齢でどこかに雇ってもらおうと思っても難しい年齢だっていうのがわかっているんで。ずっと働いていたいので、子どもに頼らないで自分自身で立てられる人になりたいなって。で、今は転職に有利な資格を取りたいと思っています。子どもたちは、お姉ちゃんは先生の資格があるのでね、このまま仕事を辞めることなく収入を得ていって、「誰かいい人と出会って結婚しても、仕事は辞めるな」って言ってますけど。二番目はちゃんと働いて自立できたらいいですけど、ちょっと体調面に課題があるから、難しいかもしれないなって思ってます。「私のそばに居たい」って言ってますけど、本当だったら自立してほしい。「だけど、ママは近くにいるからね」って言ってます。「いつでも帰ってきていいんだよ」って。

2　井上美和子さん

井上美和子さんは一九六九年福島県浪江市生まれ。原発事故前は南相馬市で夫と娘二人で暮らし、ギターやウクレレの製造販売・修理をおこなうＴＩＧギターを営んでいた。事故直後に車で新潟市に出、そこから関西に避難。現在は京都府綾部市で家業に従事すると同時に、『ほんじもよぉ語り』の朗読公演をおこなっている。福島での生活や避難の苦しさについての演劇的な語りのうまさに定評がある。

「告白」

あの日。
自分の家がら慌てて脱出したんだげど。
あん時うちには実は、もう一人、家族が居だったの。
歳の割には元気で気位の高い一一歳の老犬で。名前は、
「ぺぺ」って言ったたった。

「なんらかの事象が起きた模様」つって、
騒然とした報道室がら流してる緊急ニュース見で、
悪い予感はしてだったけど、

それ以上の想像はでぎねがっただ、ほんとき。
「大丈夫だー、すーぐ帰って来っかんな」って、
ぺぺさ言い聞かせながら、水とごはん、
バケツさいっぺたっぷ、入っちぇくっちぇがら、
私らは家、出てきたんだげんちょも……。

置いて来っちまったぺぺのごど心配でハぁ。
置いて来た自分らに日に日に腹立ってくっぺしハぁ。
ニュース聞くたんび、いたたまれねぐなってったー。
あー。ひとまず安全などごにいる自分こど後ろめてぇ。

その避難先での苦悩が、私達の、危険省みねえ決断を、
急がせだ面もあっただ。まんた線量計も手に入んねぇのにな。

県内避難中の父さ子供ら二人の孫守り頼んで、
猪苗代の宿を夫と気ィ引き締めて出発した。
途中、避ける訳にいがねぇ、まんた全村避難発表前の、
飯舘村を貫く道を、マスクの中だけで収まるような、
浅ーい呼吸心がけで、通過。
決死の山越えで緊張したまんま南相馬の家さ着いた。

事故発生からほぼ一ヶ月が経ってだ。
車ぁ止まっと、いづもだらぺぺが小屋がら出て来んだに、
動きが無ぇ。
最悪の想定はして来た筈だっつうのに、
ザーッと血の気が引いてぐ。
「……まず、ぺぺのお墓建てねっかね」って
覚悟して言った、そん時！
ピョコッ！て動いた！あの顔だ！ぺぺだ！
「いぃぃ、生ぎでだあぁぁ」
外の線量高いべだの構ってるどごでねがった、
こん時、車がら飛び出してって、
もうハぁ、夫と泣いて喜んだ
……うん。喜んだんだよ。確かに、この瞬間は。

仕事道具も積み終わって、さで京都さ戻るっつぅ時。
当然、ぺぺのごど連れて帰るつもりの夫と、
激しく言い合いになった。

私「ぺぺはせでがんにぇ」

夫「はあ？　アホちゃうか、
んなもん今度こそ置いて行ける訳ないやろ」
私「ぺぺ、ずーっと外に居たんだど　放射能にまみっちぇんだ　車ん中さ充満すんだど
子供らの肺さセシウム入っちまーべ」
夫「そんなん、川で洗ったったらしまいやないか、何ゆーとんねや」
私「私だって、私だって出来るもんなら
してやんに決まってっぺ
んだげんと、それもなあ、できねーんだ
洗う水だっても汚染さっちんだど
川も　汚染さっちんだ　考えてみろ
余計、被曝すっかもわがんねんだ　ぺぺ
ほして、おめーも　子供ら抱ぐたがんな、うぢら
綺麗事通用しねだ今は　冷静になれ、バーガ」
こうして再び、ぺぺを置き去りにする決断を下したのは、
妻の私だ。抵抗を続けた夫は泣く泣く、私の酷い決断に従った。

帰り際、菓子パンだのなんだの、持ってってた食料全部与えて、

「ぺぺ、偉がったなー、よく生き延びででくっちゃなー」と声かげて、夫と目を合わせで車に走った。

乗り込んだらすぐエンジンかけで、夫が急発進した。

気付いたぺぺが飛び出して来て追いかけて来んのが見えだ。
「もっとスピード出せ　アクセルべた踏みしろ」
そんでもサイドミラーさ、
全力で走って追いかけて来るぺぺが映ってだがら、
「貴、急げ！もっと急げー」
早ぐぺぺを振り切らねーど、ぺぺが家さ戻れねぐなっから、
ぺぺが、家で死ねねぐなっちまーがら、本気で逃げた。
そして、ぺぺは見えねぐなった。
ハンドル握る夫はもぢろん泣いでだった。
……どのほど疲れっちぇ、引き返したべ、ぺぺ、一人じぇ。
何ほど悔しかったべな。
おめら、なんでまだ置い出ぐだ、このーて、
恨んだべな。

その日、酷さ極まりない決断をした私は、
徹底的に酷かった。
子供達の命を選び、ぺぺの命を選ばねがっただがら、私は
軽蔑にも、非難にも相当すっこどぐれえは自覚してるわい。
ほんじもよぉ。
いづまでーも涙止まんねくて、ぐすらぐすらしったのは

私の方だったんだー。

ほして、梅雨さ入っ頃だった。

東日本大震災で置き去りにさっちだ、保護犬照会サイトで、三重県に「蘭丸」ど名付けらっちゃ子さ夫の目が留まった。

「なあ、この蘭丸、ぺぺやと思うんやけど」

と少し嬉しそうな声で夫が見せだ小綺麗な犬は、キレイに散髪されてモデルみでに男前になってだげんと、ぺぺだった。ぺぺだと思い込みてがったのもあった。

おそらぐぺぺはあの後、ちゃーんと家さ戻って、次に私ら来っこど待つべど思っただだったがもわがんね。ところがほごさ来たのは私らでねぐ、決死の動物レスキューの人らだったんだべーど。

早速問い合わせだっけ、保護した住所と特徴がら、ほぼぺぺだど判明したんだ。

夫のごど見だら、まんた顔、曇ってる。

「何したの？ぺぺ見つかって嬉しぐねの？」

て聞いだらば。先週、蘭丸さ里親希望が上がったどごで、もし井上さんが引き取れない事情があったとしても、

とてもいい里親さんですから安心して預けっことも
できます、だけど、どうすっかはまずは
元の飼主さんの井上さんの判断を優先するんです、
て、言わっちゃーど。
ぺぺの元々の飼い主は夫だ。
んだげんと、二度もぺぺのごど置き去りにしちまった過去が、
夫がら飼い主の自信と自覚を失わせでだ。
んだ、私のせいだ。
んだげどそれはそれ、これはこれだ。
「おーめ、なぁにカス語ってんだ？
せっかく見つかっただもん、奇跡だべ
うぢらは、ぺぺの余生をな、ぺぺの最期を、
見届げる責任があんだど
迎えさ行がねぇなんてあっか
貴、自信持って引き取ればいいんだ」
……て、どの口が言ってんだべ私、
と思いながら、夫の躊躇を、一蹴した。
かくしてぺぺは、最初の置き去りから四ヶ月後、
また私達の家族に戻って来てくっちゃだ。

ほして、震災から五年を見届けたみでに、
二〇一六年三月一四日。家族全員が見守る中、
ぺぺは、旅立っていぎました。

ほんじもよぉ。
私の汚点は残さっちゃ。
こんな非情な私を、私は、この先も、一生抱えでいぐんだべ。

私の生き恥。
命の選別しちまった、あん時の、告白だー。

3　H・Yさん

H・Yさんは一九六七年、東京生まれ。結婚後に郡山市に住むようになり、夫と娘二人の家族四人で暮らしていた。震災前は原発や放射能に関心がなかったが、福島原発が爆発するかもしれないという恐怖に駆られて関西に避難。夫が避難先に合流するまでの二年間、母子避難を続ける。避難先ではお話し会や役所との交渉に積極的に参加し、原発賠償京都訴訟団の共同代表のひとりである。

避難前はどこにお住まいでしたか

福島県郡山市です。自主避難ですね。

お生まれも郡山ですか

生まれは東京です。一〇歳ぐらいで福島県に行きました。

福島県に行かれたのはいつ頃ですか

原発の事故の前に一一年ぐらい福島に住んでましたね。結婚してから。

震災前はHさんもお仕事をされていたんですか

そうですね。でも、まあアルバイト程度でした。

陳述書にはおうちのことが書かれていますが、いつ建てられたんですか

震災の八年ぐらい前でしたね。私の親と夫の親が一緒に住めるように、大きな家だったんですよ。私の家族はアレルギー体質なので、床とかドアは天然木を使っていたので、とても気持ちの良い家だったんです。家族中みんな、「我が家が一番だね」って言ってました。

原発事故の時は、お嬢さんは小学校の

上が小学校三年生で、下が幼稚園ですね。すぐに四年生と一年生になったんですね。

震災の時はどう思われました

いや、娘が幼稚園から帰ってきたばっかりで。ガタガタガタって揺れ始めて、いつもの揺れより長かったんですけど、娘が低いテーブルの下にさっと入ったんですよ。「まあすごい。幼稚園の避難訓練は素晴らしいわ」と思って、私はお付き合い程度に入ったんですよ。でも、もうこの世は終わりかもって思うぐらいすごい揺れで、食器棚からはいろんなものが落ちるし、湯沸かしポットが落っこっちゃうし、食器棚はばったんばったんだし。それで近くにテレビ台があって、だんだんだんだんテレビが前に出てくるんですよ。本当にもう死ぬかと思うくらい恐ろしかったんですけど、そのテレビが落ちたら買い直すのが大変と思って、一瞬パッて奥に押して、テレビは大丈夫だったんです(笑い)。あと、箪笥が倒れたぐらいで。

そのあと、ご主人が仕事から戻ってこられて

そうですね、夜中の一〇時過ぎか一一時頃に帰ってきて。その時は本当に、どうなったんだろうって祈るような気持ちで待ってました。電話も通じなかったですし。そのあいだずっと余震が続いていて、もう怖くて怖くて。ローソクだけつけて、余震があるたびに二階に上がったりしてましたね。

原発事故を知ったのはいつ頃ですか

知ったのは、二日目ぐらいに大阪の妹が、「原発が危ないから避難した方がいいよ」って電話をくれたんですね。その時テレビとか全然なかったので、わかんなかったんです。それまで原発が危ないとか放射能とか、そういう知識が全然なかったので、うーんって感じで。それで夫に言ったら、「大げさなんじゃない」って感じだったんですね。で、三日目に近くのスーパーに行って、お買い物に並んでたんですよ。夫はこっちのほうのドラッグストアに食料を取りに行ってたんですね。で、私は子供を連れてこっちのスーパーに並んでたんですよ。

そしたら、並んでいる時に前後の人と喋るじゃないですか。ひとりの方が、「あと一週間以内に、本震と同程度の地震がかなりの確率で来る」っておっしゃってたんですね、「そういう情報がある」って。「えっ、そうなの。あんな恐ろしい思いはしたくない」って思ったんですね。それで聞いたら、「原発が本当に危なくなるかもしれない」って。その時は食べ物も飲み物も節約すれば一週間程度はありましたけど、そうしたら食べ物も飲み物も困るかもしれないと思って。本震が来るかもしれない、原発が危ないかもしれない、食料や水もなくなるかもしれないって夫に話したら、そのとき初めて、「じゃ、避難する？」って言ってくれたんですね。それですぐ走って走って家に帰って。

その時はスーパーなんかは品物はあったんですか

いえいえ、三時間並んでも買えなかったんですよ。夫が行ったスーパーではちょっと買えたんですけど。一日前に行ったときは水とかあったんですけど。で、食べ物は甘いお菓子しかなかったんですよ。その時に私はとにかく食べ物を買わなくちゃと思ってかごに入れたんだけど、日ごろから甘いものは食べちゃいけないっていうのが頭にインプットされてるから、あんまり入れれなくて。

それで三日目になるともう品物がなくなって

お店は開きもしなかったですね。二日目からもうほとんどなかったですから。

それで、どうされたんですか

で、家に走って帰って、子どものものは子どもに任せました。六歳になったばかりの子と、九歳になったばかりの子に任せて、自分のものと避難するのに最低限必要なものだけをもって、洋服類はすべて子どもに任せて避難したんですよ。

そうですか、三日目にもう避難したんですか

ええ、そうなんです。空港に夫が送ってってくれたんですが、大阪行きに乗ろうと思って。それが昼頃だったんですね、ずっと並んでいて、三時か四時くらいまで並んでたんですけど、「もう大阪行きはないです」って言われたんですね。で、結局その時は一晩、福島空港に泊まることになったんですね。

それじゃ三人で、お子さんふたりと

私はもうそのままね、明日のキャンセル待ちのためにそこに並ぼうと思ったんですね。でも、夫は「食事に行こう」っていうんですよ。で、はやる気持ちを抑えて空港内のレストランでご飯を食べたんですよ。それまで私は節約して節約して食べてたんです。水も節約して、牛乳とかみそ汁とかも一日にコップ一杯くらいしか飲んでなくて。でもその時、「元気な夫に会えるのもこれが最後かもしれない」って思ったら、食事ものどを通らなくて。

三日目は空港に泊まって、で、四日目に

四日目は一一時発の名古屋行きと、一二時発の大阪行きがあるって言われて、私は早く飛びたかったから名古屋行にしたんですよ。昼頃が放射能が一番ひどかったっていうから、私はいい時に飛べたからよかったんですけど。名古屋まで行って、あとはなんとか行きました。

最初から大阪に行くつもりだったんですか

そうですね、高槻の妹夫婦のところに行くことにしてましたから。

大阪にはどれだけおられたんですか

大阪には一年以上いましたね、妹のところに。で、もともとは上の子の学校のこととかあるから、一年で避難生活をやめて福島に帰ろうと思ってたんですね。勉強会とかで、保養キャンプとかして一ケ月空気のきれいなところできれいな食べ物を食べると、身体の中の放射能が二分の一から三分の一になるとかいう話を聞いて。じゃ、保養をすればいいんだって思って、帰ろうかなとか。あと、ある先生にお会いして「帰ってもいいですか」って聞いたら、「それはですね、除染をしてですね」って教えて下さったので、「あっ、除染をすればいいのか、じゃ帰ろう」って思ったんですね。でも、一年ぐらいたった頃に、避難ママのおしゃべり会のメーリングリストで、原発が傾いているよとか、煙が出ているよとか、そういう話が載ってきたから、「えっ、そういう状況で帰っていいのかな」って気持ちになって。

その時はずっと妹さんのところに

そうですね。一年以上いましたね。つぎの年のゴールデンウィークまでですから。

じゃ、お子さんは大阪で小学校に行ってたんですね

そうですね。それも私としては、避難生活が一週間になるか、二週間になるのかわからないみたいな感じで。でも、四月になっちゃうし、下の子も一年生だし、行かないわけにはいかないし、どうしようどうしようっていう時に、一週間でも二週間でも小学校は受け入れてくれるよって聞いたから、とりあえず行かせようって思って。テレビでは危険とも言わないし、帰ってもいいとも言わないし、うーんどうしようって感じで時間が過ぎていて。その時は毎日毎日、テレビを見ても、花を見ても歌を聞いても、涙涙の毎日でしたね。

その涙はどういう思いだったんですか

帰れない、帰れないんじゃないかっていう思いでしたね。何も考えられない感じでした。

帰りたいけど、帰れないって感じですか

そうですね。もしかしたら、もう帰れないのかなみたいな。そこまではっきり思ってはいなかったけど、心の奥底ではそう思ってたんじゃないですかね。経済的に苦しいっていうのもあったんですけど、何ていうか、先が見えない不安、自分たちの身体がこんなにボロボロで、この先どうなるのかわからない。あと、その時は夫も一緒に住んでなかったし、家族がどうなるのかっていうのもわからなかったし。経済的な不安っていうのもあったけれど、それ以上に先が見えないし、どこが居場所なのかわからないって感じでしたね。

その時は、お子さん二人とも元気だったんですか

はい、元気でした。でも、冬になって寒くなったらしもやけになったんですね。福島にいる時はしもやけになったことがなかったんですよ。異常だったんです、手が本当に真っ黒になったんですよ、ふたりとも。今思うと、手が真っ黒になったんだから、足も真っ黒になってたんだと思いますけど、そんな見てる余裕もなく。その時は妹の家に七、八人で生活してたんですよ。私は朝から晩まで洗濯したりご飯作ったり、それで精一杯だったんですよ。内部被ばくしてたから、すごく疲れやすくって、風邪も一年ぐらい引きっぱなし。とにかく被ばく症状が数えきれないぐらい出てたんですね。

それで、翌年の五月のゴールデンウィークに

そうですね。四月いっぱい妹のところにいて、五月から。どこに避難するかを調べたら、京都が三年間で一番長かったから京都にしたんですね、三年間無料で入れるって話でしたから。でも、そこで暮らそうとかっていう話ではなかったんですよ。どうしてかっていうと、大阪の妹のところに不登校の子がいて、妹も調子が悪かったから、妹のところで暮らそうって思ってたんですね。でも、避難先の京都の家に来たらなんて気楽なんだろうって思ったんですね。大阪に姉がいて、本当に至れり尽くせりでしたけど、所詮は根無し草で、心が休まる時が一時もなかったなって。京都に来たらなんて気楽だろうって、本当に初めて安らいだ気がしましたね。

京都に来られたのは五月からですか

はい、五月からですね。洛西の市営住宅[1]に。

前に、避難してすぐお話し会とかされてたってお聞きしましたが、どういうきっかけで

最初はね、いろんなチラシとか来るじゃないですか。そこに放射能と安全な暮らしっていうチラシが生協から入ってたんですよ。講演会みたいな。で、それに行ったときに、

1　京都市西京区にある洛西ニュータウン。

元原発労働者の方がいらしてて、私が「福島に帰ってもいいですか」って聞いたら、「帰っちゃダメだよ」みたいなことを言われたんですよ。その日、福島に帰る希望を見出そうと思って来たのに、そういうふうに言われて、もう本当にどうとらえていいかわかんなくて帰ったんですよね。辛いなんてことばでは言い表せない、もう永遠の闇に包まれた気持ちでしたね。

そこで「放射能から市民を守る高槻の会」に出会って、いろんな情報をもらうようになって。で、「放射能を含むがれきの焼却に反対するから来て下さい」[2]とか言われたんですよ。その時私、がれきのこととか知らなかったし、今は日本人が一体となって復興していかなくちゃならない時なのに、それはどうなのかなと思って、この会ともこれまでかなと思いながら素直な気持ちで書いたら、その代表の方が優しく書いてきて下さって、「Hさんが参加したいと思う活動に参加してくれたらいいです」って。その時私は、「えっ、活動、何それ」みたいに思ったんですけど。まあ、給食問題だけ行こうかなって思っているうちに、みんなの話を聞いていると、がれきって良くないのかなって思って役所とかに行くようになって。最初はとにかく人数がいたほうがいいとか思って、頭数のひとつで行ってただけなんですよ。でも、そのうちに、役所も関西電力もあまりに他人事のような態度で、なんか黙っていられなくなって喋るようになって。そしたら、いろんな人が誘って下さるようになって、お話し会をして下さるようになったんです。

じゃ、高槻にいるときからお話し会とか、役所に訴えに行ったり

そうですね。「話を聞いてもらうだけじゃなくて、行動を提起することが大事なんだ」って教えてもらったんですよ、昔から市民運動をされている方に。その時に、「署

2 東日本大震災で生じた東北地方のがれきの焼却処理を、大阪市の橋下市長が受け入れ表明したことに対し、放射能汚染を恐れる市民の反対運動が生じたこと。

名をお願いしたりとか、避難者の手記を皆さん読んで下さいとか、そういうことが未来を変えていくんです」みたいなことを喋ったんですよ。そうしたら、たくさんの人が署名をして下さったり、本を買い求めて下さったりして、だんだん元気をもらうようになって。何年間かは一生懸命署名をもらったり、お話をしてたんですけど。でも、何かむなしくってね。たとえばお母さんの会とか美容師さんの会とかに行くと、「何にもできないけど、頑張ってね」とか言われると、魂をとられたようになってすごく苦しくなって、どん底に落ちるんですよ。

それはどういうことですか

「何にもできないけど、頑張ってね」とか言われると、「それは私の問題ではなくて、あなたにも降りかかっている問題じゃないですか」って。放射能が今にも海に流されて、がれきも焼却されて、日本どころか世界中が汚染されてる。そういう状況なんだから、まさしく世界中に影響があるわけだし、日本に住んでるあなたも当事者なのに、「何もできないけど頑張ってね」とか言われるのって悲しいじゃないですか、他人事っていうか。私、ずっと「ありがとうございます」って言い続けていたんですね。神戸で被災された方が何かのイベントに誘って下さって、その時にお話しして下さったんですけど、「あの時は、私たちは一生分のありがとうを言った」って。それを聞いた時に、わーって涙が出たんですね。私は一生分どころか、何生分もありがとうって言ってきたって思って。それだけ苦しかったんでしょうね。

そういう苦しい時は、どうされてたんですか

その時は私も体調が悪くて悪くて、すぐ疲れるんですね。ご飯をちゃんと作ってあげ

られなくて子どもに申し訳ないって思ってたんですが、それこそご飯を作る元気もないわけですよ。行政交渉とかも行ってるけれども、もう家の中では横になっていないといられなかったり、本当にひどい時はご飯を寝ながら食べたりとか。もう動けないんですよ、辛くて辛くて。「でも、ご飯を食べさせなくっちゃ」って思って、九時になってようやくご飯を作って、一〇時くらいに食べさせるみたいな、そんな感じだったんですよ。それは悪かったなってあとから思いましたけど、その時はやっぱりこう使命感が強かったから、世界のためだし、子どもたちの将来のためだからって思ってましたね。

それはいつ頃の話ですか。つらくてご飯も作れなかったっていうのは

一年目、とくに二年目ですね。一年目は妹の家族と一緒に暮らしてたから、どんなに体調が悪くても横になったりとかできなかったし。でも、二年目からは子どもたちと三人で市営住宅で住んでたから、自分ができる範囲で家の中のことはやってたって感じですね。身体はもうふらふらだったんですが、お話しをさせていただいて元気をいただいたりとかはしてたんですけど、ときおり何もかも嫌だって思う時があって。その晩、一二月三一日もそう思ってて。そう思った瞬間なぜか、「これからはできるだけ笑っていこう」って決めたんですね。そうして私が笑うようになったら子どもたちが変わってきたんですよ、家の雰囲気が変わってきて。決めることって本当に大事だなって思いましたね。で、三年目に入ってから、夫が三月になってからね、「仕事を探しに行く」って言ってくれたんですよ。

二〇一三年の三月ですね

丸二年は母子避難だったから、そうですね、二〇一三年の三月ですね。夫は看護師だったんで仕事はすぐに見つかったんですよ。何ケ所か探して、条件の合うところがすぐに見つかったんですね。でも、それまではすごい悲惨でしたね。

ご主人に、一緒に避難してほしいとかは言わなかったんですか

一回も私は夫に「避難してきて欲しい」っては、言ったことがないんですよ。

それは言えなかった

言えなかった。どうしてかっていうと、私は福島に帰りたかったから。すごく家を愛してたし、その家を手放すってことも考えられなかったし、福島を愛してたから。「こっちに避難して来てほしい」って一切言わなかったんです。離れて暮らしてるっていう辛さはすごいありましたけど。夫は、私がメールしたりとか、電話したりとかするじゃないですか。で、関西で聞いたお話とか、メーリングリストで回ってきたのとか、送ったりするじゃないですか。すると「送ってこないで」って言い出したし。そのうち、「ああ、迷惑なのかな」って思ってメールもしなくなって、月に一回ぐらいしか連絡とらなくなって。で、「戻ってこないなら離婚だ」って言われたんですよ。

で、一年以上たってから、夏休みに福島に帰ったんですよ。その時に市民放射能測定所[3]にお邪魔したんですよ。で、夫に「今の現状を知りたいから、一緒に行ってちょうだい」って言って一緒に行って。それから夫が帰り際にね、「あまりにひどいから、福島県民には知らせない方がいいよ」って言ったんですね。で、それから半年ぐらいたってお正月に郡山の市議会議員さんの所に四人で行って、お話をうかがったんですね。私はもうさめざめと泣くしかなかったんですけど、その議員さんが一生懸命話して下さって、ずっと夫は聞いてて。で、その三月に夫が「仕事を探しに行くよ」って言ってくれ

3　第一章1の鈴木絹江さんが運営していたたむら市民放射能測定所。

るまで、私は「一緒に避難して」って言えなかったんですよ。夫が避難するって言ってくれたときに、「じゃあ、福島の家はどうする」って聞いたら、「とりあえず不動産屋に相談してみよう」って。貸すか売るかって話になった時に、売った方がいいでしょうってことで、買ってくれる人を探して下さって。で、安かったんですけど、まあ借金が残らないぐらいになったんですね。

それで二年たった三月か四月にご主人がこちらに来られたんですね

そうですね、四月の一日から。その時は、「あっ、これからはひとりで頑張らなくてもいいんだ」って、本当にこう安堵しましたよね。

仕事もすぐに見つかって

はい。でも、年収的には福島にいた時とそんなに変わらないぐらいですけど、もともと京都に住んでた方でおなじくらいの年齢の人に比べたら、私たちは立ち位置が違いますよね。家も捨てて、財産も捨てて、人脈も捨てて、すべて人間関係も捨ててきたわけだから、ゼロからのスタートなんですよ。本当に避難してこなければ、子どもの進学先とかにこんなに悩むこともなかったし。それこそ収入の下がった人はもっと大変だと思いますけど、収入が下がってなくても大変なのは変わりないですね。

こっちに来られてどういう変化がありましたか

私は体調が悪かったですし、家族全員肩こりとか全身が凝るとか。原発事故前はそんなことはなかったんですけど。チェルノブイリでもリンパの滞りとかあったので、まさしくそれなんですけど。夫は年々年々弱っていくのが感じられて、すごく心配だったんです。でも、私の整体を受けてくれたら年々弱っていくっていう感じではなくなったので、良かったなって思ってます。

昔から整体はやられてたんですか

いや、こっちに来てからリンパの滞りがひどくなって、ボランティアで受けた時にすごく気持ちが良かったので、自分でもできるかなと思って学校に通ったんですよ。こっちに来てから二年目かな。東電からもらったお金、私は八万円いただいたんですけど、とても割に合わないお金でしたけど。でも多少は役に立って、それで行きましたね。

整体は教えておられるんですか

いや、最初はエッセンシャルオイルを使ったマッサージを習ってたんですが、滞りがひどい方はそれだけだとあれだなと思って、整体も習うようになって。それからアロマテラピーも取り入れるようになりました。

それをやりだしたのが、こちらに来られて二年目ってことですね

そうですね、二年目だと思いますね。で、仕事としてやりだしたのが三年目ですかね。

裁判はご自身でやりたいと思ったんですか、それとも誘われてって感じですか

うーん、まあ誘われてですね。ＡＤＲとかも言われてましたけど、あまりに体調が悪いから、レシートを計算してとか書類を整えてとか、そんなことは絶対にできないって思ったから、やらなかったんですね。でも、そういうのはやらなくても大丈夫ってことだったから、裁判の場合ね、それだったらできるかなと思って。で、それまで一生懸命支援して下さった方々が、「一緒に裁判やろう」って言って下さったんで、それだったらやろうって。

それはどなたとか

最初は私大阪にいたので、関西訴訟に入ろうと思ってたんですね。でも、京都に来たから、京都の人たちとまた新たな人脈を作ってやっていこうって気になったから、京都のほうに。

京都でお住まいになられていたのは桃山ですか

いえ、洛西です、西京区の普通の市営団地。その中の何部屋かに避難者がいて、私が知ってるかぎりでは三家族いましたね。私が避難してくる前に、そのおなじ部屋に避難者がいたっていう話も聞きました。

そこで裁判をやられた方はほかにいましたか

いや、いない。ひとりは関東の方で、もうひとりはたぶん区域内の人だったんですよ。

すると、裁判をやろうって思われたきっかけは何だったんですか

お話し会とか開いて支援して下さってた方々が、「一緒に裁判やろう」って声をかけて下さったんで、それだったらやりますって感じでしたね。

洛西にお住まいだったのに、桃山の方たちとどうつながっていったのかわからないんですが

それは多分裁判が始まって、奥森[4]さんとか上野[5]さんとかが桃山の団地で、桜祭りとか忘年会とか、お正月は餅つきとか。あとは、裁判が始まって知り合ったって感じですね。お祭りとかは興味はあるんだけど、体力的にはお祭りやるような気分ではないわけね。観光名所もほとんど行ったことないんですよ。精神的にも落ち込んでるし、体力もなかったから、全然行く気持ちにもなれなかったんですね。でも、料理を作る元気が

4 第三章1の注5参照(一四七ページ)。

5 上野益徳氏。奥森さんと一緒に原発賠償京都訴訟原告団を支援する会の立ち上げにかかわり、以後事務局次長をつとめている。

なかったから、ごちそうになりに行くっていうのもあったし、あと、裁判が始まってから、会ったことのない原告さんとお会いするために行くっていう感じでしたね。みんなとつながらなくちゃっていう使命感で行ったたって感じですね。

福島におられた時は原発とか放射能とか関心がなかったわけでしょう。それが今は熱心に活動されている。そこのところはどうつながっているんですか

たしかに関心はなかったですね。でも、もともと正義感あふれるほうだったから。小さいころは警察官になりたいとか思ってたし、正義感はあったたし、人に尽くすっていう気持ちは強かったですね。自分の人間性としては、人に尽くすってことはやっぱりあったんでしょうね、もともと。そしたら、尽くされたらやっぱり私も応えていかなきゃって、義理人情に篤いところがあったんじゃないですか。あと、間違ったことは許せないっていうのもあったし。

東電とか国に対する怒りというより、支えてくれた方に応えたいっていう

今はそんな感じだけど、最初お話し会をやってたのは、怒りでしたね。怒りと辛さと悲しさと。最初はそれだけが原動力でしたね。でも、裁判始まった今は、心を尽くしてきてくれた皆様に応えていきたいっていう気持ちですよね。今は東電とか国とかも、敵ではあるけど、すべての人が敵ではないし、被害者でもあるしって思うと。やっぱりみんなある程度被ばくしているじゃないですか、関東の人もみんなが。そう思うと、責められないっていうか。

共同代表になられたのはどういうきっかけですか

それは、「誰もやる人がいなかったらやります」って言ったんです。田辺先生[6]から

6　田辺保雄弁護士。原発賠償京都訴訟弁護団事務局長。

お話があって。その時は使命感に燃えてたし、人とかかわっていきたいって思ったんですね、原告さんたちと。でも、家庭事情が変わったりして、二年前ぐらいに「共同代表をつづけるのはつらいです」みたいなお願いはしたんですね。でも、まあそれは続けて下さいってことで。下の子のこととかいろいろ事情があって、いろんな意味で私の中では一杯一杯だったし。それもあって、共同代表っていっても、堀江[7]さんとか福島さんとかみたいには動いていられないんですよ。

お子さんは問題なかったんですか

子どもたちは、一年目は全然大丈夫だったですし、二年目も大丈夫で心配なかったんですけど、成績が芳しくなくて変だなと思ってました。でも、まあ、この子たちはやろうと思ってやればできるだろうって信じてたんですね。でも成績は良くならなくて。

それは多分、その時から精神的に不安定だったんでしょうね

うーん。多分三年目の時だと思うけど、夜中に下の子が寝てるときに悲鳴を上げているのかわからないですけど、うなされることがあって、変だなと思ったんですね。それまでは私に怒られたことがない生活だったのに、怒られることがあってなのか、わかんないんですけど。

やっぱり下のお子さんはちょっと不安定だったんでしょうね

私が思ってた以上に不安定だったんだろうと思いますね。

下のお子さんはしばらく不登校になったってことですが、いつ頃からですか

家庭内で問題があったりして、時々休みがちになって。[8]ある時、「病院に行こう」って言って診断してもらったら、それを免罪符のように休んで朝昼が逆転して、余計に調

7 堀江みゆきさん。原発賠償京都訴訟原告団共同代表のひとり。

8 学校で体操服を忘れてきた同級生に、「私のを貸してあげようか」と聞いたところ「これ、うつらん」と言われたのがショックで学校を休みがちになったのであった。

子が悪くなったんですね。だから、その病院に行ったのも今思うとよかったのか悪かったのか。子育て何とかっていうところへ行って、「そういうときは温かく見守りましょう」って言われたら休ませたでしょうし、どうしたらよかったんでしょうね。今思うとよくわからないんですけど。

女の子の中学生は難しい時期だから、一番悩む時ですよね

うちの子もスマホを止めて、朝晩普通に生活すれば、生活リズムも整うと思うんですけどね。本人もそう言ってるんですよ。でも、なかなか止められない。で、前はアイパッドっていう大きいやつで、人格が変わったみたいに怖いぐらいやってたんですよ。だから、一回上野さんに預かってもらって。で、狂ったように怒ってたんですけど。でも、あとで上の子に、「アイパッドがなくて良かった」って言ってたんですって。

自分が関心を持っていることに対するエネルギーはすごいんですよ。自分の病気についても一生懸命調べたりとか、ストレッチしたりとか、いろいろやってはいるんですけど。すごいエネルギーなんですけど、勉強にはそこまでのエネルギーはいかない。「自分は勉強はできないんだ」って言うけど、興味のある分野について追及して調べたりとかは、すっごいエネルギーなんです。そういうエネルギーは別なところで、この子が輝けるところで使ってほしいと思うんですけど、どうやってそれを見つけてあげたらいいんでしょうかね。

第五章　原発事故がもたらした精神的苦痛はいかに大きいか

原発事故を逃れて京都やその近郊に避難した人びとの中には、未成年だった人もいれば八〇歳を超える人もいる。ひとりで逃げてきた単身者もいれば、夫を残しての母子避難もあるし、家族全体での避難を選択したケースもある。避難の形態はさまざまであっても、彼らはいずれも自分と子どもたちの生命を守るために放射能汚染の少ない関西まで避難してきたのだった。これまで見てきた避難と避難生活についての彼らのことばは、語りの率直さと語られる経験や出来事の痛ましさと生々しさで私たちの胸を打つものがある。しかし、それはあくまで彼らの主観にそった語りであり、彼らの心にある過去の経験の再現である。彼らが経験した苦痛と困難がどれほど大きなものであり、それを乗り越えるために支払った労苦がいかに重いものであったかを、客観的な仕方で示すことはできないのだろうか。それらの苦痛や困難を引き起こした根本原因は何であり、それらをもたらした要因は何であるかを、特定することは不可能なのだろうか。

そうしたことを考えるきっかけになったのは、阪神淡路大震災や新潟中越地震などののちに、被災者の精神的ストレスの大きさを測定するためになされたアンケート調査である。これは、「心的外傷後ストレス障害（ＰＴＳＤ）」をスクリーニングする手法として国際的に認知されている「改訂出来事インパクト尺度（ＩＥＳ-Ｒ）」を組みこんだ質問票であり、それに当事者が答えることで精神的苦痛の大きさを客観的に示すことが可能になるとされている。この尺度は二二の質問項目からなっており、各項目に対し「全くなし」（0点）から「非常に」該当する（4点）までの五段階で答えてもらい、その点数を総計することで、総計二五点以上の場合にＰＴＳＤのリスクがあると判断されるのである。

このＩＥＳ-Ｒ尺度を組み込んだアンケートは、一九九五年の阪神淡路大震災や二〇〇四年の新潟県中越地震のあとで実施されたほか、東日本大震災のあとには早稲田大学の辻内琢也を中心とするグループが実施してきた。前者については、阪神淡路大震災の三年八か月後に、自宅崩壊などの過酷な震災体験を有した被災者八六名を対象とした調査で、ＩＥＳ-Ｒの平均点数二三・五、二五点以上の「ハイリスク者」の割合三九・五パーセントという結果が得られている（加藤・岩井二〇〇〇）。新潟県中越地震の三か月後および一三か月後に実施された調査では、仮設住宅に暮らす被災者のうち、二五点以上のハイリスク者の割合はそれぞれ二一・〇パーセント、二〇・八パーセントである（直井二〇〇九）。いずれの調査でも対象者の二〇-三〇パーセントにＰＴＳＤリスクがあることが確認されており、被災者が高い割合でリスクにさらされていることが確証されている。これらの数字は直ちにＰＴＳＤの発症の割合を示すものではないとはいえ[1]、日本人の平均的なＰＴＳＤ有病率が〇・七～一・三パーセントであることと比較するなら[2]、深刻な経験をもつ震災被災者のもとでのＰＴＳＤリスクの高さが証明されたのである。

一方、辻内らのグループの調査は、東日本大震災後に福島県の避難指示区域から関東地方に避難した被災者を対象としたものであり、震災翌年の二〇一二年三月の時点で、二五点以上のハイリスク者の割合六七・三パーセント、平均点数三六・三一というきわめて高い数値を示している（辻内二〇一六、二四七）。この調査は、毎年アンケートを実施することで避難者の精神状態の経年的変化を跡づけていること、ＩＥＳ-Ｒに加え、避難者の社会的・経済的・心理的状態を知るための質問項目を用意することでＰＴＳＤリスクを引き起こした要因を特定可能であることなどの点できわめて重要なものである（辻内二〇一四、二〇一六、辻内・増田編二〇一九）。この研究があったからこそ、私たちも京都

1　実際にＰＴＳＤであると確定するには、医師および臨床心理士による長時間の診断が必要である。

2　飛鳥井望「心的外傷後ストレス障害―トラウマ体験に苦しむストレス症候群」www.amel-di.com/medical/download/ handbook, p.2.

訴訟原告のあいだでの精神的苦痛の大きさとそれをもたらした要因を特定すべく、アンケートの実施を決めたのだった。一方、この質問票は調査項目が煩瑣なために被質問者の負担が大きく、回答率が低いという課題がある[3]。そこで私たちは彼らのアンケートを参考にしながら、質問項目を適宜修正してアンケート票を作成し、それを担当の弁護士を通じて各原告世帯に送付・回収してもらい、結果を集計・分析することにした[4]。

アンケートの実施は二〇一九年九‐一〇月であり、・七一名の京都訴訟原告全員にアンケート票を送付して一五八(うち成人九六、東日本大震災当時一八歳以下の未成年者六二)の回答を得た。回収率は九二・四パーセントである。この数字はアンケート調査としては例外的な高さであり、とりわけＰＴＳＤの可能性の測定のような精神的苦痛を喚起するおそれのある内容を含むだけに私たちの予想を大きく上回っていた。なかでも未成年者を対象にしたこの種のアンケートは以前に実施されたことがなく、学術的な観点からも貴重なものになっている。アンケート票の作成とデータの集計は私と西南学院大学の伊東未来講師がおこない、分析は統計数学が専門の大倉弘之京都繊維工芸大学名誉教授も加えた三名で実施した。

アンケート結果の記述と分析に入る前に、ＰＴＳＤとは何かについて確認しておこう。ＰＴＳＤとは戦争や大災害、重大事故、虐待、性暴力などの過酷な出来事を経験するか間近で見たことで、強い恐怖感や無力感などの精神的ダメージを受けた人びとが陥るとされる症状である。それは、過度の精神的苦痛のために意識の中でその馴致ができず、過去の記憶が不意によみがえるフラッシュバックなどの「侵入症状」、トラウマ体

3　回答率は一〇‐二〇パーセント台であり(最大で三〇・七パーセント)、彼ら自身、自分たちのアンケート調査にそうした課題があることを認めている(岩垣・辻内他二〇一七、二八)。

4　アンケートを実施するにあたり、精神医学が専門の大阪教育大学学校危機メンタルサポートセンターの岩切昌宏准教授を招いて学習会を実施し、正確な知識の獲得につとめた。またアンケートの実施に当たっては、臨床心理学が専門の九州大学大学院の田中真理教授の指導を受けた。心から感謝する。

験の想起を避けようとする「回避症状」、精神的な緊張状態が続く「過覚醒症状」の三症状があらわれる精神状態とされている。

ＰＴＳＤは職場での発生が認められたなら労災保険の対象になるほど重篤な症状だが、広くもちいられてきたアメリカ精神医学会の「精神科疾患診断基準（ＤＳＭ-Ⅳ）」によれば、その発症には二つの前提条件がある。①実際にまたは危うく死ぬまたは重症を負うような出来事を一度または数度、あるいは自分または他人の身体の保全に迫る危険を、その人が体験し、目撃し、または直面した。②その人の反応は強い恐怖、無力感または戦慄を伴った（飛鳥井二〇〇七、七五九）。しかし、この定義はＰＴＳＤの原因となる出来事を限定的にとっており、長期間の虐待などの要因も加えた見直しが必要だという批判が寄せられてきた。ＰＴＳＤ研究の第一人者である飛鳥井望などはより広い定義をとっている。「心的外傷を指す場合のトラウマとは、『なんらかの外的出来事により、急激に押し寄せる強い不安で、個人の対処や防衛の能力の範囲を凌駕するもの』と定義される。ＰＴＳＤの原因となる外傷的出来事とは、各種の災害、戦争、テロ、事故、暴力犯罪、性暴力、虐待などが報告されてきた。ＰＴＳＤは一言でいえば、これらの外傷的出来事に曝されたことによる精神的後遺症である」（飛鳥井二〇〇八、一八）。ＰＴＳＤの原因となるトラウマの発生を生命の危機にかぎらず、強い精神的負荷をかけた現象に広げるというのである。

二〇一一年三月一一日から一五日にかけて福島第一原子力発電所で生じた水蒸気爆発や炉心溶融とそれによる広範囲な放射能汚染が、福島県および近接地域の住民に大きな恐怖と不安感を与え、深い精神的危機を引き起こしていたことについてはすでに第二章で論じている。京都訴訟原告世帯の九〇パーセント以上が地元の水や食材への不安を抱き、放射線が引き起こす健康不安に脅え、放射線量の高さに驚き、事故後三週間以内に避難を開始していたのである（九九ページ以下）。それに加え、彼らの七〇パーセントが政府や福島県の発表に不信感を抱いていたという事実は、未知の事態に脅える中で、何を信じてよいかわからないままに不安と不信の闇黒に追い込まれていたことを示している。そうした中で、関西への避難を決意するほどに追い込まれていた彼らの心境はどれほど苦痛に満ち、傷つきやすい状態におかれていたか。彼らの原発事故直後の経験が、ＰＴＳＤの前提条件に該当することは疑いないのである。

1　原発事故避難者の精神的苦痛の大きさ

具体的に見ていこう。まず、京都訴訟原告のもとでのＰＴＳＤリスクの高さを示し、つぎに各原告のＰＴＳＤリスクと社会的・経済的・心理的な要因をクロス分析することで、ＰＴＳＤリスクをもたらした要因は何かを特定していく。

最初にＩＥＳ-Ｒ尺度の分析結果を示す。成人原告についていえば、アンケート票を回収したのは九六名、うち三名はＩＥＳ-Ｒ尺度について無回答なので、これを差し引いた九三名を分析対象とする。ＩＥＳ-Ｒ尺度の点数分布は、五点ごとに区切ると**図1**となり、二五点以上でＰＴＳＤの可能性があるハイリスク者が五二名、全体のうちの割合は五五・九パーセントである。また、全対象

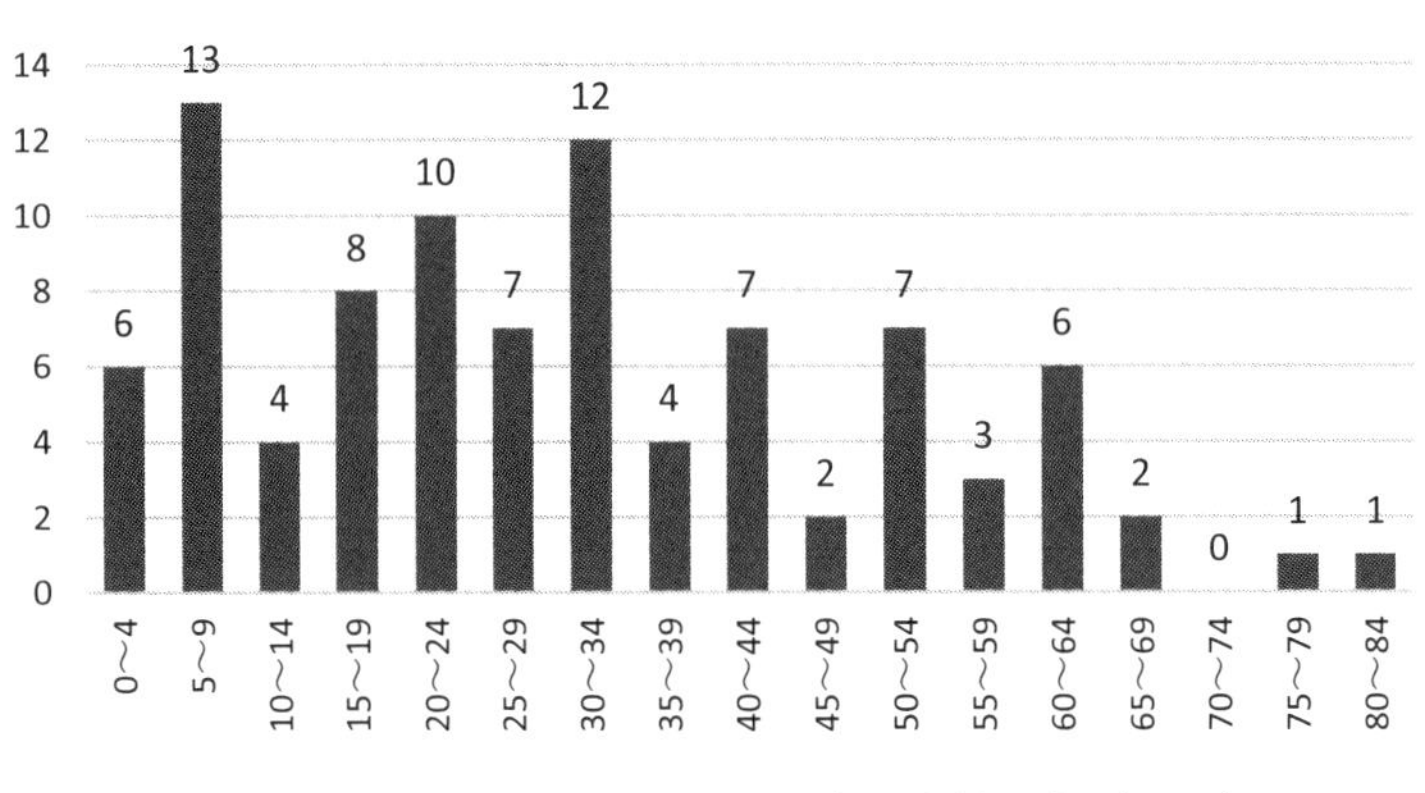

図1　成人を対象としたIES-R尺度の点数分布（n=93）

者の平均点数は三〇・〇九となっている。

これらの数字、とりわけ半数以上の原告がＰＴＳＤのハイリスク者であるという事実は、私たちが当初予想していたよりはるかに深刻であった。これがいかに例外的な数字かは、他の調査結果と比較すれば明らかである。阪神淡路大震災ののちの調査では、平均点数二二・五、ハイリスク者の割合三九・五パーセントであり（加藤・岩井二〇〇〇）、新潟県中越地震の三ケ月後および一三ケ月後の調査でも、ハイリスク者の割合はそれぞれ二一・〇パーセント、二〇・八パーセントである（直井二〇〇九）。東日本大震災後の原発事故避難者では、翌年の二〇一二年三月の調査で、ハイリスク者の割合六七・三パーセント、平均点数三六・三一という例外的に高い数値があらわれている。しかし、その数字は時間の経過とともに漸減し、二〇一三年三月の調査ではハイリスク者五九・六パーセント、平均点数三一・九三となり、二〇一四年三月には五七・七パーセント、平均点数三一・〇七、二〇一五年三月には五二・五パーセント、平均点数二五・八六まで低下している[5]（辻内二〇一六、二四七）。

戦争や大災害を経験したＰＴＳＤ発症者において、時間の経過とともに精神的安定ないし回復に向かう傾向があることは多くの研究で確認されており（Bonnano 2004）、この調査もそれを裏書きしたわけである。もしこうした漸減傾向がつづいたなら、私たちがＩＥＳ-Ｒ尺度を測定した二〇一九年の時点では、ハイリスク者の割合は三〇パーセント台にまで低下していただろう（**図2**）。にもかかわらず、原発京都訴訟原告のもとではハイリスク者の割合五五・九パーセント、平均点数三〇・〇九という例外的に高い数字が示されたのである。

5　辻内らのアンケート調査は、関東地区に避難した区域内避難者を対象にしたものである（その調査は区域外避難者も含んでいるが、ＩＥＳ-Ｒ尺度の経年的分析は区域内避難者のみを対象にしている）。なお、辻内が京都訴訟団のために書いた意見書には二〇一六年と二〇一七年のアンケート調査の結果も記されており、二〇一六年のハイリスク者割合は三七・七パーセントと減少する一方、二〇一七年には四六・八パーセントにはね上がっている。二〇一七年三月に福島県が避難者に対する住宅補助廃止を決定したことが、この急激な上昇の理由であるのは疑いない。

つぎに、原発事故当時未成年であった原告についても見ていく。彼らのIES-R尺度の結果は、当時七歳以上であったかそれ未満であったかで、つまり二〇一一年三月に小学校入学年齢に達していたか否かで大きく異なることが明らかになった。そのため、七歳を境に二つの集団に分けて考察することとする。

事故当時七歳から一八歳までの原告の回答総数二六、有効回答数二三（無記入・無効三）であり、このうちIES-R尺度で二五点以上のハイリスク者の割合五二・二パーセント、平均点数二八・七八である（**図3**）。成人原告とほぼおなじ割合であり数値である。原発事故によって避難し、転校や慣れない環境での生活を余儀なくされた彼らがさまざまな困難や苦労に直面してきたであろうこと、それにより精神的なダメージを受けているであろうことは予想していた。しかし、ここに示された数字は私たちの予想以上にはるかに深刻なものであった。彼らの精神的ダメージの大きさと事態の深刻さを酷いまでに示す数値である。

原発事故当時に七歳未満で、幼稚園や保育園に通園していたかそれより幼かった子どもに対するIES-R尺度の結果は、回答総数三六、有効回答数三二（無記入四）であり、そのうちハイリスク者の割合一五・六パーセント、平均点数六・九一である（**図4**）。彼らのうちのハイリスク者の割合および平均点数は、七歳以上の年長者にくらべてはるかに小さくなっている。彼らは避難時には幼かったために明敏な自己意識をもっておらず、新しい環境に馴染みやすかったこと、他の児童とおなじように新一年生として入学したために仲間外れにされにくかったことが、こうした低い数字につながったと思われるのである。

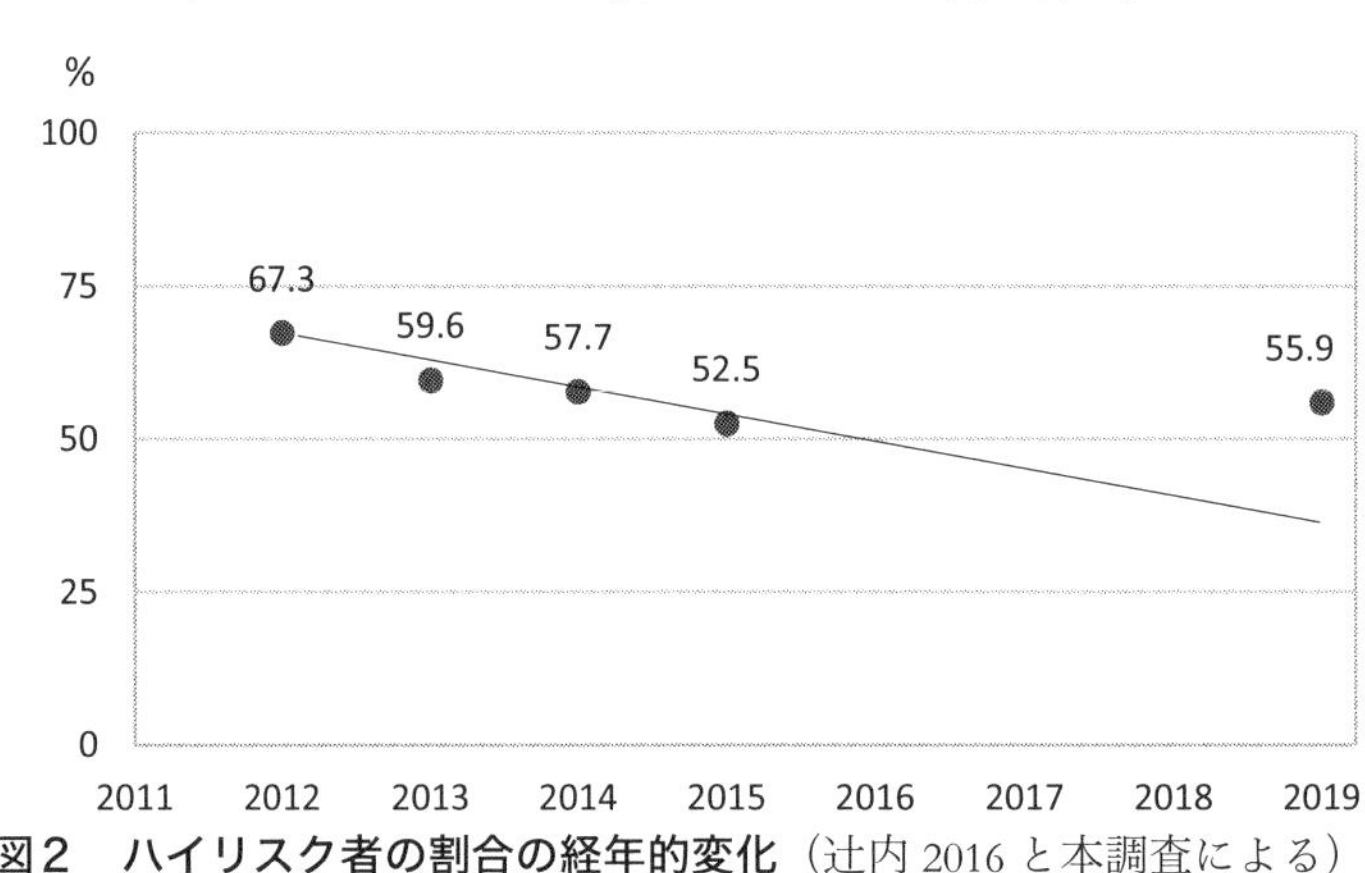

図2　ハイリスク者の割合の経年的変化（辻内 2016 と本調査による）

以上のようなＰＴＳＤリスクの高さをどうとらえるかは、この章の最後で検討することにする。その前に、原告の性別や年齢、母子避難の有無、経済的困難、身体的異変、人間関係上の困難、社会的孤立、転校の有無、学校生活での困難の有無などの要因のうち、どれがＰＴＳＤリスクをもたらしたかを特定することにつとめよう。

２　成人原告にＰＴＳＤリスクをもたらしたのはいかなる要因か

原告の性別とＰＴＳＤリスクとの関連から見ていく。アンケートに回答した成人原告のうち、女性六〇、うち二五点以上のハイリスク者三五であり、男性三三、うちハイリスク者一七である。各項目がどれほど相関しているかを「オッズ比」と呼ぶが、女性のハイリスク者の割合が男性のそれに対するオッズ比は一・三一四（95%CI [0.513, 3.370], p値66.28%）[6]であり、女性のほうが男性にくらべて若干相関性が高くなっている。しかし、有意に相関しているといえるほどではない（女性のほうがＰＴＳＤの

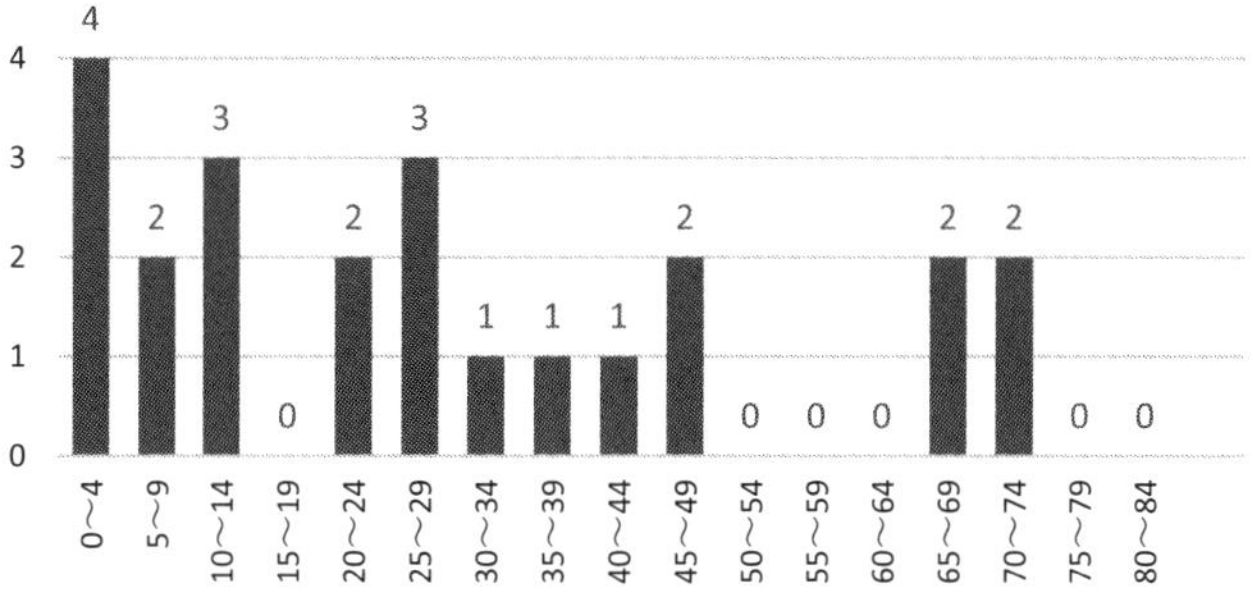

0～4	5～9	10～14	15～19	20～24	25～29	30～34	35～39	40～44	45～49	50～54	55～59	60～64	65～69	70～74	75～79	80～84
4	2	3	0	2	3	1	1	1	2	0	0	0	2	2	0	0

図３　7-18歳の原告の IES-R 尺度の点数分布（n=23）

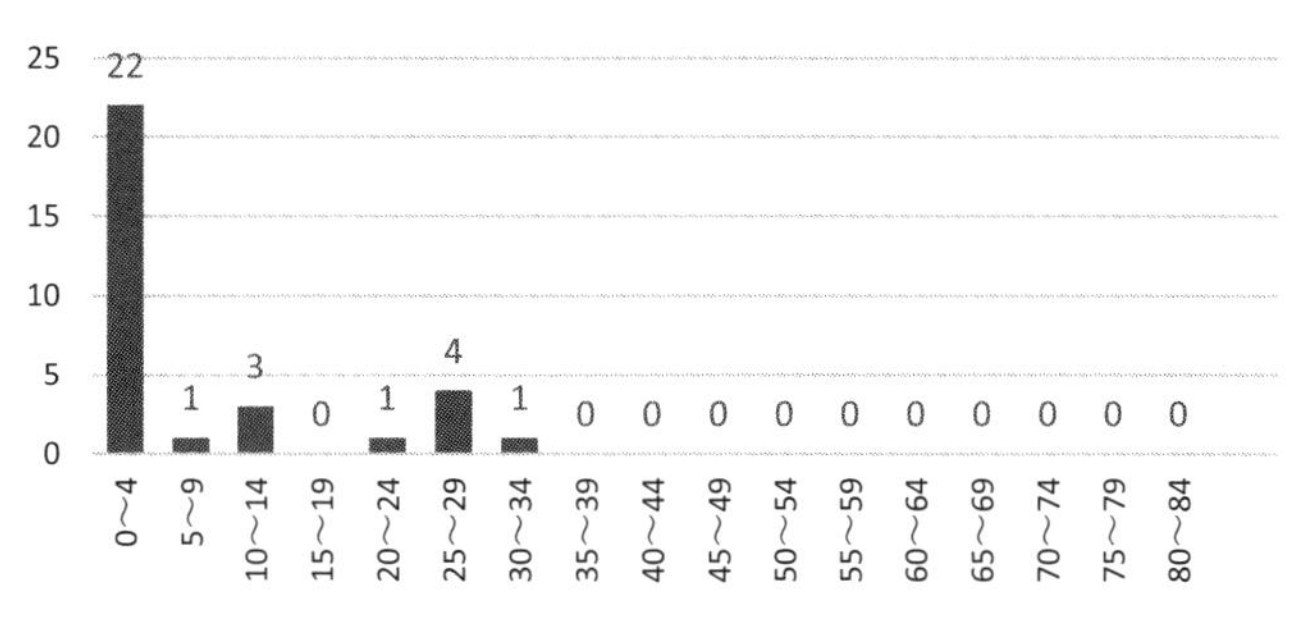

図４　7歳未満の原告の IES-R 尺度の点数分布（n=32）

ハイリスクを有すると断定できるほどの相関ではない）。

年齢はＰＴＳＤのリスクと相関しているのだろうか。原告を一〇歳ごとに区切って整理すると、一〇代から六〇代までの年齢層においてハイリスク者の割合は五〇-六〇パーセントとほぼ均一であるのに対し、七〇代の原告だけは八〇パーセントと割合が高くなっている。しかし、絶対数が少ないので八〇代の原告を加えて七〇-八〇代でくくると、その割合は六六・七パーセントとなり、他の年齢層と変わらなくなる。それゆえ、高齢になるにつれてＰＴＳＤリスクが高まると断定するだけの相関性はない。

つぎに母子避難について見ていく。母子避難の場合、世帯全体で避難したケースよりＰＴＳＤのリスクが高いか否かを検討するのである。福島原発事故後の避難行動の特徴として母子避難が多いことが指摘されており、私たちのアンケートでも母子避難の割合は五三・六パーセントに達している。母子避難世帯と家族全体で避難した世帯を比較すると、母子避難世帯の男女を含む成人構成員四一のうち、ハイリスク者二二。一方、単身世帯も含めた世帯全体で避難した構成員五二のうち、ハイリスク者三〇である。前者の後者に対するオッズ比は〇・八五一（95%CI[0.346, 2.078], p値 83.36%）であり、一を下回っているので、母子避難より世帯全体の避難の方がハイリスク者の割合が高いという結果になっている。この結果は、母子避難世帯の困難を指摘する従来の研究結果（吉田二〇一六、岩垣・辻内他二〇一七）とは異なっているが、その理由については最後にまとめて考察することにする。

母子避難であることが原告の精神的苦痛の主な原因ではないとすれば、それをもたらした要因は何か。それを特定するために他の要因についても見ていこう。経済的要因、

6　オッズ比とは相関の強さを表す指標の一つであり、値が一より大きいほど強い相関があることを意味する。分析で得られたオッズ比は統計的ばらつきの影響を受けた可能性があるので、極端なものを除く九五パーセントの確率で起こるようなばらつきを想定して九五パーセント信頼区間（CI, Confidence Interval）と呼ぶ。p値は、統計的ばらつきが起こる確率とそれよりさらに極端なばらつきが起こるすべての場合の確率の総和であり、p値が小さければ小さいほど無相関の可能性が少ないことを意味している。p値が五パーセント未満であると有意に相関があると呼び、p値が五パーセント以上の場合には、統計的には相関があるともないとも断定できないが、観察データが少ないとp値は

身体的異変、子どもとの関係、人間関係、社会的孤立、帰還の有無、の各要因について順に検討していくのである。ここからの記述はデータが煩瑣になるので、あらかじめ全体の分析結果を示しておく（図5）。適宜これを参照していただければ、理解が容易になるはずである。

まず、経済的要因とPTSDリスクの関係性である。「現在の経済状況は震災前と比較してどうか」の問いに対する答えは、「かなり悪くなった」四六・二パーセント、「とても悪くなった」二一・五パーセントであり、「大きな変化はない」と「良くなった」をあわせて三二・三パーセントなので、三分の二の原告が避難による経済状況の悪化を訴えている（図6）。これらの答えのうち、前二者を「経済状況の悪化」のケース、後二者を「経済状況が悪化していない」ケースとし、それぞれのケースのPTSDハイリスク者の割合を見ていく。前者の総数六三、うちハイリスク者四〇であり、後者の総数三〇、うちハイリスク者一二である。この二つを比較すると、前者の後者に対するオッズ比は二・五八一（95%CI[1.055, 6.410], p値4.458%）であり、p値も五パーセント以下なので有意な相関があることがわかる。原告の多くは避難によって経済状況が悪化しており、それが強いストレス要因となってPTSDリスクを高める方向に作用しているのである。

さらに、経済状況が「とても悪くなった」の答えと「悪化していない」の答えの二項に絞り込んで見ていくと、前者の総数二〇、うちハイリスク者一五であり、後者の総数三〇、うちハイリスク者一二である。前者の後者に対するオッズ比は四・三五九（95%CI[1.263, 15.684], p値2.127%）であり、より強い相関があることがわかる。

大きくなる傾向があるので、分析結果だけでは相関の有無について結論することはできず、総合的な判断が必要になる。

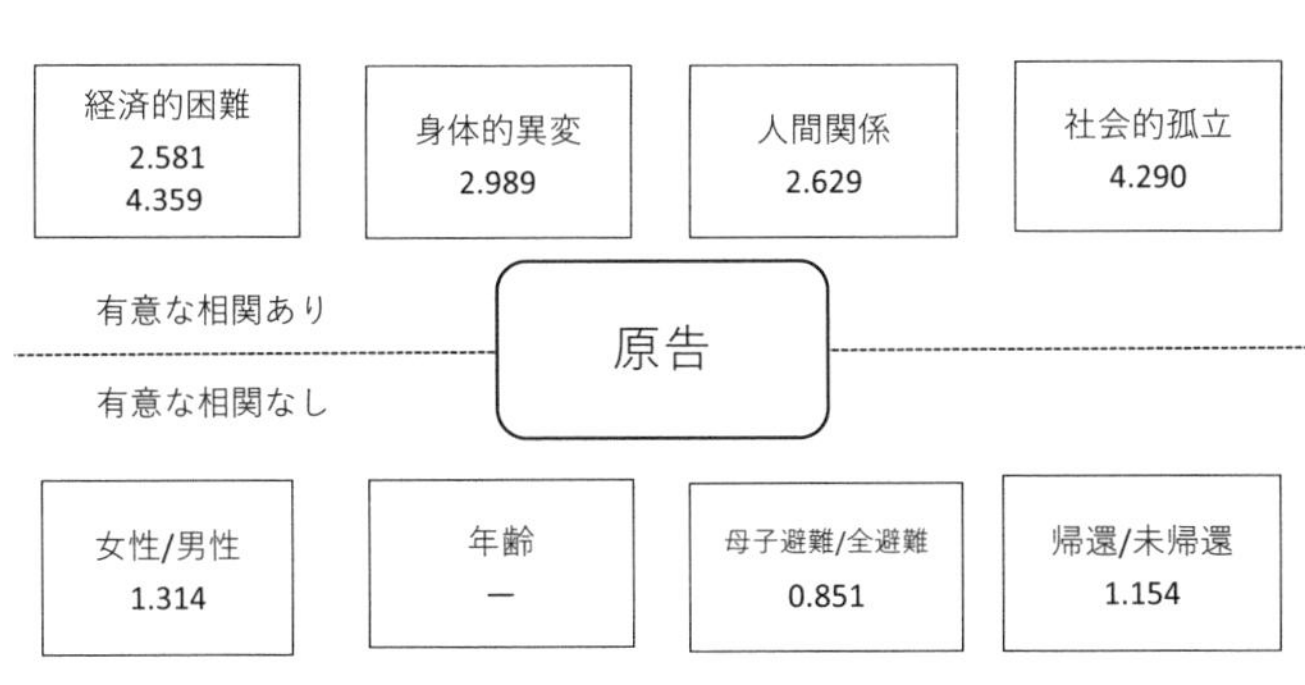

図５　諸要因とPTSDハイリスクの相関

避難生活にともなって経済的困窮の度合いが進むほど、ＰＴＳＤリスクが高まることがこの統計分析から明らかになったのである。

つぎに、病気などの身体的異変とＰＴＳＤハイリスクとの関係について見ていく。原告の多くは身体に異変を感じており、しかも放射線という目に見えない要因によって引き起こされたと推測されるだけに、解消されることのない不安として原告の心にのしかかっている。「自身や家族の放射線被ばくについて心配があるか」とたずねると、八〇パーセント以上が「とてもある」ないし「かなりある」と答えている（**図7**）。その中でも、放射線の影響がもっとも顕著にあらわれるのが甲状腺の異常である。原告の多くは甲状腺検査を受けているが、その判定についてたずねると、「問題ない」五七・八パーセントに対し、「要経過観察」三五・九パーセント、「再検査が必要」六・三パーセントと四割以上に異変が見つかっている。「要経過観察」および「再検査が必要」と、「問題ない」の二グループに分けて、ハイリスクとの相関を見ていくと、前者の総数三〇、うちハイリスク者二二であり、後者の総数六三、うちハイリスク者三〇である。前者の後者に対するオッズ比は二・九八九（95%CI[1.157, 7.819], p 値 2.562%）となり、甲状腺検査による異変とＰＴＳＤリスクとのあいだには有意な相関があることが明らかである。

原告が避難したのは、先に見たように自分の身体や健康への気遣いに加えて、子どもたちの放射能汚染を避けるという意図からであった。ところが、避難によって転校した子どもたちは、あとで見るように新しい学校でいじめられたり心無いことばを投げかけられたりしたことで精神的に不安定になり、五人にひとりの割合で不登校や退学に追い込まれている。こうした子どもの学校生活における危機は、避難の目的が子どもの健康

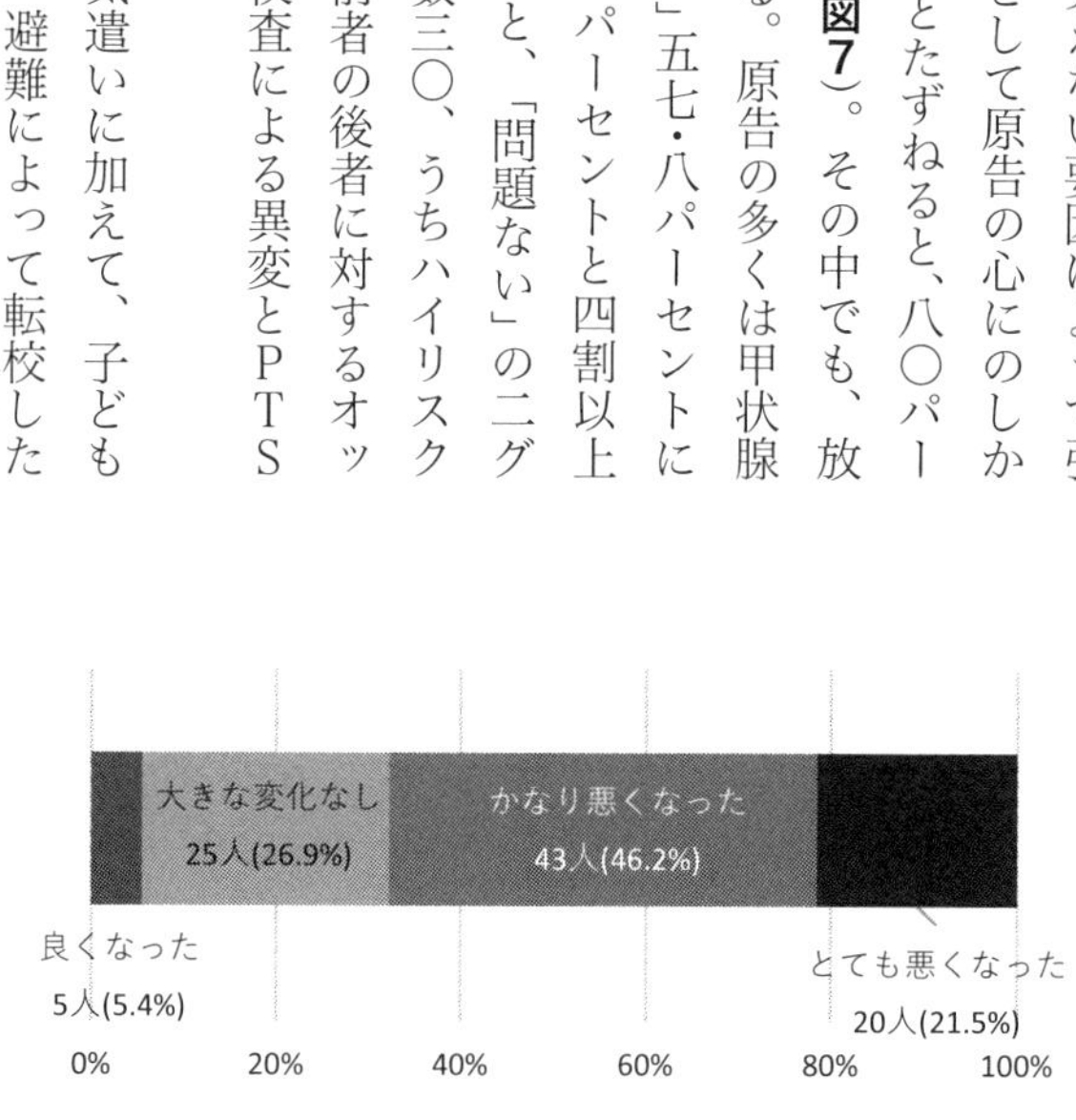

図６　震災前と比較した現在の経済状況（n=93）

と安全を守ることにあっただけに、親の精神状態にも反映されていると予想される。子どもが不登校や退学になるなどの深刻な事態になった親は全部で一八、そのうちハイリスク者は一二。一方、子どもがそれほど深刻な状態に陥ってはいないケースは三六、うちハイリスク者は一七である。不登校ないし退学のケースの、それ以外のケースに対するオッズ比は二・二〇二(95%CI[0.680, 8.018], p 値 24.91%)であるので、子どもの学校生活における危機は有意といえるほどではないが、一定の割合で親のハイリスクにつながっていることがわかる。

関西に避難した原告たちは、ことばも考え方も異なる環境で生活を強いられただけに、生きていくことに少なからぬ困難をともなった。彼らはしばしば嫌な思いや辛い思いをし、避難者だというだけで心無いことばを投げかけられた。「避難先の人間関係で嫌な思いをしたか」の問いに対し、「よくある」二〇・四パーセント、「時々ある」四三・〇パーセント、「あまりない」二五・八パーセント、「全然ない」一〇・八パーセントと、三人に二人の割合で嫌な思いをしたことがわかる。こうした人間関係上の困難が原告の精神状態にどう作用したかを見るために、辛い経験が「よくある」と「時々ある」、「あまりない」と「全然ない」の二つに分け、PTSDリスクとの関係を分析する。前者の総数六一、うちハイリスク者三九であり、後者の総数三〇、うちハイリスク者一二である。前者の後者に対するオッズ比は二・六二九(95%CI[1.063, 6.533], p 値 4.306%)であるので、両者のあいだには有意な相関があることがわかる。避難先で人間関係上の苦痛をおぼえると、PTSDリスクが高まるほど精神状態が悪化する傾向があるのである。

避難生活の中でいじめや誹謗中傷を経験した原告は、周囲との友好的な関係を維持す

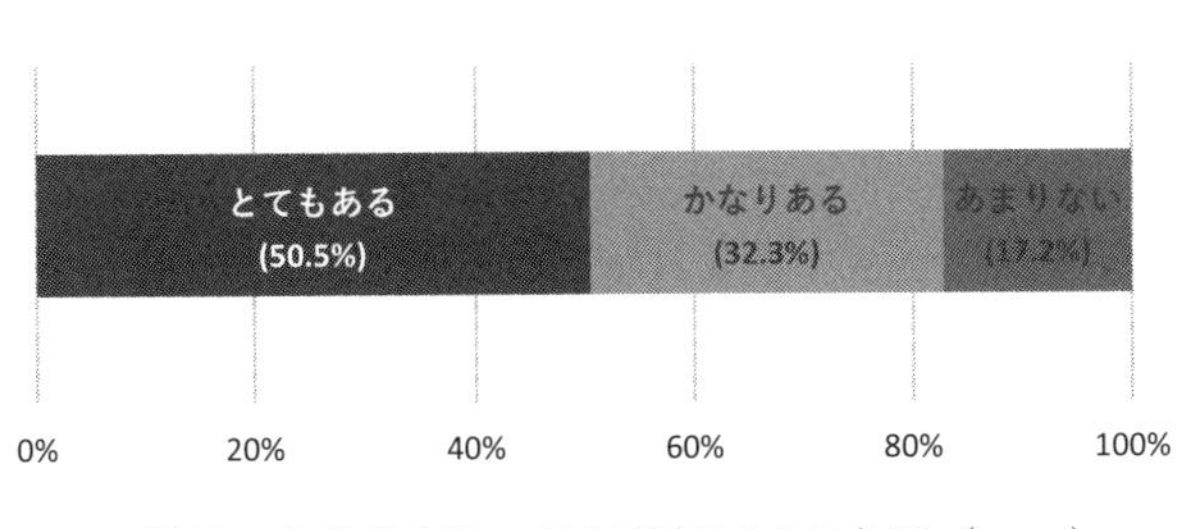

図７　自身や家族の放射線被ばくの心配（n=93）

ることが困難になったと推測される。社会的つながりの減少が彼らの精神状態にどう反映しているかを、「現在、相談する人に恵まれているかと思うか」の問いにもとづいて検討する。「恵まれていない」とする原告四三、うちPTSDのハイリスク者三二であり、「恵まれている」とする原告五〇、うちハイリスク者二〇である。前者の後者に対するオッズ比は四・二九〇(95%CI[1.684, 10.769], p値0.1527%)であり、きわめて強い相関があることがわかる。相談する人に恵まれていると感じるか否かは、周囲の社会に対する信頼関係の有無を反映していると考えられる。信頼関係があれば社会的孤立を感じることは少なくなり、信頼関係がなければ孤立感は大きくなるだろう。社会へのつながりの希薄さを感じる避難者は日々の生活の中でゆとりや安心感を失い、きわめて高い割合でPTSDの危険にさらされているのである(このデータを補うものとして図10参照)。

アンケート調査の二〇一九年までに元の居住地への帰還は進んだのだろうか。先に見たように(二一六ページ)、二〇一五年の陳述書作成時には帰還した原告の割合は七・一パーセントに過ぎず、残りの九割は帰還していなかった。これが二〇一九年になると帰還世帯は全体の二五・三パーセントになっているので、四年のあいだに一定数の原告が帰還したことがわかる。その内訳については、二〇一五年までが六世帯、二〇一六年三世帯、二〇一七年五世帯、二〇一八年五世帯、二〇一九年四世帯である。京都府での公営住宅や借り上げ住宅の無償提供は二〇一七年に打ち切られ、住宅補助も二〇一九年三月に廃止されたので、それを機に帰還した原告がかなりいることがわかる。帰還した原告と未帰還の原告の精神的リスクを見ていくと、帰還者の総数二三、うちハイリスク者一三であり、未帰還者の総数六三、うちハイリスク者三五である。帰還者のハイリスク者の割合と未帰還者のそれを比較すると、前者の後者に対するオッズ比は一・一五四(95%CI[0.428, 3.190], p 値 80.8%)であり、帰還した原告のほうがわずかにリスクが高い傾向がある。

ここまでの分析をまとめたものが、先に示した図5である。この図が示すように、原告の性別や年齢、母子避難か否か、帰還の有無の各要因については、PTSDのリスク要因としては作用していない。これに対し、経済的困難、身体的異変、人間関係上の困難、社会的孤立の各要因は、PTSDリスクを高める方向に作用していることが統計学的に明らかになったのである。

経済的状況については、悪化を訴える原告はそうでないとする原告よりリスクが高く(オッズ比二・五八一)、とりわけ「とても悪くなった」と答えた原告はさらにハイリスクになっている(オッズ比四・三五九)。甲状腺検査によって要経過観察や再検査と診断された原告は、「問題なし」と判定された原告に比べて高い割合でハイリスクになっている(オッズ比二・九八九)。同様に高い相関性を示しているのが人間関係上の苦痛であり、避難先の人間関係で嫌な思いを経験した原告はそうでない原告より強くPTSDリスクに晒されている(オッズ比二・六二九)。さらに、一層強いリスク要因であるのが社会的孤立であり、「相談する人に恵まれていない」とする原告は、「恵まれている」とする原告にくらべてはるかに高い割合でハイリスク者になっている(オッズ比四・二九〇)。避難者の社会的孤立については、これまでの研究でも自治体による支援においても取りあげられたことがなかったが、この調査結果はそれを再検討することの必要性を強く示しているのである。

一方、母子避難より世帯全体の避難のほうがPTSDのリスクが高いという本調査の結果は、母子避難の困難を訴える従来の研究と異なっている。母子避難の場合、母親は子どもの世話をひとりで引き受けるだけでなく、出費の増大を補うために仕事につくケースが多く、慣れない土地で子育てと仕事を両立させることの困難を課されている。「何のために避難しているかといったところの温度差を感じています。夫はたまに会える子どもとの時間を大切にしていますが、子どもに良かれと思っている行動で、疑問を感じる事が多々あります。今後のことをなかなか話し合えず、子どもはもう父親と、そして家族三人では暮らせないのではないかと思います」、などの発言がある。

　これに対し、家族全体で避難したものの、夫が慣れない環境で精神を病んだとする例も複数ある（星さんと菅野さんのインタビュー）。「避難後、ストレスからうつになり仕事をやめ、引っ越しもし、家族を振り回すことになってしまった。それが原因で夫婦関係が悪くなったように思う」。さらに、つぎの記述もある。「本当に放射線量が高いのかと自分自身でも測定していました。母子を避難させた後、ひとり地元での二年間は、ここに母子を戻せるかどうかを思案することでした。出した判断が地元を離れることでした」。二年間悩んだ後で母子が避難した土地に移り住むことを決めたというこの記述からわかるように、母子避難世帯だけが精神的緊張を強いられたわけではない。母子避難であれ世帯全員の避難であれ、ことばも考え方も違う関西に避難した避難者は、親戚の支援も友人関係もない未知の環境で多くの困難に晒され、精神的苦痛に呻吟してきたのである。

3　未成年の原告にPTSDリスクをもたらしたのはいかなる要因か

原発事故当時未成年の原告に対しても、PTSDのリスクをもたらした要因は何かを検討していこう。取り上げるのは、性別、転校の有無、学校生活での困難、健康上の問題と将来への不安、両親との関係といった彼らの生活に密接にかかわる要因である。

まず、彼らの性別とPTSDのハイリスクとの関係である。二〇一一年四月一日に七-一八歳であった原告のうち、女子の総数一四、うちハイリスク者八であり、男子の総数九、うちハイリスク者四である。女子のハイリスク者の割合と男子のそれを比較すると、オッズ比は一・六三〇（95%CI [0.230, 12.450], p値 68.02%）であり、女子の割合のほうがかなり高くなっている。一般的に女性のほうが男性よりPTSDの可能性が高いことは知られているが（フリードマン他編二〇一四、一八）、この結果はそれよりさらに高い割合を示している。おそらくその理由は、いくつかのインタビューが示しているように、放射能汚染によって彼女たちは将来の妊娠や出産に対する不安をより強く感じており、それが精神状態の悪化を招いたと考えられる。

震災時に七歳未満であった子どもについても見ていくと、女子の総数一九、うちハイリスク者三であり、男子の総数一三、うちハイリスク者二である。女子の男子に対するオッズ比は一・〇三〇（95%CI[0.100, 14.259)，p値 100%）であるので、女子と男子のハイリスク者の割合はほぼ同一である。性差は事故当時七歳未満であった彼らの精神状態にはほとんど影響していないのである。

これ以降の数項目は学校生活に関係するので、震災時に七-一八歳であった原告のみ質問している。前節とおなじで、データが若干煩瑣になるので、分析の結果をまとめた図を先に示しておく(**図8**)。

転校したかをたずねると、大多数が転校をしていたことがわかった(八八・五パーセント)。「転校するのが嫌だったか」をたずねると、「嫌でなかった」、「あまり嫌でなかった」、「かなり嫌だった」、「絶対に嫌だった」の四つが二五パーセント前後でほぼおなじである。転校とPTSDリスクの相関について分析するために、「絶対に嫌だった」「かなり嫌だった」と、「嫌でなかった」「あまり嫌でなかった」に分けて分析すると、前者の総数一〇、うちハイリスク者五であり、後者の総数一一、うちハイリスク者六である。前者の後者に対するオッズ比は〇・八三三(95%CI[0.345, 15.857],p値40.03%)であり、転校するのが嫌だったと答えた生徒のほうがハイリスクの割合が高く出ているが、強い相関があるといえるほどではない。

避難先での学校生活について見ていく。「転校した学校でつらい思いをしたか」の問いの答えは、圧倒的多数が「した」(八一・〇パーセント)である。理由をたずねたところ、「友達がなかなかできなかった」(四一・二パーセント)、「言葉が違うのでコミュニケーションが難しかった」(五二・九パーセント)などに加え、「学校に行くのが嫌だった」(六四・七パーセント)、「学校に行けなくなった」(二三・六パーセント)などの深刻なケースもかなりある。彼らの精神的ダメージについて、「学校に行くのが嫌だった」、「行けなくなった」と答えた生徒とそうでない生徒とに分けてPTSDリスクとの相関を見ていく。前者の総数一一、うちハイリスク者七であり、後者の総数一二、うちハイリスク者五である。前者の後者に対するオッズ比は二・三五三(95%CI[0.425,

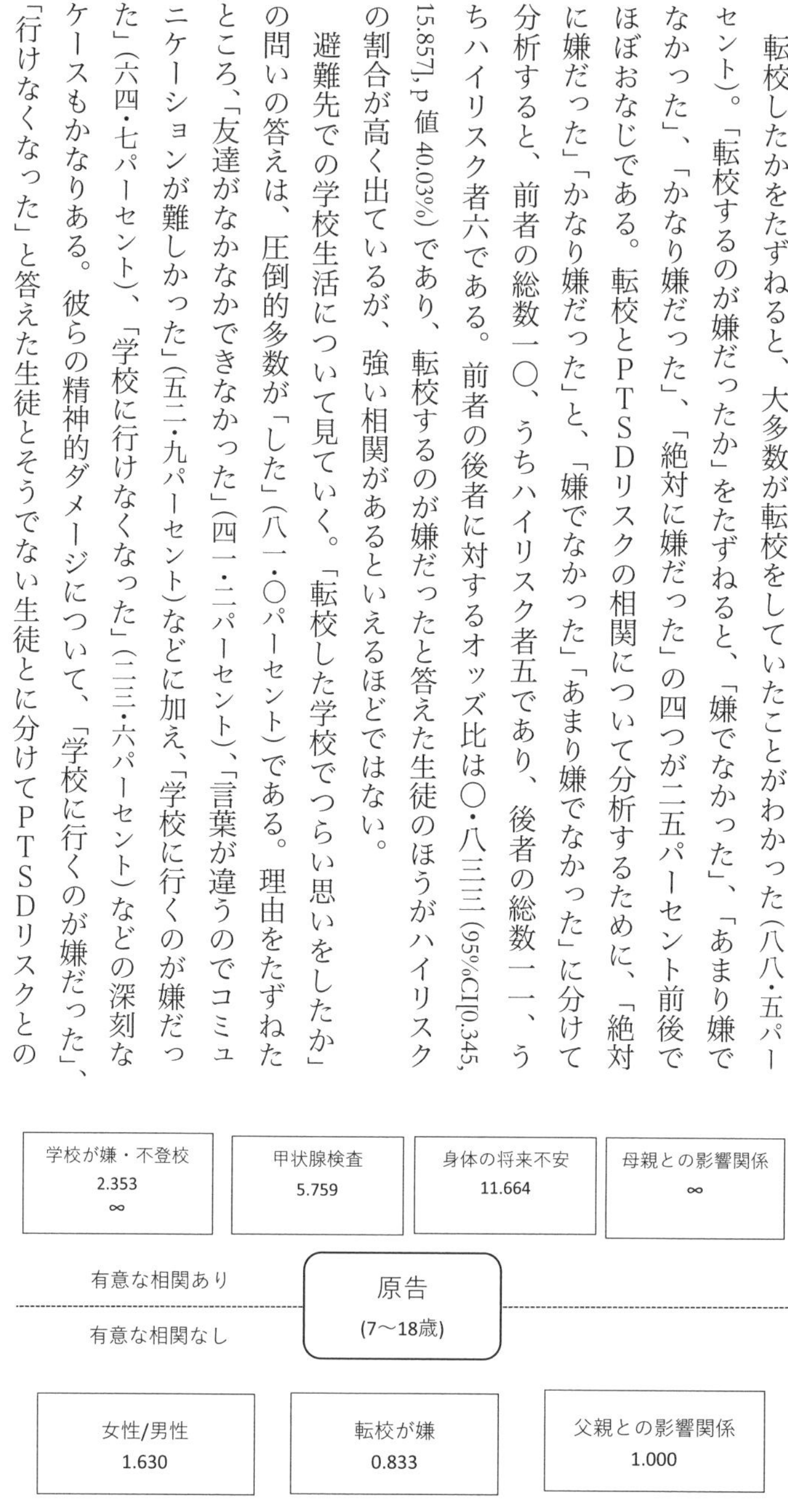

図8　諸要因と7-18歳原告のPTSDハイリスクの相関

13.616], p値41.36%) であるので、学校に行くのが嫌だった生徒は一定の割合でPTSDのリスクを抱えていることがわかる。

さらに、「学校に行くのが嫌だった」「行けなくなった」と答えている生徒と、「つらい思いをしなかった」と明言する生徒とを比較すると、その傾向はさらに顕著になる。前者の総数一一、うちハイリスク者七に対し、後者の総数三、うちハイリスク者〇である。前者の後者に対するオッズ比は無限大∞ (95%CI [0.461, ∞], p値19.23%) となり、相関はより強くなっている。学校で辛い思いをしなかった生徒にはリスクがないのに対し、不登校などの生徒にはかなりの割合でPTSDリスクが見られるのである。

彼らの健康状態を、放射能の影響が顕著にあらわれるとされる甲状腺異常について見ていく。七‐一八歳の原告のうち、検査結果が「問題なし」二七・八パーセントの一方、「経過観察・要再検査」三八・九パーセント、「問題があったが異常なしのレベル」三三・三パーセントである。七歳未満の原告では、「問題なし」二八・〇パーセント、「経過観察・要再検査」四四・〇パーセント、「異常なしのレベル」二八・〇パーセントなので、二つの年齢層はほぼおなじ結果である。この結果とPTSDのハイリスクとの相関を見ていくと(七‐一八歳のみ検討する[7])、「経過観察・要再検査」と「異常なしのレベル」の総数一三、うちハイリスク者八であり、「問題なし」の総数五、うちハイリスク者一である。前者の後者に対するオッズ比は五・七五九 (95%CI [0.559, 173.641], p値29.41%) であり、高い相関性を示している。彼らは甲状腺の異常を高い割合で指摘され、それが原因で精神的にも深いダメージを受けているのである。

甲状腺検査による異常や疑いを診断された彼らは、自分の身体の将来に不安をもって

7　事故当時七歳未満であった原告については、ハイリスク者の絶対数が少ないので明確な結果が得られないためである。

いるのだろうか。「身体的なことで心配があるか」をたずねた問いへの答えは、七-一八歳の未成年者で、「心配がある」三四・八パーセント、「少し心配がある」一三・〇パーセント、「あまり心配はない」三〇・四パーセント、「全然心配はない」二一・七パーセントであり、「心配がある」と「心配はない」に分ければほぼ半数ずつである。こうした身体の将来不安とPTSDリスクとの関係を見ていくと(七-一八歳のみ)、「心配がある」の総数一一、うちハイリスク者九であり、「心配はない」の総数一二、うちハイリスク者三である。前者の後者に対するオッズ比は一一・六六四(95%CI (1.683, 115.439], p値 1.228%)であり、非常に強い相関があることがわかる。自分の身体に将来、放射能汚染に起因した疾病や異変が生じるかもしれないという不安があると、きわめて高い割合でPTSDのリスクが生じているのである。

彼らのPTSDリスクの大きさと両親のそれは関係しているのだろうか。七-一八歳の対象者について、母親がハイリスク者である総数一七、うちハイリスク者一一、母親がハイリスク者でない総数六、うちハイリスク者〇である。前者の後者に対するオッズ比は無限大∞(95%CI[1.617, ∞], p値 1.373%)となり、p値も目安となる五パーセント以下なので、両者のあいだに非常に強い相関があることがわかる。おなじことを七歳未満の子どもについて見ていくと、母親がハイリスク者である子一五、うちハイリスク者五、母親がハイリスク者でないケース一六、うち子がハイリスク者〇である。前者の後者に対するオッズ比は無限大∞(95%CI[1.392, ∞], p値 1.767%)であり、七歳未満の子どもについても有意で非常に強い相関があることがわかる。母親の精神的状態と子どもの精神的状態とのあいだには、きわめて緊密な相関性があることが確認されたのである。

父親と子どもの関係についても見ていく。年長の子をもつ父親のうち、ハイリスク者六、うち子がハイリスク者三、父親が非ハイリスク者六、うち子がハイリスク者三である。前者の後者に対するオッズ比は一（95%CI[0.092, 10.881], p値100%）であるので、父親がハイリスク者であるか否かは子どものそれに関係ないことがわかる。七歳未満の場合については、父親がハイリスク者一五、うち子がハイリスク者三、父親が非ハイリスク者一一、うち子がハイリスク者二である。前者の後者に対するオッズ比は一・一二〇（95%CI[0.144 10.732], p値100%）であり、父親の精神状態は子どものそれと関係していないことがわかる。日常つねに接している母と子のあいだの影響関係の強さに比して、父と子のあいだにはほとんど影響関係がないことが判明したのである。

原発事故当時に七歳から一八歳であった原告を対象にしたアンケート結果は、彼らが大きな精神的苦痛を抱えながら生きていることを如実に示している。それは五〇パーセントを超えるPTSDハイリスクの割合にあらわれているが、それに劣らず深刻なのが、「生きていることがつらいと思うことがあるか」の問いへの答えである（**図9**）。「たまにある」二五・〇パーセント、「つねにそう思っている」二九・二パーセントと、彼らの半数以上が生きることの辛さを抱えていると答えているのである。彼らは原発事故当時に七歳から一八歳であったのだから、アンケート調査の二〇一九年には一五歳から二六歳の青年期を迎えている計算になる。青春のただ中にあるはずの彼らが、これほど高い割合で生きることの辛さを感じながら生きているということは、アンケートを実施した私たちにとってもショックであった。原発事故とその後の避難生活が彼らの心に深い傷を与え続けていることが、具体的な数字として示されたのである。

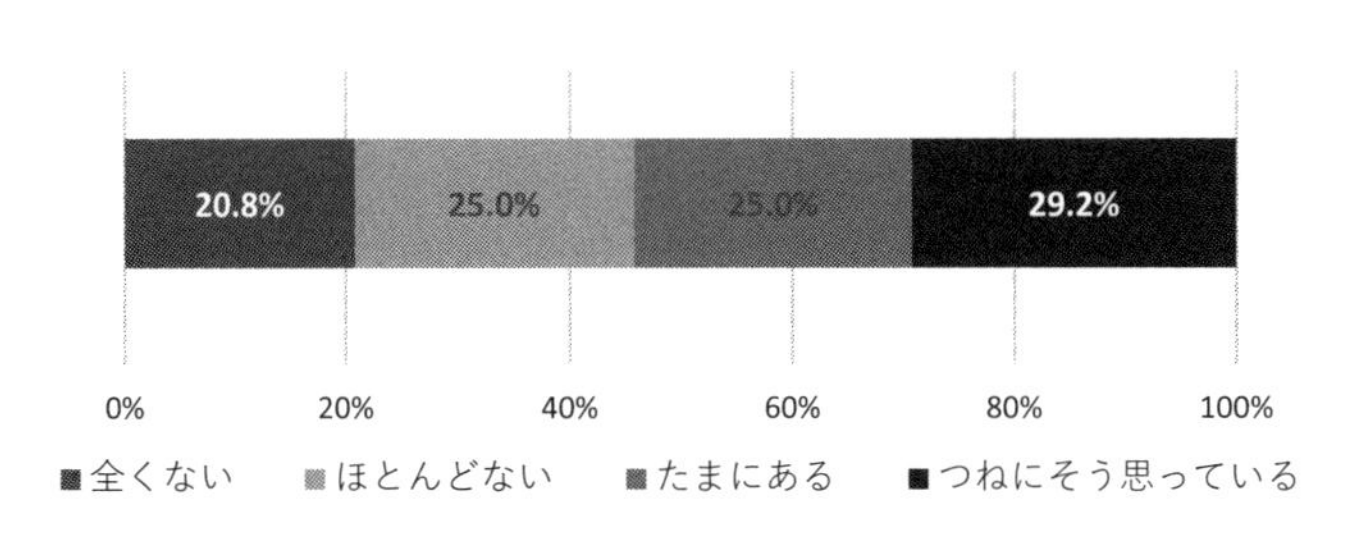

図9　生きていることがつらいと思うことがあるか（7–18歳、n=24）

これまで、原発事故時に未成年であった原告の、性別、転校の有無、学校生活の困難、身体的異変、将来への健康不安、母親や父親との関係等の要因について検討してきた。それをまとめたのが、先にあげた図8である。これによれば、性別や父親の精神状態との関係はPTSDリスクと関係していない。これに対し、身体的異変にもとづく将来不安と母親の精神状態の二要因は、明らかに子どもの精神状態を悪化させる要因である。一方、学校生活での困難や甲状腺検査の結果については、オッズ比の高さはPTSDのリスクとの相関を示しているが、p値が五パーセントを超えているので統計学的には明確な有意性がない。私たちは慎重に検討した結果、ここではオッズ比の高さからこれらを有意な相関性ありの欄に組み込んでいる。

4　避難者に対する社会的支援は十分であったか

PTSD症状のスクリーニング手法であるIES‐R尺度を組み込んだアンケートに基づく理解は以上の通りである。これらは可能なかぎり実証的な手法によって獲得されたデータであり、京都訴訟原告がいかに大きな精神的苦痛を抱えながら生きているか、そうした苦痛がいかなる要因によって引き起こされたか、を特定する上で十分に客観的根拠のあるものである。ここからは以上のデータが何を意味しているかを考えていく。

アンケートがもたらした理解の第一は、成人原告のあいだのPTSDハイリスク者の割合五五・九パーセント、平均点数三〇・〇九、事故当時七‐一八歳の原告のハイリスク者の割合五二・二パーセント、平均点数二八・七八という数値の高さである。母集団の性格が異なるにもかかわらず、二つの集団がほぼおなじ数値を示しているということの結果は、私たちのアンケートが十分な客観的根拠をもっていることを示している。彼らの半数以上がＰＴＳＤリスクを抱えているというこの数字は、先に見たように例外的といえるほどの高さであり、放射能汚染を避けるために遠く関西に避難した彼らは、事故から八年を経過した二〇一九年でもきわめて大きな苦痛や負担を抱えながら生きていることが判明したのである。

こうした避難者のもとでのＰＴＳＤリスクの高さ、とりわけ事故当時七‐一八歳であった世代のリスクの高さは、痛ましさを感じさせるものがある[8]。彼らは二〇一九年の調査時には一五歳から二六歳であり、青春のただ中を生きている。その彼らがこれほど高い割合でＰＴＳＤリスクと生きることの辛さを感じているというこの調査結果は、私たち大人に対して彼らへの保護や保障が十分であったかという問いを突きつけている。原発事故について何の落ち度も責任もない彼らに対し、これほどの苦痛を負わせてきたこと、しかもその状態に長く放置してきたことを、私たち大人は重く受け止めるべきであろう。

アンケートによる理解の第二は、さまざまな要因のうち、何がＰＴＳＤリスクを高め、何がそうでないかを、かなりの蓋然性をもって特定できたことである。成人原告の場合、性別、年齢、母子避難、帰還の有無はＰＴＳＤリスクを高める要因としては作用していないが、避難生活の中で経験した経済的困難、身体的異変、人間関係上の困難、社会的孤立については有意にリスク要因であることが判明した。原発事故時に七‐一八歳であった原告においても、身体に関する将来不安、母親との関係は明確にリスク要因であるこ

8　事故当時七歳未満であった子どもについては、有効数三二のうちハイリスク者五（一五・六パーセント）、平均点数六・九一である。事故当時に七歳未満であった彼らのハイリスク者の割合に関し、母親の精神状態と強い相関性があることが明白である点で、避難生活の困難が彼らの精神状態の悪化を招いたというより、母親のそれが反映されている可能性が高いと推測される。

と、甲状腺検査の結果と学校生活上の困難についてもリスク要因である可能性が高いことが確認されたのである。

ＰＴＳＤのリスクを生じさせる要因が何かが特定されたとすれば、つぎに向かうべきは、これらのリスク要因の原因が何かを確認することである。経済的困難や身体的異変などのリスク要因が生じたことの責任は、成人原告自身に帰されるのか、それとも彼らの外部にあるのか。人間関係の困難や社会的孤立を招いた原因は何であるのか。事故当時七‐一八歳であった原告に対するリスク要因としての身体に関する将来不安や学校生活の困難は、何に由来すると考えるべきか。以下ではこれらの問いに答えるために、彼らがアンケートに記した記述を参照しながら、彼らの置かれたコンテキストを検討していく。

まず経済的要因である。京都訴訟原告の三人に二人が震災前とくらべて経済状況が悪化したと答えており、それが日々のストレスとなって彼らの精神状態の悪化を招いていたことが明らかになった。経済状況が悪化した理由を彼らのことばに求めると、第一に避難によって失業と転職を強いられたことであり、第二に母子避難の二重生活による出費増である。「事故がなければ仕事を辞めずに済んだのに、新しい環境で一からやらなければいけない大変さがある」。「離婚し仕送りもなかったので、仕事と家事の両立のなかで女性は賃金が低い仕事になり限界を感じた。仕事も短期雇用が多く、不安定から抜け出せない状況」。「家賃を払い、子供も成長してお金のかかる年齢になっており（食費や塾など）、二重生活の苦しみが多く感じます。二重生活で貯えがなくなった」。

こうした失業・転職による経済状況の悪化や二重生活による生活費の増加は、原告自身の責任に帰せられると考えられるかもしれない。しかしそうだろうか。彼らは原発事故さえなかったなら避難する必要はなかったのだから、彼らの避難に要した費用や損失は全額ないし大部分が賠償されるべきだと考えるのが自然だろう。しかし、京都訴訟原告の九六・三パーセントは区域外避難者であり、すでに見たように彼らに対してはひとり八万円の賠償しかなされていない（妊婦・未成年者には四〇万円加算）。この金額は、見知らぬ土地に避難した彼らが生活の再構築に要した費用をカバーするにはとうてい十分とはいえず、原告の多くが経済的困難に直面したのは当然であった。「今はアルバイトを二つ掛け持ちしています。子供が病弱なので子育てとバランスをとりながら働こうと思うと難しい。病気の時頼れる人がいない。フルタイムで仕事の責任があった頃と今は違う」。何の責任も過失もない避難者をこのような状況に追い込んでいる現状が、十分な賠償や社会的支援から程遠いのは明らかである。彼らは日々直面する経済的課題をストレスと感じ、ＰＴＳＤのハイリスクへと追い込まれてきたのである。

　甲状腺異常などの身体的異変と健康不安についてはどうか。甲状腺検査の結果、成人原告の四割以上に異変が見つかっていた。そしてこの検査結果が彼らを精神的に追い詰めてきたことを、彼らは以下のように書いている。「甲状腺に二センチメートル以上の結節といくつかののう胞が見つかった。結節は境界線が不明瞭のため悪性の疑いもあるので半年に一度の定期検査が必要。小さな子供がいるので健康に不安があることはストレスになっている」。「二年前に癌になった。原発事故によるストレス、生活の変化による疲労が計り知れない」。母子避難ののちに離婚をしたふたりの母親は、つぎのような悲痛な訴えの声をあげている。「癌ではないが病院に行けない。医療費、入院費を捻出できない」。「自分自身に何かあったらと考えると不安になる。経済的な問題があるので、避難前には定期的に受けていた健康診断などがあまり受けられなくなったことによる、発見の遅れが心配」。多くの原告が苦しむ身体的異変や不安に対し、原因企業である東京電力と国が「被ばく手帳」などを発行して将来にわたって医療保障をおこなうことを確約していたなら、原告の精神的苦悩や将来不安は大きく軽減されていたはずである。

経済的困難や身体的不安に加え、彼らは日々の人間関係にも悩まされてきた。避難先での人間関係に関する回答には、人間関係に呻吟する彼らの姿が浮かび上がっている。「避難して半年ぐらいは、やさしくして話を聞いてもらっていたが、だんだん避難していることが信用されなくなってきたと感じた」。「三年くらい過ぎた頃、近所の商店主が『そろそろ帰れ』と言っているのを知った。住宅支援を受けていることで近所の住民から嫌味を言われたり、仲良くなれたと思っているママ友に『お金いっぱい持ってるよね』と言われて、人間関係を築く気力がなくなった。国や東電からお金をもらっていると思われていたようだ。京都の公立の幼稚園では保育料が無料になるという支援があったが、それをよく思わない京都在住の保護者に『うらやましい』『ずるい』と言われたのが嫌で、あえて支援のない私立幼稚園に娘を入園させた。金銭的に苦しかったが、肩身の狭い思いを何度もしてきたので、貯金を切り崩して払った」。

福島県からの避難者に対するこうした周囲の冷ややかな態度の多くは、原発避難者に多額の補償金が支払われているという間違った認識に由来するものである。東京電力は区域外避難者に対してごく少額の慰謝料しか払っていないばかりか、すべての被害者に対して十分な賠償をおこなっていると主張することで、誤った情報を意図的に流布させてきた。また、マスコミの報道も、避難者に対する差別やいじめなどのセンセーショナルな出来事はとりあげたが、その裏にある客観的事実を正確に伝える努力は不十分であった。そして、国や地方自治体による避難者の人間関係に関する支援はほぼ皆無であった。これらの理由によって、避難者は経済的苦境に追い込まれると同時に、誤った知識にもとづく妬みや差別の対象とされ、それがストレスとなって日々の生活を重苦しいものにしてきたのである。

　避難生活の中でいじめや誹謗中傷を経験した原告たちは、周囲との友好的な関係を維持することが困難になっていく。約半数の原告が相談する人に恵まれていないと答えていたが、彼らの社会関係の悪化を示すデータがもうひとつある。震災前と震災後に「相談や日用品の貸し借り」をするような親しい人間が家族や親せきの外に何人いるかをたずねると、もっとも多い答えは震災の前後を問わず「一-四人」である（**図10**）。一方、震災の前後で大きく変化したのは「〇人」の答えであり、震災前の二〇・四パーセントが震災後に四一・九パーセントへと倍増した半面、「五-一〇人」と「一〇人以上」という答えは合わせて三〇・一パーセントから一四・〇パーセントへと半減している。避難前には豊かな社会関係を築いていた彼らであったが、避難先ではそのような社会関係を築くことが困難になったのである。図5で見たように、社会的孤立とPTSDリスクの関連をあらわすオッズ比は四・二九〇であり、経済状況の悪化や身体的不安よりはるかに高い。避難による周囲の社会からの孤立は、経済状況の悪化や身体的異変以上にPTSDリスクを高める要因なのである。[9] なぜか。答えをアンケートの記述の中に探すなら、「自分がなぜ京都にいるか、分からなくなる時がある。自分の体内時計と関西の時計の時差

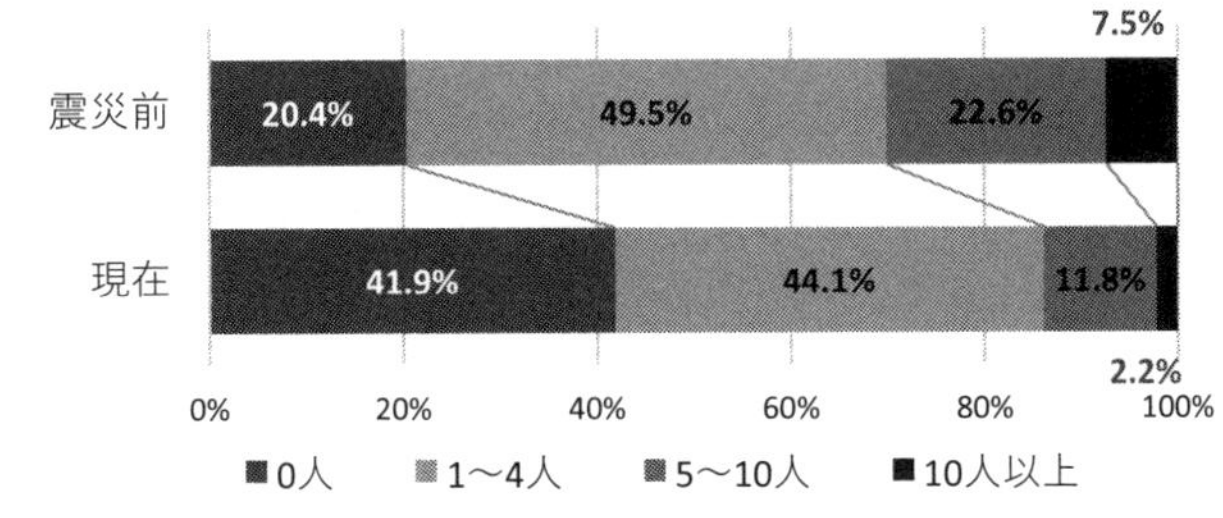

図10　相談や日用品の貸し借りをする人の数の変化（震災前と現在）

9　辻内らの二〇一二年の埼玉県での調査でも、「近隣関係の希薄化」とPTSDハイリスクとのオッズ比

がいまだにある」、「このアンケートをしているだけでも、とてもいやな気持になります。それだけ心の傷は深いし、風化されてはいけないことだと思っています」とある。避難がいつまで続くかわからない状況の中で、自分の居場所を見失い、自分を肯定することができないでいることの苦痛を彼らは訴えているのである。

避難者の帰還についても見ていこう。原発事故後に国や福島県は四兆円を超える資金を投じて除染を進め、避難者の帰還をうながしてきた。除染によって国が「居住可能」とする年間二〇ミリシーベルト以下の放射線量になった地域では、住宅補助が打ち切られ、帰還しない避難者は公式の記録では避難者として扱われなくなっている[10](日野二〇一八、青木二〇一八)。それに加え、年間二〇ミリシーベルト以下であれば居住に問題はないので帰還すべきである、避難者の苦難は放射能汚染によって避難を強いられたことではなく、避難の継続が生んだストレスによるのだと、国や福島県の主張を裏書する本さえ出版されている(池田・開沼他二〇一七)[11]。

これらの政策や本が主張するように、避難者は元の居住地へ帰還したなら過去の社会関係を回復し、精神的安定を取り戻すことができるのだろうか。アンケートの結果は否定的である。原告の四分の一は帰還しているが、帰還の理由をたずねると「経済的負担」の答えが最多であり(四五・五パーセント)、「住宅補助の打ち切り」が続いている。経済的理由によって帰還したのであり、国や県の言う「線量が下がった、健康不安がなくなった」ので帰還したとの答えは六・一パーセントでしかない。「仕事がない。友人等の原発に対する意見の相違。二重生活は終わったが、ほとんどのものの整理ができていない」。「事故前親しくしていた人と断絶。会いたくない、外出したくない。別の県で一人暮らしを

は二・二七であり、「生活費の心配」のオッズ比二・二七、「持病(身体疾患)」のオッズ比一・九七とほぼ同率かそれ以上である(辻内二〇一四、一〇四)。埼玉県は福島県から近く、多くの避難者が居住しているなど、彼らの社会的孤立の度合いは京都府への避難者より低いと推察されるが、それでもこれだけの高率を示しているのである。

10 福島県が二〇一七年三月に避難者への住宅補助の打ち切りを決定したことは、国際社会から強い批判を招いている。国際社会が承認した「国内強制移動に関する指導原則」に反するというのである。国連人権理事会は二〇一四年に、「福島において被ばくレベルが高く設定されていること、およびいくつかの

している子供を帰省させるのが不安。福一原発は収束していない」。帰還はしたものの、社会関係の復旧も精神的な悩みの解消もできていないというのである。

一方、帰還していない原告に「帰還しない理由は何か」とたずねると、もっとも多い答えは「放射線量、健康不安」であり（七五・四パーセント）、除染が完了したので健康不安はなくなったとする政府の発表に強い不信感を示している。「公営住宅の打ち切り。残してきた親の介護。京都で幸せそうな家族連れを目にすると苦しかった。私や子どもはどうしてここにいるのかと思った」。帰還をうながす国や福島県の施策やそれに声を合わせる一部識者の主張は、原告の精神的ストレスの解消にはまったく寄与していない。それどころか、国や福島県は、住宅補助を打ち切ったことをはじめとして、帰還せざるを得ない状況に避難者を追い込むことで、彼らの日々のストレスを増大させ、ＰＴＳＤリスクへと追い込んできたのである。

以上は成人原告のあいだでのＰＴＳＤのリスク要因であるが、事故時に七‐一八歳であった原告のリスク要因についても見ていく。学校生活での困難と、甲状腺検査の検査および健康に関する将来不安である。その他に、母親との関係も子どものリスク要因であることが確認されているが、母親がＰＴＳＤのハイリスクから回復できたなら解消される要因なのでここでは検討しない。

転校してつらい思い、嫌な思いをしたかという問いへの答えは、圧倒的多数が「した」であった。しかも彼らのあいだでは、「学校に行くのが嫌だった」（六四・七パーセント）、「学校に行けなかった」（二三・五パーセント）と、深刻な事態もかなりの高率で生じている。未成年の避難者についての研究はこれまでなかったし、若年層を対象にしたＩＥＳ‐Ｒ

避難区域の解除の決定により人びとを高度に汚染された地域に戻らざるを得なくしている状況を懸念する」と言明したし（徳永二〇一六、九四）、二〇一八年にも国連の特別報告者が総会で同種の懸念を表明した（Japan must halt returns to Fukushima, radiation remains a concern, says UN rights expert, https://www.ohchr.org/EN/NewsEvents/Pages/DisplayNews.aspx?NewsID=23772&LangID=E）。

11　この本のタイトルは『しあわせになるための「福島差別」論』となっている。「しあわせになるため」にどうするかを決めるのは当人自身であり、他人が言うべきものではない。とりわけ、原発事故避難者がどのような思いで避難し、どのような苦難を抱えながら避難尺度の実施も皆無である。原発事故後に全国各地に避難した小中学生が、避難先の小中学校でいじめられたり、お金を巻き上げられたりしたというセンセーショナルな報道はくり返しなされ[12]、それを受けて文部科学省は二〇一六-一七年に全国の小中学校に指示して実態調査をおこなわせた[13]。しかし、それらは一過性のままに終わり、掘り下げた調査も支援のための特別プログラムの作成もなされなかった。これに対し、私たちのアンケート調査は、避難した小中高校生が成人とほぼおなじ割合で精神的苦痛に晒されてきたことを実証している。彼らが何を考え、何に悩み、どのように生きてきたかを明らかにする調査やインタビューを実施することは、喫緊の課題なのである。

　彼らの多くに甲状腺異変があり、そのことが精神状態に少なからぬ影響を与えていることはすでに述べたが、「被ばくが原因と思われる病気や身体的不調があったか」をたずねると、「あった」(三六・四パーセント)がかなりある。「髪の毛のひどい脱毛」や「原因不明の発疹、頭痛、腹痛」、「長時間続く鼻血や凍傷のようなしもやけ、つらすぎる生理痛、鼻が出ずっぱりで息ができない」などの症状である。加えて、「心理的に不安定な状態が続き、身体的にも不調が続いた。甲状腺の状態が不安で、もう生きることができないのではないかと感じた」という健康支援が緊急に必要と思われる生徒もいる。

　こうした身体的異変や甲状腺検査の異常は、予想されるように健康に対する不安を生じさせている。「身体的なことで心配があるか」とたずねると、七-一八歳のうち、「ある」三四・八パーセント、「少しある」一三・〇パーセントと、約半数が健康不安を訴えている。どういう不安かをたずねると、「将来、被ばくが原因で発病する恐れ」、「将来、自分の子どもになにかの症状が出る恐れ」、「国や県が十分な保障をしてくれない恐れ」の

を継続しているかを理解しようという配慮と想像力があったなら、避難を切り上げることが「しあわせ」への道だなどとは口が裂けても言えないはずである。

12 「『菌』『賠償金あるだろ』原発避難先でいじめ 生徒手記福島さん」『朝日新聞』(二〇一六年一一月一六日、https://www.asahi.com/articles/ASJCH5GJYJCHULOB02P.html)、「絶えぬ震災いじめ、六割超が不快な経験」『日本経済新聞』(二〇一八年三月六日、https://www.nikkei.com/article/DGXMZO27741770W8A300C1000000/)。これらの他、「クローズアップ現代」でも二〇一七年九月六日に取り上げている(https://www.nhk.or.jp/gendai/kiji/029/)。

13 「原子力発電所事故等

答えがいずれも七割前後である。将来、自分が放射の汚染が原因で発病するかもしれない、自分の子どもにも何らかの異変が生じるかもしれない。しかし国や自治体は十分な保障をしてくれるとは思われない。そのような不安を抱えながら生きていかなくてはならない彼らの状況は、私たちが想像する以上に過酷であるに違いない。私たちはこれまで十分な支援をしてきたか、今後彼らに対して何をすることができるかを、あらためて問い直すことが必要なのである。

まとめ

最後に、アンケートにもとづくこの研究によって何が明らかになったかを、いくつかの点にしぼって議論したい。最初に指摘したいのは京都訴訟原告のPTSDリスクの高さであり、その数値が示している精神的苦痛の大きさである。成人原告におけるPTSDのハイリスク者の割合五五・九パーセント、平均点数三〇・〇九、原発事故当時七-一八歳の未成年者におけるハイリスク者の割合五二・二パーセント、平均点数二八・七八という数値は、これまで大震災後になされた同種の調査と比較しても例外的なほど高いものであり、原発事故避難者がいかに痛ましい状態におかれてきたかを如実に物語るものになっている。

PTSDについては近年裁判の対象になることが多く、その認定に慎重な姿勢がとられる傾向がある(永下二〇〇九)。今回の事例でいえば、区域外避難者の多くは生命への直接的危害を感じたわけではないので、PTSDの原因となるトラウマを生じなかった

により福島県から避難している児童生徒に対するいじめの状況等の確認に係るフォローアップ結果について」(https://www.mext.go.jp/a_menu/shotou/seitoshidou/__icsFiles/afieldfile/2018/08/17/1405633_002.pdf)。この「フォローアップ」は、具体的にどのようにして実態を把握したかさえ記さない杜撰なものであり、福島県から避難した生徒の千人当たりのいじめ件数を一〇・九件とし、全国の小中学校の平均のいじめ件数の一六・五件より少ないがゆえに問題なしと結論づけるなど、あらかじめ作られた結論に調査報告を押し込んだとしか思われないものである。

はずだとする見方である。[14] しかし、ＤＶや家庭内性暴力などの長期にわたる暴力や精神的圧迫がＰＴＳＤを発症させることは確認されており、今回の事例はこれに相当すると考えられる。避難者の多くは原発事故という未曽有の危機的経験に晒され、政府や自治体の発表も疑わざるを得ない状況に追い込まれた結果、強い精神的ストレスを感じながら生きることを、しかもまったく未知の環境で生きることを余儀なくされた。その上、彼らに対する東京電力の賠償や国や自治体の支援はとうてい十分ではなかった。

強い精神的苦痛を経験した人びとが、社会的支援が不足し、日常生活のなかで二次的ストレスに晒されつづけると、ＰＴＳＤを発症しやすくなることは臨床研究で確認されている。このことをＰＴＳＤ研究の主要著書はつぎのように述べている。「トラウマを受けた後のリスク要因についての多くの研究は、トラウマ体験後の状態を悪化させる二つの要因に取り組んできた。すなわち社会的支援の不足と、生活上の二次的ストレス要因への暴露である。トラウマを体験した者にとって、社会的支援の不足はＰＴＳＤを発症するリスク要因であることは定説である」（フリードマン他編二〇一四、一〇七）。もし国や東電による賠償や国や自治体による支援が十分なものであったなら、避難者たちの困難ははるかに軽減されていただろう。[15] しかし、彼らは十分な支援のないままに放置されることで、生活を根本から変えた原発事故の暴力性と国や東電などの人権を軽視する暴力性に直面しながら生きることを余儀なくされた。[16] 彼らはひりつくような痛みをもたらす被傷性の状態、アガンベンの言う「剥き出しの生」を一〇年に渡って強いられてきたのである。

第二に、国や福島県が不適切に関与し、原告の精神的苦痛を増大させてきたことで

14　医学界でも原発事故避難者に対してＰＴＳＤの発症を疑わず、他の精神的疾患と診断した結果、回復がいちじるしく遅れたケースがしばしばある。私は数名の避難者に対してボランティアでカウンセリングをおこなっているが、そのひとりであるAさん（二〇歳）の場合、中学三年で発症したが、最初は統合失調症、のちに双極性障害と診断されて投薬されただけで、一切カウンセリングはおこなわれなかった。私が週一回一時間のカウンセリングをおこなったところ、約二ケ月でフラッシュバックがなくなるなどかなりの症状の改善が見られている。

15　福島原発区事故の域外避難者に対する支援は、過去のケースと比較にならないほど少ないものである。

ある。原発事故被災者への賠償基準をさだめるために文部科学省が設置した原陪審は二〇一一年に「中間指針」と追補を示したが、それは避難指示区域外避難者を「自主避難者」と呼ぶことで避難の不可避性を否定した上で、ごく少額の賠償を認めただけであった。過去に重大な環境汚染と健康被害を生んだチッソのケースがそうであったように、国は原因企業の存続を何より優先させており、そのために住民への賠償を低く抑えることを画策したのであろう。もし原因企業が破産したなら、国が賠償の矢面に立たされるためである。この中間指針の賠償額が避難の実情にまったくそぐわないことは先に論じた通りであり、とりわけ区域外避難者が大半を占める京都訴訟原告のPTSDのハイリスク者の割合が、辻内らの研究が示す避難指示区域からの避難者より高いという事実は、中間指針の見直しが不可欠であることを示している。区域外避難者への賠償額が示された二〇一一年一二月には、避難の実情を理解するための調査はまったくおこなわれておらず、審議に必要な知識は皆無であった。そうした状況下で何の根拠もないままに賠償基準が示されたことは、国としても委員の研究者としてもあるまじきことであり、中間指針の見直しと避難の実情を反映した賠償の実現は早急に必要なのである。

　それに加え、国は東京電力に四兆円余りの資金を貸し付けて放射性物質の除染をおこない、年間二〇ミリシーベルト以下になれば「居住可能」だとして住民の帰還をうながしてきた。それに沿って福島県は被災者への住宅支援を二〇一七年三月に打ち切り、全国の自治体にその決定を追随させることで、彼らを帰還せざるを得ない状況に追い込んできたのである。年間二〇ミリシーベルトを基準とするこの決定がいかに国際基準からかけ離れているかは、チェルノブイリ原発事故後の居住区分が年間一ミリシーベルト以

一九九五年の阪神淡路大震災の被災者に対する住宅支援は二〇年間おこなわれたが、福島県はわずか六年で住宅支援を打ち切った。また、二〇〇四年の新潟県中越地震では、全村避難を余儀なくされた旧山古志村の住民に対し、孤立しないよう一ヶ所への集団移住を実現したし、村の主要な生業であり闘牛の慣行のある牛も「一頭残らず救出」された(植田二〇一六、六七)。この二つの震災被災者のもとでのPTSDリスクの相対的な低さが、こうした手厚い社会的支援に起因していることは疑いない。

16　原発事故避難者が人為的災害の被害者であることは、事故後すぐに国会が設置した国会事故調の報告書を読めば明らかである。「当時の政府、規制当局、そ

下であり、年間五ミリシーベルト以上は居住不可能な強制移住ゾーンとされていることからも明らかである。[17] 避難者を帰還へと追い込む国や福島県の施策は、「国内強制移動に関する指導原則」[18]に反するとして国連人権理事会からくり返し勧告を受けているだけでなく、避難者に大きな精神的負荷を課していることは以上の分析から明らかである。国や福島県のいう「居住可能」との判断が机上の空論でしかないことは、福島第一原子力発電所に近い浪江町や大熊町の住民の帰還率がいまだ一〇パーセント以下でしかなく、しかも帰還者のほとんどが高齢者であることに示されている。[19] 国や福島県は非現実的な施策を無理強いすることをやめ、避難者が安心して帰還できるようになるまで住宅補助と健康支援をおこなうべきなのである。

　このような不適切な関与の一方で、国や福島県は避難者支援のための必要な措置を怠ってきた。震災の翌年の二〇一二年六月に国会は「原発事故子ども・避難者支援法」を可決したが、その第九条には国と自治体が避難者に対する「移動の支援」や「就業の支援」、「定期的な健康診断の実施」、子どもに対する「学習等の支援」をおこなうべきことを明記している。にもかかわらず、その後に誕生した第二次安倍政権はこの法律がさだめる生活支援施策の策定を怠り、不作為を決め込んできた。そのことが多くの避難者、とりわけ原発事故当時未成年であった彼らの今日につづく精神的苦境を招いたことは、私たちの分析から明らかである。社会による十分な保護と支援を与えられないままに放置された彼らは、健康の不安と将来への不安にさいなまされながら、安全・安心の感情を育てることなく生きることを余儀なくされてきた。彼らのもとでのPTSDリスクの高さは、私たち大人に対し、十分な保護責任を果たしたてきたかという問いを突きつけ

して事業者は、……『想定外』『確認していない』などというばかりで危機管理能力を問われ、日本のみならず、世界に大きな影響を与えるような被害の拡大を招いた。この事故が『人災』であることは明らかで、歴代及び当時の政府、規制当局、そして事業者である東京電力による、人々の命と社会を守るという責任感の欠如があった」(国会事故調二〇一二、三四)。人為的災害のケースのほうがPTSDリスクが高まることを、飛鳥井望は断言している。「心的外傷体験者中の再体験症状(＝PTSD)出現割合は、自然災害八・五%、事故・病気二五・七%、犯罪・暴力五七・七%、突然の死別一九・六%、虐待・DV四七・三%と、出来事によって大きく異なっており、自

ているのである。

第三に、避難者が経験した社会関係の喪失の重大さとそれを再建するための支援の必要性である。本研究によって、避難者に対してもっとも大きなPTSDリスクをもたらしているのが、経済的困難や身体的異変ではなく、相談する人がいないという事実に示される社会的孤立であることが明らかになった。このことは私たちの予想に反するものであったが、考えてみれば当然かもしれない。彼らは元の居住地で時間をかけて築いた友人や親族、地域社会、職場等の社会的紐帯を失い、新たな土地でそれを一から築いていかなくてはならなかったし、人間とは、米国の倫理学者マッキンタイアが言明するように、濃密な社会関係の中ではじめて自己の居場所を獲得し明日への設計を築くことができるのであり、各自が堅固なアイデンティティを築き精神的安定を確立するにはそれが不可欠なのである（マッキンタイア一九九三）。

難民であれ国内避難民であれ、避難者に対する支援としての社会関係の重要性が説かれたことはこれまで皆無であった。国連世界食糧計画の一員としてスーダンで人道支援をおこなった堀江正伸の記録を見ても、難民支援の第一は食糧の提供であり、医療等の健康支援であり、せいぜい経済的自立を可能にするための支援である（堀江二〇一八）。彼らの社会関係を再確立させようという働きかけは、そのアイデアさえ存在しなかったのである[20]。おそらく支援する側とすれば、避難者を孤立したままにとどめおいた方が良いという判断があるのだろう。組織化が進行すると、彼らは受け身の存在、保護されるべき「犠牲者」であることをやめ、対話を要求する主体的存在になってしまうためである。しかし、それは支援として十分なのだろうか。内戦やジェノサイドで近隣諸国に

然災害や事故に比べ、犯罪・暴力及び虐待・DVにおいて高い割合を示していた。これらの結果は、これまで国内外での臨床疫学研究の結果を支持するものであった」（飛鳥井二〇〇八、二八）。

17　「ウクライナの『チェルノブイリ法』」竹森正孝訳、http://jsa-tokyo.jp/booklet/2017122401.pdf

18　原発事故避難者が国連のいう「国内避難民」に該当することは多くの法学者が認めている（植木二〇一一、墓田二〇一一）。しかし日本国政府は彼らを公式には国内避難民として認めてこなかった。

19　「戻らない一〇代　福島原発事故——住民帰還の今」『東京新聞』二〇一九年九月一二日、https://genpatsu.tokyo-np.co.jp/page/detail/1149.

逃れた難民が、難民キャンプで強固な組織を形成し、本国に戻って旧政府を転覆したという例は、ルワンダやブルンジをはじめ多くの国で観察されている。旧来の社会関係を喪失した避難民は社会組織の如何を問わずそれを望むのであり、安定した組織のないことは大きな苦痛をもたらすのである。であれば、彼らのさまざまな要求を下からひろいあげ、当局と交渉できるような真に民主的な組織が形成されることは地域の平和と安定のために不可欠のはずである。避難者保護の任にあたる機関が彼らを対話の相手として位置づけることこそが、彼らの精神的苦痛を軽減すると同時に、地域の将来像を明確に描きそれに向かって前進するにはまず必要な一歩なのである。

長く裁判の続いた水俣市で、環境汚染の被害者と当局の和解が進み、「環境モデル都市づくり」に向けて積極的な施策が採られるようになったのは、水俣市長が被害者に公式に謝罪し、国が「最終解決案」を提示して被害者団体が受け入れた一九九四-五年以降である。それ以降水俣市は、住民との話し合いによる徹底したごみの分別や、有機農業の推進、環境保全企業の誘致などの施策を推進し、二〇〇八年には国の環境モデル都市に認定され、二〇一〇年に「環境首都」の称号を付与されるなど、全国的にも高い評価を与えられている。そうした水俣市の現況と、同様に重大な環境汚染を引き起こしながら、一〇年後の今も数万人の避難者とのあいだで対話さえ試みられていない福島県とを比較するなら、何が欠けているかは明らかであろう。避難者を含めた全住民を対話の相手として位置づけ、それに拠りながら将来計画を策定することが重要なことは、原発事故避難者についても、世界中の他の避難民についても、該当するのである。

20 他の主要な難民研究においても(Cernea 1997, Malikki 1995, 1996, 栗本二〇〇四)、難民の社会的紐帯を回復し、彼らを対話の相手として承認することを重視する視点は存在しない。

第六章　困難を家族で力を合わせて乗り越える

多くの原発事故避難者は事故から一〇年を経た今もなお大きな困難や苦難をかかえながら生きているが、だからこそ彼らは、そうした困難を乗り越えるために家族で力を合わせて生きてきた。この章では避難の中での家族の対応を中心に見ていく。

二〇代で郡山市から京都市に避難した星さん夫婦は、避難生活の中で生じた夫の交通事故とＰＴＳＤの発症に苦しんだが、夫婦で飲食店を経営するなどして困難を乗り越えてきた。いわき市で農業研修を終えた北山さん夫婦は、最初の植え付けを始める直前に原発事故にあって避難を余儀なくされ、現在は京都府下で農業に専念している。中国出身のＭさんは母子避難の中で夫との離婚を決意し、子育てを生きがいにしてようやく心理的に落ち着いた生活をおくれるようになった。福島市から京都に避難した菅野さんは、慣れない京都での仕事と人間関係に苦しみ、家族そろって島根に移ったが、また京都に戻って生活の再建に努めている。ここでは、家族の協力と努力によって避難生活の困難を乗り越えようとしている四つの家族をとり上げる。

1　星紀孝・千春さん

星紀孝さんは一九八三年会津若松市生まれ。千春さんは一九八八年郡山市生まれ。震災時はどちらも二〇代の若夫婦であり、長男が生まれたばかりだったため、郡山の妻の実家に住んで共働きをしていた。原発事故後まもなく京都市に避難。避難後は夫の病気、交通事故、第二子、第三子の誕生とめまぐるしい出来事がつづいたが、二〇一九年に飲食店をオープンさせ、ふたりで切り盛りする毎日である。

星千春さん

お名前を教えてください

星千春です。主人が紀孝です（以下は明記しないかぎり千春さんの発言）。

お勤めだったんですか、奥さんも

私もパート、アルバイトに行ってたんで。

で、御主人は

主人も郡山で勤めていました。郡山のガソリンスタンド。郡山市役所の隣にあった出光だったんですけど。ずっとそこに勤めていたので。

陳述書を読むと、勤務先でヘルメットと防毒マスクを配られたって

そうですね。出光興産の方から、えーっと防護服二着、防護ゴーグル二個、それと粉塵マスクが四つかな。そのセットが震災の一週間もたたないくらいで支給されたのかな。そうですね、食べ物とかと一緒にそれが各世帯に二セットずつってかたちで配られたみたいなので。

各世帯に

そうです。出光興産の福島エリアに勤めている全従業員の一家族に対して二セットっていうかたち。ねっ（ご主人に向かって）、そうだよね。そんな感じで配られたんだよね。

それはガソリンスタンドで、外でお仕事だから粉塵マスクとか配られたのかと思ってました

というよりは、直属の上司の方には、「万が一の時には、これを着て逃げるように」って言われて。子どももいますし、「じゃ、子ども優先に使おう」みたいな感じで家族でも話していました。どういう意味合いで会社が準備したかは、私たちはあれですけど、そういう危機感は会社としてはあったような。

【紀孝】あの、エリアマネージャーは、「少しでも遠くに逃げろ」って言ってくれて。

それはいつですか

【紀孝】配られたときですね。「逃げられるんであれば、少しでも遠くに逃げた方がいい。先に家族だけでも、遠くに出したほうがいい」ってことで（うなずく）。

実際、エリアマネージャーのご家族は、もう早急に関西より先、愛媛だったかへ避難されていたんで。そういう話を聞くと、やっぱり危ないのかなって危険性を感じますよね。

それまでは、どうだったんですか。大丈夫かなって感じだったんですか

いや、それまでは、正直何が起こっているかが把握できないんですよね。爆発したのはニュースで見てますけど、それより余震も多いし、水道とかも止まってるし、日々の生活をクリアしていくっていうのが先なんで。危機感はありつつも、そこに全集中する

星紀孝さん

かっていうと、目先の生活が大事とか、生きていくのでいっぱいだったので。でも、一番はやっぱり出光から配られた防護服と上司のことばで、「あっ、これはまずい」って確信を得たっていうか。

そこで避難先を真剣に考えたっていう感じですか

そうですね。どうするかっていう家族会議は何度となく開きましたけど、結局決まらないというか、情報がなさ過ぎて、どうするべきかは悶々と悩んでましたけどね。

そのときは奥さんの御実家と一緒に暮らしていたんですか

そうですすそうです。私、長男が生まれてまだ一歳前だったので、母と兄と子どもと五人で。

この陳述書を見ると、一度会津若松に行かれてますよね

行ってますね。一五日かな、そのあたりに行ってますね。行って結局二日くらいで戻って来ちゃってるんですけど。ま、温度差っていうか、地震も郡山よりは被害が少ないし、原発にしてもそうですけど、まわりとの温度差がちょっと精神的に。

じゃ、郡山でも大丈夫かなって感じだったんですか

いや、郡山に戻るべきではないって思ったんですけど。私が、主人の実家のほうで周囲の温度差に耐えられなかったし、子どももハイハイしている年代だったので、そういうのもちょっと神経質になってたかな。会津若松だと距離も倍あるのでと思ったんですけど、逆に倍あるために温度が違ってて、それが精神的に。

二、三日あとに郡山に戻られたけど、物資はどうだったんですか

物資は出光からも定期的に来ますし、親戚も働いているのが食品系が多かったので会社からの支援があったり。あとは整理券とか、スーパーは並びましたけど、わりと生活物資はそろいやすかったですね。

それがなかったら、やっぱり大変でしたか

だと思いますね。つてがないとやっぱり。スーパーもすぐは開かなかったので。店内の掃除とかが先になりますし、私が勤めていたコンビニもすぐは開けられなかったので。

コンビニは何日くらい後に開いたんですか

私、仕事に出たのは震災から二週間あとですけど、お店が開いたのは一週間後くらいですね。そもそも物が入ってこないので、ある物を売るしかないんですけど、本当に空っぽになっちゃってたので。入ってきてもひとり一個で、四〇個とか五〇個とかしか来ないんで、結局一時間足らずでなくなっちゃいますし。そういうかたちの営業が二、三週間続いたんですね。

三月いっぱいくらいの感じですか

物資が、コンビニの棚に陳列が戻ってきたなって思えるようになったのが六月くらいですから、三ケ月くらいかかりましたね。

私、四月の初めに岩手に支援に行ったんですけど、物資は結構あるなって感じでしたが

そういう意味では福島は。うちも住んでたマンションの水道管の部品がダメになっちゃって、工事の業者さんが県外からしか呼べなかったみたいで。でも、管理会社の人から、「工事の人が福島県に入りたくないって言って、業者を呼べません」て言われて。それで管理会社の人が自分たちで直したんですけど、まあすぐ止まるし、断水しちゃうんで。その段階で、「ああ、県外の人はなるべく近づきたくないんだな」って感じに。いろんなところで聞いてましたよ、タンクローリーが「入りたくない」とか言ってというのがありましたね。

そうすると四月になって物資が入っているようになって。四月五月とおられたわけですよね

そうですね、四、五、六はいましたね、六月の中旬くらいまでいましたね。

それは普通の生活に戻っていたって感じですか

戻ってたかっていうと、ちょっと違いますね。物資も揃ったかっていうと、スーパーも半分くらいしか物がないし、いつも普通に買えるようなものが入ってこないんで。そして余震が多かったんで、地震の恐怖と、マスクをしなきゃいけないのと、まわりとの温度差ですよね。原発を危険だと思う人と、危険だと思っていてもそれを言わない人とが入り混じっているので、生活しにくかったですね。

星さんのご家族としては危険だと思ってたんですか

危険だとは思ってましたよ。会社がそうなるってことは、大ごとだろうって判断だったので。

避難はしたいけど、なかなか決心がつかないっていう感じだったんですかね

決心もつかないし、自主避難だとどこも基本的には受け入れてもらえないので。どうするべきなのか、保養するべきなのか。仕事もあるし、生活していかなくてはならないんで、あの時期は。で、どうしようかっていうときに、インターネットで調べたんだと思うんですけど、京都のほうで自主避難の方を受け入れてますっていうので。ただし福島県の人しか京都は受け入れていなかったので、問い合わせをしたら、「自主避難の方の受け入れしてます」ってことで、それがたぶん五月くらいですかね。

五月の上旬ですか、それとも下旬

上旬だったと思うんですよね。京都府の職員さんを送迎するバスで現地の視察ができたので、五月の下旬に母がひとりで行って現地見てきて、桃山の宿舎[1]を見に行って。もうそこで申し込みをしてきたはずなので、情報はたぶん五月の上旬ぐらいに知って、そこから六月までに一気に進んだ感じですね。京都に移動したのは六月の末だったんですが、この日にバスが出るっていうので、それに合わせて入居日を決めてもらってってかたちで行ったので。

家族全員で

最初は私と母と長男の三人だけで行って。どのくらいの避難期間になるかわかんないし、すぐ戻るかもしれないしって、先が見えない状態だったので。仕事をしている人をどうするか。私の父親にしてもそうですし、主人にしてもそうですし。なので、最初はバラバラで避難しました。

御主人が避難されたのはいつですか

八月ですね。

京都来られてどうだったですか

京都来てから。そうですね、やっぱりマスクしなくていいし、子どもも初めて靴を履いて歩いたので、土とか触ってもいいし。何ていうんですかね、窓を普通に開けれるっていう感覚がこんなにも気分がいいんだなみたいな。福島では換気ですら悩むような状

1　京都市伏見区桃山町泰長老にある国家公務員桃山合同宿舎のこと。交通の便はいいが、取り壊しがすでに決まっていた築五〇年以上を経過した老朽化した住宅団地であった。この団地には多くの原発事故避難者が居住していたので、支援する会の主催する桜祭りや新年祭などがここでおこなわれた。

況だったので。換気は風向きを考えてってニュースでやっていたので、それを考えながら窓をあけたりするのもね。京都に来てからはそういうのがないんで。

京都で仕事はすぐに見つかったですか

そうですね、私は仕事辞めてこっちに来てるんですけど、子どももあれですし、私自身も土地に慣れないといけないんで、ちょっとしてからと思ってたんですけど。主人はすぐに仕事が決まりました。

経済的にはそんなに問題にならなかったですか

経済的に問題がないわけではなかったですね。京都来るのに、私が乗ってた車とか全部売って来てるんで、数ケ月はどうにかなるぐらいに資金は貯えてはきましたけど。でも、一から全部そろえなくてはなんない。あっちから持ってこれないんですね。大げさかもしれないですけど、放射能がついたものをわざわざ持ってくるかっていうと、やっぱり悩むので。基本的に福島で使ってたものは、思い出の品とか以外はほとんど処分して来ているので、生活を再建するためのお金はだいぶかかっていますね。普通に一世帯が生活していくっていうのはこんなにお金がかかるんだなって。まわりに家族がいたりしたら援助がありますけど、そういうのがない。親戚がいるわけでもないし。

収入はどうだったですか

収入としては前の出光と変わらないぐらい。で、私も働きに出れればよかったんですけど、母が働きに出たので私が働きに出れないですし。母も福島で自営業をしてたんで、自営業のお店をたたんで京都に来てるのでね。もともとふたりで共働きだった収入がひとりになるんで、そこは結構切り詰めましたけど。やっぱり家賃補助が一番助かりましたね。そこの家賃補助がなければ、もっと大変だったなって。

それでも、延長は一年ごとだったですよね

そうですね。一年一年なんで、住宅を探すなりどうするかは、毎年家族でどうするかは話しましたけど、延長延長で行ってたんでちょっと余裕。余裕っていうわけではないけど、準備期間はあったかなって思います。当初は一年とか二年だったんで、そこから比べたら、延長してもらったおかげであるていど地盤を固めて動けたかなってのが正直なところですね。

延長の停止は二〇一七年でしたっけ

桃山合同宿舎を出ても、新しいところの補助も出てたので、そこまで含めると二〇一八年までですね。なので、国もあれですけど、京都府のほうもそれだけ協力してもらったって部分ではものすごく大きかった。住むとこがしっかりしてないと何も始まらないので。

御主人はずっと同じ仕事につかれていたんですか

そうですね。主人は京都に来てから勤めた会社でずっと働いていました。

一番上のお子さんが一〇歳くらい

はい、上が一〇歳で、下に八歳と五歳がいます。

小学校のお子さんは転校したりで大変だったみたいですけど、それはなかったですかね

そうですね、それはなくて動きやすかったほうだと思うんですよね。学校とかお友達の関係とかもないですし。ま、一から作り上げていくと思えば、他のお母さんとかよりは良かったのかなとは思います。

引っ越して、人間関係とか問題なかったですか

問題ありましたね。ありました、ありましたよ（笑い）。おなじ避難者の方で、福島県の方ではないんですけど、その方から、「私の子どもは絶対福島県の人とは結婚させない」って面と向かって言われて。何かね、自分の子どもも他の人から見たらそう取られるのかなって。やっぱり福島に戻る決断はできないというか、私たち親は福島県で育ってますけど、子どもたちはそこで育つことで何年後かに、結婚するとかって時に、多少その弊害が出るのかなって。差別じゃないですけど、そうなった時に、「なんで離れてくれなかったの」って言われたら、そこはもう責任取れないし。そのことばで、福島に戻るよりは京都で生活を固めていくほうがいいかなっていうのがありました。散々いろんなことを言われましたけど。

他にどんなことがありました

避難者同士のぎすぎすが多かったですね。京都の方から言われるとかは一切なかったんですけど。どちらかというと震災のこととか、いろんなことを受け入れた上で話を聞いてくれる方のほうが多かったので。むしろ避難者同士のほうがぎすぎすしてて。お互い避難者なんですけど、福島県と福島県外とで支援の差が大きいとか。「やっぱりあなたたち恵まれているよね」みたいな。でも、私たちからすると恵まれているというよりはね。たしかにおなじ避難者で差があるというのは国の問題ではあるんですけど、それを実際に福島県の人に言うんだなって。そういうことは多々ありましたね。

それは、幼稚園の入園とかで違いがあったんですか

息子が入園する時には補助がありましたけど。うん、補助が出てましたね、長男だけ。

裁判をやろうって決めたのは、どういう理由ですか

もともと裁判をやるつもりはなくて。自分たちで決めて避難したので、自分たちの力で生きていかないとっていう気持ちが強かったんで、裁判をするつもりがなかったんですね。ただ、岡山に避難した兄は、郡山で家を建てて一年後に原発事故にあったんですけど、住宅ローンを抱えたまま避難をする決断をしたので、ＡＤＲですか、個人賠償のほうでずっと裁判をしてて。東電から出たあれも一切受け取らずに、最初から裁判をかけてて。それも聞いてはいたんですけど、どこか他人事で。

ただ、その兄に言われたのは、「ひとり二人三人って裁判をしてくれる人が増えれば、俺たちみたいに闘っている人たちが一歩進む要因にもなるし、福島県でなかなか声を上げられない人たちが、福島県から出た人たちが声をあげることで、声を上げることもあるんじゃない」っていうことを言われて。兄たちもそうやって裁判をやっているので、協力できたらなっていうのと、福島県を出たっていう負い目はずっとあるので。友だちもみんないますし、やっぱり福島県の人も気にしてるし、怖いし。先は不安だけど、それを口にできないんで、県外に出た人たちがそれを代弁できて、もし福島にいる人たちの補償につながるなら、それは自己満じゃないですけど、福島から出て頑張った甲斐があったかなって。そんな所ですね。

お兄さんはＡＤＲのあと、そのまま裁判になったわけですか

ＡＤＲのあと、ずっと裁判を続けています。今もたぶんやりとりしてると思いますけど。

御商売をはじめられたのはいつですか

今年です、今年の六月[2]にオープンで。四月にオープンの予定だったんですけど、六月オープンですね。

何かきっかけがあったんですか

きっかけはいろいろありましたけど、母親たちも自営業をしてましたし、私もいずれはしたいなっていうのと、正直、福島から出たからこそ、ある程度福島に胸張って、福島を応援していることを言えるようなかたちにしたいなって思ってたんです。でも、決めたきっかけはやっぱり主人の事故ですかね。

事故ですか

事故。桃山の合同宿舎を出て、この墨染[3]に引っ越してきて、一年しないうちに交通事故で二年ぐらい入院して。正直、事故当初は「もしかしたら歩けなくなるかもしれない」って言われて。宿舎出て再スタートっていう時期だったし、私も仕事はじめた直後だったので、それはもう二年ぐらいは働きっぱなしというか。でも、その二年三年で子どもたちも大きくなっていきますし、お金もかかりますし。でも会社員として戻れるかっていうと、やっぱり弊害があって、サラリーマンとしても厳しいんじゃないかっていうのがあったので、じゃ、自分たちでお金を生み出せるような仕組みを作っていかないといけないかなって。その前に、主人がメニエール[4]になったっていうのもありましたし。

メニエールですか

【紀孝】こっちで、すぐに働き始めた会社にいるあいだになったんですね。

2　二〇二〇年六月。

3　京都市伏見区墨染。桃山の電車で隣の駅。

4　メニエール病は内耳のリンパ液が過剰に溜まることによる「内耳のむくみ」が原因で起こるとされる。症状としては、めまい、嘔吐、耳鳴り、低音部の難聴などが生じる。

メニエールだとバランスが悪くなりますよね

【紀孝】そうです。立つこともできなくなって。

事故はそれが原因ですか

【紀孝】いえいえ、全然違うんですけど、そんなこんなで精神的なあれは大きかったですね。精神的な不安は、避難してから強くのしかかっていたとは思うんですよね。ひとりで養っていかなきゃいけないし、慣れないところの仕事と人間関係なんで、女の人と男の人では全然違うんで。若いから頑張れるだろうって自負がありましたけど、やっぱり転勤の人とはちょっと訳が違うんで、ものすごい重圧が大きかったと思うんですよね。

メニエールはいつ頃から出たんですか

働き始めて三年くらい。ちょうど長女が生まれる時だから、今から五年前の今ぐらいの時期に、倒れたというか、車いすで病院に。でも、その前から徴候はあって。でも、それでも仕事に行ってごまかしごまかしで。すごい酒の量も増えてましたし。それで長女が生まれる一ケ月くらい前にメニエールが(出た)。「運転もできないから、仕事ちょっと休んでください」って言われて、仕事休んで、長女が生まれて。これではいかんってもう一回再起して、なんとか薬飲み続けてというまでにはなってましたけど。そのあとまた引っ越しとかあったんで。で、引っ越した一年後ぐらいに事故になっているんで、なんかもう波がありすぎる人生みたいな。

事故はそのメニエールとは無関係な

関係ないです。症状は出てなかったので、事故の頃とかは。で、その事故の直前に、避難して来てずっと働いていた会社を退職して、転職するのがもう決まっていて、転職先の会社とかももう決まっていたんですけど。辞める五日前に事故にあったんで、ものすごいややこしいというか、どういうふうに移行するのかとか。で、裁判でお世話になってる弁護士さんにすぐ電話して、事故のほうも今案件をもってもらってるんです。

それはある意味ラッキーでしたね

そうですね、最初から弁護士さんに依頼できたので。普通は弁護士さんって関りがないじゃないですか。でも真っ先に、最初から全部言ったほうがわかるかなってかたちで案件を受けてもらって。実際、今もまだ事故の決着がついてなくて。三年経つんですけど、決着がついてないんで、労災を受けているんで働けないんですよ。なので全部、私の名前で、私がオーナーで経営してますってかたちにしてるんで、なかなか病院から切ってもらえなくて。

今も病院に通われてるんですか

【紀孝】そうですね、整形と精神科と、通院はしています。

それは精神的にも、事故の直後から

【紀孝】事故の直後は出なかったんですよ。けど一ケ月後、入院中に動悸とか、ちょっとした音、外を走る車の音とか、そういうのがものすごく怖くなって。で、動悸、息切れ、あと震えとか、そういうのが出てきちゃって。で、そのときに整形の主治医に紹介されて、おなじ病院内の精神の先生のほうに通うようになって。はい。薬はすぐにでも楽にしてほしいって感じでお願いしたんで、結構量の多い薬を出されて。で、その薬の減薬で苦しんでます。

お店の方はどういうことで

飲食店って難しいですけど、自分たちができることといえば、やっぱり楽しい場所を作ることが仕事になったらっていうことで。自分たちも避難して来てるわけだし、京都学生が多いので、地方から来た子とか集まれる場所があればなあって感じで、飲食店にしようって。もともとね、「年行ってから、地元に帰ってお店やりたいな」ぐらいの感じだったんでね。子どもたちはとりあえず立派に育てなくてはいけないので、それが落ち着いてから、そんなお店出したいねっていう夢だけだったのに、それがかなり加速した感じですね。

何を出してるんですか。お酒とかも

夜はお酒を出してますね。昼は飲み物とかハンバーガーとか、いろいろと。

結構大変ですか。それとも順調に

大変です。あれもこれも、今はいろんなことをしないと、むずかしいこのコロナっていう時代で。コロナだからこそ行き慣れたお店に行く方が多いので、新しいお店に行こうっていうチャレンジが阻まれているっていうか。本当は一〇年目ぐらいの区切りでオープンで再出発って思ってたんですね。どうも再出発するたびに何かあるので（笑い）。再出発するたびに何か弊害が起こって、そこからまた二重苦ぐらいで出発していくので。今回もコロナと一〇年前とが重なったというか。一〇年前もみんなマスクしてましたし、手洗いもすごいしてたし、家とか入るときも叩いて落としてから入るとか、かなり徹底してたので。本当に思い起こすと、ああああの時とおんなじことしてるなって思ってね。スーパーの買い出しも、皆さん時間をずらしてとかまとめてとか、時代は巡ってるなって感じですね。

でも、お店出すのはお金がかかるから、大変だったでしょう

そうですね。資金は事業計画書をきっちり作って、国金さんの面談をしてとか段階を踏みましたけど。

国金って何ですか

日本政策金融公庫。国の事業おこす人向けの融資の。でも、国の機関なんでいろんな審査というか、預貯金とか計画性とか、ものすごいハードルは高かったんですけど、それはしっかり作って。ただ学校にも通いましたけどね、カフェとか経営の学校に。

それは奥さんが

私もですし、主人も。飲食店っていうのが決まった段階で、私はカフェと経営の学校に行って、主人はバーテンダーの専門クラスに行ってたんで、ふたりとも別々なものを学んで。地元じゃないんで、知り合いもつてもないですし、友人とかのレベルをはるかに超えていろんな情報を取っていかなくてはなんないんで。お金はかかりましたけど、そこは投資だと思って学校に通って、ちゃんとした情報をもらいに行かないとと思って。で、そういうのもあったので、資金繰りとかは学校でも教わって、先生とかも相談に乗ってくれたので。

ターゲットは若い人ですか

ターゲットは若い人なんですけど、このコロナで何もかもひっくり返ってしまって。こんなに若い人にとって苦しい時代になるなんて考えてもいなかったので。学生の方も、オープン前から「バイト募集してますか」って結構。外国の方もそうですけど、皆さん働いていくことすら大変な一年だったのかなって感じで。お店開けただけでも感謝しないとなって。

将来の展望とか、どうしたいとかってありますか

将来どうしたい。やっぱり三・一一を経験しているので。もともとお店をする時に、キッチンカーにしようと思ってたんですけど、災害の時に皆さんにご飯を振舞えますし。でも、ここの店舗がたまたま知り合いの人がやってた居酒屋さんで、「空くけど、やる」ってお話しもらったので、それは何かの縁っていうことで。でも、いまだにキッチンカーはあきらめてないというか。三・一一後からずっと活動されてるNPOの団体の手伝わせてもらって。千葉だったり熊本だったり、災害が起こったところに主人は実際に行って作業をしたり。そういうのを考えると、経験を活かしながら、つぎの災害に備えられるようなお店を作っていきたいのと、なるべくいろんな人に発信はしたい。でも、福島から来てとか、三・一一を経験してっていうのをあんまりクローズアップしては言いたくなくて、当たり前のようにみんなが気をつけることができればいいかなって。

ごめんなさい、発信したいって、何を発信したいんですか

やっぱりあれですかね、防災とか。行政に頼るより、自分たちとか自分たちのまわりで協力するしかなくなっちゃうので。ましてや私たちのように親戚がまわりにいる環境ではないので、災害が起きたときにどう行動するか。やっぱり「遠い親戚より近くの……」っていうけど、そういうのを強めていかないと、これからの時代はもっと厳しいんじゃないかなって。本当はまちづくりみたいのに協力していきたいなっていうのがあるんですけど。

御主人、将来のお考えがありますか

【紀孝】そうですね、今ほとんど言ってくれましたけど。ゆくゆく子どもたちが大きくなって、誰かが「パパとママのお店継ぎたい」とか言うようなことがあれば、自分らは自由になれるし、また違うお店に移るなり、それこそキッチンカーでいろんな地方に行くなり、絶対災害からは抜けられないんで、日本全国動けるようにしておきたいなというのはありますね。

NPOは何ていうんですか

えーっと、ボンド&ジャスティスっていう、ボンジャスで検索するとすぐ出ます。

その本拠はどこにあるんですか

南相馬です。この一〇年、いろんなところの災害に駆けつけているので。その大本になっているのが三・一一で、南相馬の出身なので、その代表の方といろんな支援の輪がつながって、この一〇年で全国に拠点ができてて。私たちも経験してますけど、必要な支援物資ってつぎつぎ変わっていく。生活が流れて行く、その段階でいろいろ変わっていくんで。最初は何もないからお金だったり生活用品だったり。そこから次のステップに行くと変わっていくんですけど、行政はそれについていけない。そうなるとやっぱり民間団体こそ動けますし、縛りがないので、そういう面ではすごいスピードで、今現在必要な物資を、どのくらい、どこに、いつまでにっていう明確な提供の仕方をしてるので。

一番はやっぱり温かい食べ物を食べないと力は出ないから、おいしいものを身近にある材料で振舞って元気を出してもらうってことですね。そういうのを手伝わせてもらっている中で、じゃあ私たちが今この京都でできることは何かなって。お店をやっているのであれば、その活動の内容を広めるとか、ちょっとした募金のメニューだとかのかたちで支援させてもらうとか、そういうことが続いていければなと思う。私たちもいつ手助けされる立場になるかわからないので、それはやっぱり三・一一を経験したからこその目標なのかなって。

裁判とか、国とか東電とか、最後に何かありますか

言ったら切りないですよね、言ったら。海にも空にも壁があるわけじゃないんで、福島県だけの問題じゃないですし、やっぱり日本の問題として考えないと。海外からもそういう評価になりますし、子どもたちがそういう評価をされてくってことと、福島の原発のことに関してはきちっと繋いでいかないと。そういう歴史を子どもたちにちゃんと伝えていかないといけないなと思うので。

災害支援とかでも、年齢が若かったので、いろんなことで動けたかなって思うんですよね。正直、家族がみんな一緒にいたから頑張れたって思うんですよ。この一〇年。いろんないざこざありましたけど、家族間でもありましたけど、家族全体が一緒に動いたからこそ、この一〇年なんとかやってこれたのかなって。だから、本当に母子で避難された方とかは、それこそ精神的にも重圧だろうし、大変だったと思うんですよ。人のつながりもそうですし、家族が多ければ、その分だけ人のつながりもあるんで、そう意味では恵まれていたなって思うんですね。

2　M・Sさん

M・Sさんは一九七〇年、中国四川省成都市の生まれ。大学ではファッションデザインを習い、中国でオーダーメードのお店を開いていた。一九九八年に企業研修で来日し、その間に知り合った男性と結婚、日本国籍をとる。震災後はいったん中国に行き、そのあと二〇一二年より京都市に避難することを決める。現在は避難を受け入れなかった夫とは別れ、娘のアミさんと二人で暮らしている。

お生まれは中国ですよね。日本に来られたのはおいくつの時ですか

えっと平成一〇年ですから、二七の時。

日本に来られたのはどういう理由ですか

私ね、日本との文化交流をしていた先生の勧めで、「そういうことがありますから、興味ありませんか」ってことが最初にあって。大学卒業してまもなくだったと思うんですけど、私ちょっと興味あって日本語を半年習いました。

大学では何を勉強されたんですか

えーっと、紡績工程学院[1]だけど、まあアパレル関係ですね。デザイン関係のほうが主ですね。その大学の初めての専攻だったんで。当時、中国はすごく発展していたので、ファッションの流通が盛んになってたんで、新しい専攻だったんですけど、その最初の学生。

1　現在は四川大学と合併。

そうすると大学卒業して、その少し後にそういう話があって

そう、二三か二四の時にそういう話があって。もともと日本のドラマとかが大好きで、ちっちゃい時はマンガもね。中国ですごく多かったのね。ちょっと古いんだけどね。だから、私と六〇代の人とすごく話ができる。赤いシリーズ、全部見ました。山口百恵と三浦友和、大好きだった。

それで先生からお話があって

そうそう、それがきっかけだな。最初はそういうこと全然考えたことがなかったから。で、二七の時そういう機会があってね。日本で文化交流と研修みたいなのもあってね。日本のアパレル関係の企業との、短期間ですけど研修とかしてたんですよ。

それで日本に来られて

そうそう、静岡県の御殿場で。団体で来てたのね。四十何人でいろんな企業から来てたんだけど。最初は集中して日本の制度とか日本語とかお勉強して。一年間の研修で。

それで一回お帰りになったんですか

途中でね、たまたまアミ(長女)のお父さんと知り合いになって。元の主人。おなじ会社ではないんだけど、主人の会社に中国の方がいて、私とその中国の方と知り合いになって、食事会かなにかしてた時に元の主人も一緒に参加してたんですね。

御主人はもともと福島の方で、お勤めも福島だったんですか

そうそう、福島でした。私もその時は福島の会社で研修してたんですよ。その時知り合いになって。

最終的に結婚を決められたのはいつですか

　最初、私の誕生日に何人かでお祝いをしてくれたのね。その時に元の主人からちょっと話があって、そのあとずーっと悩んで。で、中国のお正月の時、料理してる時に両手にやけどをしたんです。揚げ物して、鍋をひっくり返したんですよ。顔と目にもかかって、冬だから冷たい水で洗って。病院に連れて行ってもらって、一ケ月休んだんですよ。当時は顔もガーゼをして、すごく落ち込んでいたんだけど、元の主人は全然動揺がなくて。私はどうなるのかすごく不安ですよね、顔だったし。それでも全然変わんなくて、これは私の運命の方かなって思って。で、五月に四川省へふたりで行って、六月に向こうで結婚届を出して。

結婚後は日本に行くのはわかっていたけど、ご両親は反対しないで喜んでくれた

　母は結構考え方が開放的なので。まあ子どもは子ども、私が決めたことは、大人だし、自分で家をもつのはいいんでないかって。でも年寄りの方は母に電話をかけてきて、「なんで日本人と結婚するんだ」って。昔の戦争のことを知ってた方は、一部は反対されたんですね。

結婚する時から日本に住むってことは決まってたんですか

　そうですね。やっぱり結婚したら日本で一緒ですよね。そのあと元の主人は日本に帰って、私は中国に残って。私のビザ関係もあって、一一月に日本に行ったのかな。

二春町にお住まいってことですが、それはおじいちゃんおばあちゃんの家とは別の家ですか

　元々は別。だんなの家は建てて四年目かな。ひとりっ子なので、親の家の近くで住んでて。

そして、Mさんは日本でお勤めをしたんですか

してた、来てすぐに。もともと結婚する前にお世話になった会社で、結婚した後もおなじ会社に入って、企画のパターン作った。洋裁の紙型の修正とかサンプルの裁断とか、そういう仕事をしてた。縫製はね、してないんだけど、洋服を作る一般的なことは知ってます。本当は日本でもっと勉強したかったんだけど、大学行ってファッション関係のことをしたかったんだけど。でもその時、大学行ったほうがいい、それとも子どもを作るほうがいいって、いろいろ考えてた。当時もう三〇近いからね。

福島にそういう大学がありますか

ないですね。だから、文化服装学院[2]の通信教育を受けたんですよ。私、中国にいたときはオーダーメイドをやってたのね。本当に小っちゃな会社だけど、自分の事務所みたいなのをもって、お客さんが来て、話して、どういう服を作るかとか。あと生地とか選んでもらって、一緒に考えながら作ってたんですよ。当時は全部ひとりでやっていたので、三人くらい雇って、あとは外注で。

結構はやってたじゃないですか

当時、はやってた。はやってたんだけど、お金はあまりもうけはない。家賃とかみんなの給料とか払って。当時、中国の給料は安いんですよ。私が日本へ来るときは月に何百元[3]でしたから、一万円か二万円の程度だった。でも、その二〇年ですごいあがってね。うちの母の年金でも一〇万円ぐらい。だから、昔と全然違う。

2　東京都渋谷区にある、服飾ファッション専門の学院。

3　一元は約一七円（二〇二一年七月）。

中国にそのままいたら、今頃は社長さんですね

たぶん、もしかしてね（笑い）。母も確保してたのね、私が日本に来ているあいだね、すごく栄えていたところのオフィス。私帰ったら、そこで仕事をやってもらおうって考えがあって。

それで日本に来て、しばらくしたらお子さんが生まれた

そうそう、しばらくして。二年あとかな。子どもが生まれたの、二〇〇二年。結婚したのは平成一一年、一九九九年かな。だからつきあうのはそんなに長くなかった。でも、全然同棲してないから、おたがいの性格もあまりわかんない。日本に来て一緒に住むようになって、やっといろいろわかるようになった、性格とか。その前は本当にそういうのわかんない。

お子さんは、幼稚園も小学校も日本で

そうですね。おばあちゃんすごく世話好きなので。私の母ね、どっちかっていうとキャリアウーマンみたい、家のことはあんまりしなかった。だから、向こうのお母さんの方がすごくお母さんらしい。私のあこがれていた母親の像がちょっとあったんです、まだ一緒に住んでないときは。初めて会ったときも、ま、今考えたら日本の習慣だけど、頭を下げて「よろしくお願いします」って。私中国ではそういうの見たことないから、お母さんがしゃがんで膝まずくっていうの。中国はこう（後ろに反り返って）、親だからいばっている（笑い）。本当にそういう低い姿勢で私に接してくれて、すごくうれしかったっていうか。

そうしたら、震災まではずっとお母さんとの関係はうまく行っていた

いや、違います。私ね、中国の育て方もあるかもしれないけど、子どもは親の世話をするって小っちゃい時から受けてきたんですよ、教育として。結婚した時もそういう覚悟をして結婚したの、向こうもひとりっ子なので。で、私はだんなに言ったの。「家が空いてるから一緒に住まないか」って。「私もこれから出産するから、一緒に住んだほうがいいんじゃないか」って。お母さんはもちろん喜んでね。で、一緒に住んで、それからいろいろと(笑い)。

あれですか、口やかましいタイプの

ちょっとお天気屋さん。私の母は学校の先生なので、どっちかっていうと大人は相手の意見を尊重しながらって。私も相手の意思を尊重する、いくら小っちゃい子どもでも意見を尊重してって、そういう育て方をしてきたんです。どっちが悪いとか言わないんだけどね。最初は私、向こうの姑ね、すごくいいなって。すごく母親的で、すごく面倒見がいいんですよ。逆に母はちまちまのことはあんまり、こうしろああしろはしない。でも、小っちゃい時母は忙しくて、「もうちょっと母親らしいことをしてほしいな」ってずーっと思ってたのね。たとえば「ご飯を今日食べたっけ」とか、そういうことをよく言ってたんですよ(笑い)。そういうことを忘れてしまうの。でも、今考えるとなんだかいいなって。

それは中国の人はわりとそういう感じがあるんですか。それともお母さんの

母ですよね、個性ですよね。小っちゃい時寄宿学校。学校に泊まるのをずーっとやってきたんですよ。生活面では食堂で食べてきた人だから、家のことはあんまりできない。

お父さんも先生ですか

うちの父はエンジニア、土木の、橋梁の仕事。父と母は一貫した学校で知り合って、父が高等部で、母が中学部で。大学は全然違ってたんだけど、母は師範大学で。母は最初は中学校の先生、最後は専門学校の先生。化学の先生と物理の先生もやってた。

話を元に戻しますが、お子さんが生まれて幼稚園に行って。Mさんは勤めてたんですか

私も一歳二ケ月の時から勤め出して。それは洋服関係じゃなくて、全然違う仕事、事務関係だった。だんだん翻訳をやるようになって、日本電産の子会社で、派遣だったんですけど。

で、だんだんとお母さんと意見が違うようになった

そのあといろいろあってね。お母さんはどっちかっていうと鶏みたいにこうして（手で囲うポーズ）。私はどっちかっていうと自由。一番は自由かな、おたがいに尊重しながらの自由。たとえば私の友達がうちに来て、お母さんがおもしろくない人だと電話して、「もう来ないように」って、会社に。ちょっとひどい（笑い）。

御主人はMさんのことを理解してくれてたんですか

結構さっぱりした人。あまり二人のあいだに入っていきたくない。私とお母さんが喧嘩する時は、「よしよし、喧嘩しろ、喧嘩しろ」って。私が二階に上がると、「大丈夫、お母さんすぐ死ぬから」って。いや、そうではないんだけど、ちょっと違うんだけどって（笑い）。

事を荒立てないようにって人なんですかね

そうそう、面倒くさいことに関わりたくない。で、子どもが生まれる前にもね、自分の仕事を変えたいって。当時は派遣で、私も三〇代後半だから、できたら正社員になってほしいと思って。子どももこれから生まれるし。本人も自分の技術には自信のある人なので、つぎの会社を見つけないうちに前の会社辞めてて。私も妊娠して、五ケ月か六ケ月のときは大変だった、何回も倒れたんですよね、会社で。貧血と、あと花粉症もひどくなって。薬飲めないし、ティッシュを毎日ひと箱使ってた。

出産する前にやっと会社入って、技術派遣の会社に。派遣会社だからずっと単身赴任してたんですよ、長野県の諏訪湖というところ。私も子ども産まれて、大変だったんですよ。うちの子どもは夜泣きがすごかったんですね。で、単身赴任だから毎週は帰って来るんだけど、私も一緒にいた方がいいと思って、行ったんですよ、子ども連れて。記憶ではね、ハンカチ一枚で隠せるぐらいの大きさで、子どもね。でも、夜泣きがすごいから、「もう、駄目」って言われて、「どうしても帰れ」って。もう荷物全部積んで、「今晩から帰る」って。それ以外は、私とじいちゃんとばあちゃんと子どもと一緒に暮らしてたの。

震災までですか

震災まで。子ども産まれてから震災までこういう感じで。一回は三人で過ごしたいなあって。私の考えはね、だんなのためにこっちに来たんですよ。でも、一緒じゃないなら何の意味もないと思って。でも、一緒にいてもうるさいから、みんなに迷惑だから、どうしても帰れって。ま、私もそれ以上は言えないから。ちょっとこういうことも溜まっていたのかもしんない。ひとりっ子どうしだから、コミュニケーションの力はおたがいにたぶんね。向こうがどういう考えか私にはわからない。私はコミュニケーションしてほしいんだけど、あっちは何にも考えてないから、「あなた考え過ぎるんだ」って。

御主人はあんまり考えない人なんですか、それとも考えるけど言わない人なんですか

たぶん考えない人だと思う。自分の趣味をもっているから、ひとり暮らしの時間が長かったのでね。若いときはバイクが好きで、結婚したら車に興味があるようになって。あとはゴルフとかね。ひとりでいろいろとしたいのかもしれない、今考えたら。

それで地震になるんですか

地震になる前はたまたま新しい会社に入ったの。そしてフィリピンに三月五日、行ったらすぐって感じで。

そのときお子さんは中国にいたんですかね。いつから行ってたんですか

三月だから、その前の年です。中国は九月が新学期だから、九月の新学期に間に合うように行った。

それはアミちゃんが行きたいって言ったんですか。それともお母さんが

いや、私は止めたかったんだけど、アミがどうしても行きたいって。「将来、日本で中国語の先生になりたい」って。で、「ママは行かないよ」って。だからいろいろ言ったの。「中国の学校では、一クラス四五人、五〇人だから、先生はひとりひとりの面倒は絶対見てくれない」。三春の小学校は一七人しかいないです。全部で三五人だけど二つのクラスに分けていたの。中国では考えられない。「でも、それでもいいの。行きたい」って。母もすごく喜んでたのね。ちょうどその時は父も亡くなって、私も少しでも慰めになるかなって思って。私は行ってほしいって気持ちも少しはあったけど、不安の気持ちもあった。

そういうことで元の御主人とやり取りがあった

いや、ない。教育方面のこととかの喧嘩はない、ほとんど無関心ですね。子どもが好きだとは感じない。子どもと一緒に何か、お風呂に一緒に入ったりしない。もし何かしてもらいたいことがあると、すぐおばあちゃんに言うの。「おかあ、おかあ」って言って自分ではやらない。今考えたらね、結婚には向いていないかな。ま、悪い人ではないって思うんだけど。

アミちゃんは、本当は日本に戻ってくるはずだったんですか

戻るはずだったの。だから、学校には最初は何か月か休むって出したの。たぶん半年だけ出したのね。そのあと又半年出して。だから、四月に戻るつもりだったの。もしアミが本当に向こうでってはっきりしたら、私も会社辞めて行きたいなって思ってた。でも、アミは絶対に帰ってくると思って。今の会社を辞めて、また見つけるのはちょっとねって思って、ちょっと様子を見るってかたちになってた時に震災が起こって。

大変だったでしょう

そのとき私、会社行ってたの。でも、電話がかからなかったんですよ、地震の後に。で、みんな命は大丈夫って会社で確認して、それでずっとどうする、どうするって。その時に上司から、「家の安否確認した方がいい」って指示があって。で、怖かったのは、カバンとか車の鍵とか全部ロッカーにあってね、暗闇の中、もういろんなものが倒れてて、その中に入ってやっとカバン取って帰ったんですよね。で、家帰ったら、ばあちゃんとじいちゃん無事だったので。家は無事で、住むには大丈夫で。

その、原発事故のことを知ったのはいつですか

原発事故を知ったのは、私はちょっと早いかな。当時は電話が通じないんだけど、インターネットは通じてたんですよね。で、中国でもすぐに報道されたんですよ。その日にたぶん母と連絡して、安否は大丈夫って感じで。その日はすごくパニックになってね、余震もずっとあってましたよね。だから、どうしたらいいかわからなかったんですよ。ずっとテレビ見て、あとは連絡したり。心配してくれた方もいてね。夜はそういう感じ。

それは日本人のつながりで、それとも中国人のつながりで

日本人のつながりもあるし、中国人のも。だけど中国のほうが多いですね、私は。三春[4]は結構中国の人多いんで。で、その日はすごく不安ですよね、一晩あまり寝なかったし。どうなるのか、どうなるのか、ちょっとわかんなくて。

つぎの日はどうされた。爆発したのつぎの日ですよね

そうそうそう。一二日もほとんど家にいて、どうする、どうするって。あと、自分の母に連絡したりして。母も向こうですごく報道されていたから、原発のこととかね。母は、「今私ひとりしかいないから、じいちゃんもばあちゃんも連れて中国へ来なさい」って言ってた。

で、一三日に

本当に決めたのは一三日ですよね。私一二日の夜、ガソリン入れた方がいいなって思って、「じゃあ、明日の朝早く車に入れるわ」って。当時は家に三台車があったので、全部入れた方がいいと思って。で、最初に行ったときは早かったし、ちょっと並んで入れたんですよ。でも二台目で行ったら、もうすごい列ができてて。で、私の番かなってて思ったときは燃料切れって看板が出て、それで他のところに行って入れたんですよ。

で、そのあいだに友達が私の家に来たんですよ。郡山に住んでた私の友達。奥さんは中国の方で、おなじ四川省の方。ご主人が日本人で実家が京都。私がガソリンを入れているあいだに、ふたりが子ども連れて家に来たんですよ。何回も遊びに来たことがあ

4　福島県田村郡三春町。郡山市の東隣りの町である。

るからばあちゃんも知ってて。水が止まっていたから洗濯ができなくて、子どもさんが小っちゃいから洗濯物がたまってたんですよ。それでうちの洗濯機を貸してもらえないかって話で、電話が通じないから連絡もなしで来たわけですよ。で、私は車で外から帰ってきたら、「あっ、来たんだ」って話をして。そのだんなさんは公務員で、「今、ちょっとやばいことで、早く避難した方がいい」と。一二日にはあんまり考えてなかったけど、その時やっと考えるようになった。で、「ばあちゃんじいちゃん、どうするの。避難するの」って。

中国への避難は、当時、福島は上海ね、毎日ではないから「木曜日まで待たなくちゃなんないし、チケットを手配するにも遅いな」って。「私は実家が京都だから、京都の親にも連絡してあるので、いつでも来て下さい」って。その方は母親とあまりうまくいってなくて、「一緒に行ってくれたら、私も行く。ひとりでは行きづらい」って。だんなさんまだ仕事あるから。で、御主人が親に電話して私のことを言ったら、向こうのお母さんはすごく親切で、「すぐに来てください」って感じで。で、ばあちゃんにも相談して。ばあちゃんは動揺してたんですね、「行くかな」って。でも、家はワンちゃんがいた。「ワンちゃんを連れて行けないから、弟のところへ相談しに行くわ」って。ばあちゃん行って帰ってきたら、何かひどいことばでね。「中国の政府は信用できないけど、日本の政府は信用するから、避難は行かない」とかね。で、「アミもいないし、だんなも海外にいるから、若い人は避難したら」って言われて。ばあちゃんは行かないって。

で、結局

結局、私ひとりで、友達とお子さん二人と私の車で。あっちはガソリンないです。でも、その時もどうするどうするで、まだ決まってないです。私も連絡しないと自分では決めれないし、最後はだんなと連絡取れて聞いたわけですよね。「ばあちゃんとじいちゃん連れて行きたいけど、そういうわけだから」って言ったら、向こうもオッケーしてくれたし。

それで一三日に行ったんですか

いや、一四日に私、また会社に行ったんですよ。会社から連絡来て。で、早退して友達の家に寄ったんです。また二人でどうするどうするって決められないんですよ。「じゃ、だんなさんにもう一回聞きに行こうか」って言って、勤め先までふたりで子どもを連れて行って、呼び出してどうするって言ったら、だんなさんははっきり「避難したほうがいい」って。「でも、自分は行けないから、できたら私が一緒に行ったほうがいい」って。

だんなさんは公務員でしたっけ。公務員だったら避難できないですよね

それだから、子どもを連れて行ってもらいたいって。

それで、その日のうちに

その日のうちに勤め先でやっと決めて、避難しようって感じになって。私、食材買っておいたほうがいいと思って二軒か三軒回ったけど、スーパーも空っぽになってた。で、家に帰ったら、ばあちゃんも不安定になってて、ちょっと泣いてたんですよね。私もちょっと泣いて。

で、車で何時ごろ出発したんですか

車で、多分四時ごろかな。新潟経由でね。友だちの御主人のお父さんね、新潟まで来たんですよ。私運転して行って、ホテルに泊まった。で、つぎの朝お父さんとお会いできて、ホテルに来てもらって、私の車はホテルに預かってもらって、お父さんの車で京都に行ったの。「多分一週間くらいかな」って言って。一五日の朝早くに出て、お昼過ぎくらいかな、

京都には何日くらいいたんですか

京都は一週間くらいかな。会社が普通に始まったので、私も会社に行かなくちゃなんないことがあって。で、そのときは公務員でも行っていいって状態になっていて、その方も他の人の車に乗って東京に行っていたの。東京に行って、新幹線で京都に来たわけですよ、御主人。帰りも、友だちの御主人と私と友達のお父さんの車に乗せてもらって新潟まで来て、今度は私の車で郡山に行った。お世話になったの、すごく。まあ京都来たら全然別世界、震災のこともないし、買い物もどこに行ってもたくさん置いてあったし。

で、いったん郡山に戻って、そのあとはどうされたんですか

そう、二二日かな、郡山に。で、母親が心配してるし、娘のことも心配だし。でも、私日本の国籍になってるんですよ。で、ビザなしでは二週間しかいられないから、とりあえず一回行って、みんなに大丈夫ですよって見せて、そのあとまた考える。向こうでビザ取るとか何かするとかね。で、四月の四日かな、私も会社辞めて全部置いて行ったわけです、中国へ。向こうでは心配心配で何もできないから、とりあえず行って、そのあとビザ関係でまた戻ってきたんですよ。今度長期のビザ取って。

陳述書を見ると、五月七日に中国に行って、つぎの年の一月まで向こうで

そうですね、日本に戻ってきたのがつぎの年で、アミも友達に会いたいからって。あと、三春がどうなってるか気になってたの。あとは自分の失業保険もどうなるのか。そ

れも全部あって、アミと一緒に戻ってきたのね、ちょうど中国の冬休みだったので。で、教育委員会に行って話したら、二週間だけだけど前の学校に受け入れてくれたのね。で、友達と会って。

そのあとまた二月に中国に行ってますね

そうそう。私ね、中国で仕事を探そうかなって思って。子どもも向こうにいるし、母もみんなもいるからね。でも、探しても私の年齢では難しいってことわかってきた。中国はやっぱり若い世代が多いからね。当時私四〇過ぎでね。一般の仕事あるかもしれないんだけど、たぶん家族も許さないし、自分でも思ってた通りにはうまく行かなかったんですよね。

そのあいだ、御主人はフィリピンでしたよね

フィリピンから帰って来ていた。自分には合わなかったみたいで、会社を辞めたみたい。私が中国にいたあいだに辞めたって言ってた。六月か七月くらいかな。

それで、帰ってこられて話し合いをしたわけですよね

したした。いつも連絡はしていた。

Mさんが京都に来たのはいつですか

それはそのあと。受け入れの情報を知っていたのでね。もしかして受け入れがあるかもしれないと思って、インターネットで探したら、当時はまだ何ケ所もあって、京都もその一つだったんで。当時は沖縄、鳥取県、あとは東京のちょっと外れたところがあって。

離婚を決めるのと、避難するのと、どっちが先だったんですか

避難するのが先だったな。でも、たぶん並行。

それは福島にはもう住めないという気持ちがあったわけですか

私はできたら一緒に京都に来てほしかった。そういう話をしたんです。アミも日本に戻るって言ってたので、一緒に住みたかった。

お子さんが日本に来るって言ったのはどういう理由で。中国の学校にも慣れてたわけだし

私の考えたのは、だんだん日本語忘れてしまうね。アミのこと考えたら、日本で生まれて生きてきて。私も中途半端ですよね。中途半端な人生なので、自分がどこに属してるとか、そこまで考えたら、国籍は日本人だけど、中国にいたらだんだん日本語を忘れてしまう。で、最後は中国で生活する。そういうのはどうかなって。あとは私、向こうでは仕事が思う通りには行かないし、生活は食費も出さないで済んだし住む所もただで住めるけど、でも、ちょっと違うなって思ったんですよ。あと、私もずいぶん長く日本にいたから、自分の基盤はもう日本になってるって考えもあるし、アミのことを考えたら、アミが中国に行って中国で育っていってほしいっていうのは、私の最初からの考えではなかったので。

それは日本で育ってほしいっていうことですかね。それはなぜですか。

うーん、何でかっていったら、私は中国だから中国のいいところと悪いところがわかるんですよね。全部知ってるんですよ。日本もいいところと悪いところを知ってるんですよ。

でも日本で避難までするっていうのは何ですかね。アミちゃんも中国に慣れてるわけだから

何でって言ったら、私も自分で生活していく力はないかなって思う、中国ではね。アミも私と一緒になりたい。私ひとりで日本に戻って、アミが中国でってはちょっといけない。

アミちゃんとそういう話はしたんですか

まだ小っちゃいですよね、その時は。言ってもたぶんわかんない。でも、思ったよりは大きいです、子どもはね。で、私にぶつかってきてね。私がどうするっていうこともアミにははっきり言ってなかった。これで決まったって、もう結果だけ言ったの。それはアミも、「ママは相談してなかった」ってあとで言われた。今思ったら、私が思っているよりは本人がいろいろ考えてるんですよね。私はまだ子どもだし、言ってもわからないと思ってたけど。

でも、どっちかに決めて一緒にいる、そういう意志が強かったかな。中国行ったら経済的にはやっていけないんですよ。アミは公立には行けないんです、国籍ないから。私立しか選ばれないんですよ。で、私立だと中国本当に高いし、全部親からの援助。私の兄は子どもがいないからすごくかわいがってくれてありがたいんだけど、でも、ずっといれるわけではないでしょう。アミのお父さんも仕事が不安定なのであまり頼れないし。中国にいたときも、会社辞めて帰ってきたっていう話になってた。

御主人も中国にいたほうがいいってことですか

メールでやりとりした時も、もう少しいたほうがいいって言ってたんですよ。だけど、生活費はどうなるのって問題ですよね。こっちは安定していないし、中国も今は物価高いし、たぶん学費だけで三〇万円くらい払って、あと昼食代も払って。私の親が出してくれてたんだけど、でもずっといれるわけではないでしょう。だから迫っていたのね。

私の失業保険も一年有効なので、とりあえず一年間は申請しようって。そうしているうちに避難先の話があって、母も「少しでも安全なところ、大丈夫な所で暮らすように」って言って。

当時は避難先が何カ所かあったんだけど、京都は来たこともあるし、印象もいいし、総合的に考えたら京都がいいかなと思って。だから、京都の防災何かにメールしたんですよね、電話もして。そうしたらすぐ対応してくれて、三ケ所住所を教えてくれたので、住所をグーグルでぐぐったら、桃山は学校が周囲にたくさんあってね。でも、「桃山の住宅は一番古い、トイレも和式だし」って言われてね。当時はちょっとのあいだだけだって思って、あまり考えずに「桃山でお願いします」って言ったの。でも、あとで考えたら一番良かったなって思って。学校良かったし、地理的にも良かったから。今言われて、どうして中国に残らなかったのかって。もし私そのとき何か一つの仕事でも決まったら、残ったかもしんない。たくさん探したわけじゃないけど、自分の思う通りにいかなかったので。

日本のほうが仕事が見つかりやすいんですか

見つかりやすいかな、私の年ではね。日本でも正社員にこだわったらむずかしいんだけど、私はパート社員で、長期契約のパート社員。六〇歳までの契約してくれたので、会社で。

今は何のお仕事されてるんですか

今は翻訳。日本語を中国語に翻訳する。

ずっとその仕事ですか

いや、最初会社入ったのは、本当にめぐりあわせっていうか。私、四月七日に京都に来たんですね。電気とか手続きして、しばらく京都にいたんですよ。そのあいだに「新聞見ないか、一週間無料だから」って。そのときの求人広告が私の今の会社。そういうわけです(笑い)。

最初は何のお仕事を

最初はね研究の手伝い、二年くらいかな。そのあといろんな認証の手続きを。中国でうちの製品を販売するのに中国の認定証明書がほしいんですよね。それに合わせて、いろんな日本の書類を出さなくちゃなんないので、それを翻訳したり。あとは説明書、添付文書の翻訳をしたり。そういう仕事を主にやってるんですよ。

そういう書類を日本語で読むのは大変だと思うけど、それはどこで勉強したんですか

読むのは中国で勉強して、あとは自分で。日本語の検定、一番上の一級は取ってます。

それはいつですか

結婚してアミが生まれてすぐ。ちょうど私仕事してなかったとき。あとパソコンの勉強もね、三春で町民のパソコン教室に参加したり。当時は時間が余ってて、やることないからちょっと行ってみようって軽い気持ちで考えてたのが、いつか自分の仕事につながっていて。

話が戻りますけど、こちらに来るときはご主人と別れるってことになってたんですか

うん、なってたんですね。四月の七日にこっちに来たんだけど、その時はまだ離婚してないんだけど、四月の下旬に正式に出したんです。

Mさんは一緒に来てほしかったんでしょう

本当は一緒に来てほしかったのね、最後の話してね。

でも嫌だって

そういうのは気が向いてなかったのね。うん、しょうがないですね。でも、離婚して車の名義変更してもらって、車を私は持ってこられないから、主人が運転して車で一緒に来たんですよね。桃山のところも一回入って、何日か一緒にいたのね。「俺もこっちに来たら良かったかな」って冗談半分で言ってたのね。だけど、ちょっと遅いんではないかなって。そのあと市内を観光して、夜にバスに乗って帰ったのね。それ以外は京都に来たことないですね。

今年じいちゃんが亡くなって、メール来て、「じいちゃん亡くなった」って。で、本当はアミは帰らなくちゃなんないんですよ。そうしたら、「ママが一緒に帰るんだったら帰るわ」って、「ひとりでは行きたくない」って。最後は線香とお花送って、それだけでした。で、向こうからお返しをしたいって言ってきたんだけど、私は今の住所教えてないんです。教えたのは前の桃山のところ。あまり教えたくないし。で、気持ちだけでお金は送ってないです。いろいろ考えたんだけど。でも、決めた額の養育費もちゃんともらってないから、いいかなって思って。

養育費は来てるんですか

それはもらってる。決めた額よりは半分以下だけどね、毎月ちゃんと。ま、それでも今はありがたいと思う。全然来てない人もいるからね。私も弁護士の先生に相談したことがあるんですよ。そのこと考えたらすっきりしないしね、こんなに苦労してるのにって。それで先生に相談したら、裁判をやるとしたら向こうでやんなくちゃなんないんですよね。そうしたら、私が福島に行かなくちゃならない。あと、いくら別れても子どもにはお父さんなので、そこまでやるのはどうかなって。もし私死んだら、ふたりにはそういうつながりはあるから、消えないからね。だから今は考えないようにしてる。毎月、少しでももらってるから、ありがたいと思ってる。

アミちゃんは今後どうしたいって言ってるんですか

アミは行きたい大学があって。高校の推薦の枠があるので、今書いてるところ、志望理由書。昨日もちょっと書いてた。

何になりたいんですかね

お金持ちになりたい。お金持ちになって、社会に貢献したいって、そういうのが二つ。「とりあえず自分の生活は何一つ不自由ない。それ以上はほかの人を助ける」っていうのが本人の考え。まだ具体的ではないけど、どうなるのかな。私の母はちょっときつい部分があるんですよね、「これしなさい、あれしなさい」って。そういうのが強い感じがするんですよ。だから私、自分の育て方はなるべくそうしたくない。本人の意見を尊重してやっていくつもりなの。ママはただアドヴァイス、最後は決めるのは子ども。私、小っちゃいときはあまり反発しなかったんだけど、大学入ってからは母といろいろ。母はちょっと強いなって思って、一時的にあまり話もしなかったんで。母の選んだ道、あまりしたくない。日本に住むのも、そういうのがあるかもしれない（笑い）。

Mさんはどうしたいんですか

私、今までの目標はね、アミを無事に大学まで送り出して、自立できる人を育てたい。それができたら、私の義務で終わりかなって。あとは、自分の好きなことをやったり、まあ健康気をつけてね。あと、教会に行ってますね、福音の教会。癒されてる。自分の糧になってる。それが支えになって、自分の精神的にも安定している、いい感じになってる。自分では今が一番いいって思ってる。

3　北山慶成さん

北山慶成さんは一九七九年福岡県生まれ。東京で知り合った節子さんと結婚し、妻の故郷である福島県いわき市に移住して、野菜を中心にした農業で生計を立てるために農業研修を始める。最初の収穫をめざして作付けの準備が完了した時に原発事故が発生。放射能汚染によりいわき市での農業が不可能になり、家族で京都府福知山市に移住して、京野菜の栽培に特化した農業をおこなっている。

北山慶成さん

被災する前から、農業をやられていたんですか

農業はですね、最初東京で妻と出会って、妻の実家がいわき市なんですね。妻が「いわきに帰りたい」って言ってて。でも、いわきには仕事が少ないから、仕事を探すとしたら何かって考えた時に、「農業だったら自営というかたちでやっていけるんじゃないか」って妻が言い出して。で、ぼくも農業にずっと興味があったんで、やってみようかなと思って、それで妻の実家のあるいわき市に一〇ケ月の研修ってかたちで入ったんですよ。二〇一〇年の五月からいわき市のネギ農家のところで研修を開始して。で、二〇一一年の四月に研修が明けて、就農するっていう予定だったんですけど。

それで、その時に原発事故が

四月に就農を開始する予定で、農地とかも借りて、作付けとかもしていたんですけど。結局、その研修の明ける前の三月一一日に原発事故が起きて。その段階で、どんな状況なのか具体的にはわかっていなかったんですけど、でも、放射能で人的な被害が生じるかどうかは別として、確実に風評被害で農作物の単価が下がるっていうのはわかっていたんで、その状態で就農者として生計がたてられるかって考えたときに、まず不可能だろうと。

所得の計算って、農作物の収量かける単価かける、単価の高い品をどれだけ作れたかという秀品率というのがあって、それから経費を引くんです。結局、どんなに収量が良くても単価が下がるのは確実なんで、おそらく一〇分の一までは下がるだろう。良くて半分、何年か後に七割かなと。それを考えたときに、何年か経っても農業所得で生計立てれるレベルの単価に戻るかっていうと、戻らないだろうなって。そういう理由で離農を決定したんですよ。原発事故が起きて三週間ぐらいたってから、離農しようと決めたんですね。そのあいだは離農しようとか考えてなかったんですよ、くわしい情報が入って来てなかったんで。結局、三週間後くらいに離農を決めて。そこからつぎの研修先を探して。で、五月の二〇日くらいにこっち[1]に来たって形ですね。

それは、こちらに来られたのは何か理由があったんですか

えーっとですね、福島のほうの研修先で京野菜を作っていたんですね。で、京都の京ブランドっていうのはすごく強いんだっていう話を聞いて、つぎに就農するんだったら京都かなっていうことで、京都府内で野菜を作っている農家の研修生を募集しているところを探して、申し込んだんです。ネットで調べたんですけど、そこに表示されているのが四件しかなくって、そのうち野菜作っているのが一件だけっていう感じで。

それは京都市内で

いや、京都府内で。京都府内全部合わせても四つしかなくて。酪農とか、あとはお茶、

1 北山さんは現在、京都府福知山市三和の山間部の土地で家族で農業をおこなっている。

果樹。そういうのが三つあって、野菜は一件だけっていう感じで。それでもう選択肢はないんで、ここに決めてって感じで来たわけですね。

それは研修ですか

国の研修ですね。そのときの給与に当たるものが年間で一二〇万くらいだったかな。

そこは何の野菜を栽培されたんですか

そこは栗と米が主力なんですが、他にも色々やってて。葉物野菜の他、赤い万願寺とうがらしを粉末状にして麺に混ぜ込んで使うものを作ってみたりとかもしてますね。

そこはどれだけの期間研修をしていたんですか

一〇ケ月ですね。五月二〇日からだから、ほとんど六月から始めて三月いっぱいですね、つぎの年の。だから一〇ケ月ですね。

ADRはダメだったってことでしたね

結局、駄目でしたね。最初から駄目だろうって思ってたんですが、弁護士さんに聞いて確実にわかったんですね。こっちに来る前にそのＡＤＲの件とか話があったんですけど。ぼくみたいな新規就農をしようとしてた場合、まだ経営が開始されていないわけで、売り上げがまだ上がっていない。経費だけは掛かっているんですけどね。その、売り上げが上がっていないんで、損害賠償請求ってどうしようもない。ＡＤＲの申請がまずできない。請求申請の対象に含まれていないから申請のしようがない。そんな感じでしたね。

そうしたら、まったく補償がない状態でこっちに来られたわけですね

そう、補償がない。見舞金でしたかね、八万円。あれは来ましたが、それだけでしたね。それ以外は何もないですね。他の人とたぶんおなじだと思うんですけど。

就農の準備をされていたのに、何も出ないというのはひどい話だと思うんですが、前年度の実績に応じてってことだと、そうなるんですかね

そう、申告内容を証明できないってことなんですね。青色申告するなりして、どこかで証明してることで申請ができるということで。けど、その経費ですね、これだけかかりましたっていうのを領収書なりで証明したとしても、労働力に関しては一切証明できないわけで。そう考えたら、経費っていうのはそんなにかかっていないので、せいぜい数十万。それならスパッとあきらめて、つぎのことをやった方がいいだろうって話ですね。ＡＤＲができないと、裁判で損害賠償請求ってことになるわけだけど、何年もかけないと裁判も終わらないわけで。そんなことに時間をかけるくらいなら、いっそ別のことをやった方がいいかなって、経営的な判断をしてあきらめたって感じですね。

そしたら、こっちでやろうということで、ほとんど一から

そうですね、一からやり直しました。

一〇ケ月研修されて、すぐ農地を借りて

そうですね。ただ研修っていっても、実質、研修じゃないんですよ。よく農業研修って、外国人研修者とかが雇用主を殺してってことがあるじゃないですか。その気持ちは十分わかりますね。テレビのコメンテーターなんかは、「受け入れ先の日本人は給料安いぶん家族のように扱って親身に教えてるけど、外国人は出稼ぎに来てるから、こんな事件が起きるんだ」なんて言ってますが、給料が安いだけで殺人なんて起きないですよ。人として扱わないから怒るんです。結局、国の制度でお金使って人件費を抑えているんですけど。それで教えてくれる気持ちがあればまだいいですけど、人件費を抑えるのが目的であって、始めから教える気がないですね。それに、夏の忙しい時期が過ぎると仕事がなくなって人件費だけかさむから、嫌がらせして辞めさせようとするんです。それで辞めれば根性がないと理由をつけ、辞めなければ鍛えてあげてるって理屈をつける。希望すればもう一年研修期間があったんですが、二年目をやろうとは思わなかったですね。

おひとりでやられたんですか、研修は

ぼくと妻と二人でやってましたね。そこはもう毎年研修生や労働者を受け入れているような感じだったんですけど。

でも、実際には安く使うための

研修生って名目で何人も雇っていたけど、実際に就農した人たちは本当に少ないですよ。

じゃ、そこを辞められてすぐ京野菜をはじめられたんですか

そうですね。京野菜を推奨してるんですね、府とか市とかが。地元のブランド野菜の生産総量を増加して、ブランド力を強化していきたいって考えで。それで新規就農しようと思ったら、その推奨品目から外れたものを作ろうと思ってもまず止められるんですよ。京都市内に近い場所であればそれでも可能なんですけど、福知山市みたいに離れているところだと輸送しないと成立しないんで、自分ひとりでやったって絶対無理なんですよ。で、グループ作って輸送コストを下げるってことをしないと成り立たないんで、だから京野菜を作らざるを得ないんです。京野菜しか選択肢がないと言った方がいいですね。

そうしたら、最初からネギですか

うちは万願寺だけです。万願寺トウガラシを作ってるだけって感じです。ネギとかそういうのは、ここは対象外なんですよ。研修先で作っているのは、生協とかスーパーとか、自分で出荷先を作ってやってるって感じで、農協とかには一切出していない感じですね。

前に舞鶴の西方寺[2]でお話を聞いたんですけど、そこは一〇戸しかないけど半分は新規就農者で、野菜とかは全部有機で舞鶴市で売ってるって言ってましたけど

むずかしいですね、なかなか。受け入れてくれる人が、中心になってくれる人がいたらいいんですけどど。そういう人がいないと、結局ばくちみたいなもんだから。ぼくはなんとかうまく行った方ですけど、まわりからの嫌がらせとかいっぱいありますもの。「出てけ」って言われたり、犯罪者扱いされることも二年に一回ぐらいのペースでありますね。

それはなぜですか

あいさつ代わりですかね。俺の言うこと聞かないなら嫌がらせするぞって。自治会と消防団の役を兼任したときがあったんですが、仕事と消防団の仕事が忙しいから自治会の仕事を断ってたら、自治会長から、「地元に貢献しないやつは出ていけ」って言われたり。まあ、困ったなって感じで(笑い)。

そうですか。古いところですよね、ここは。全部、昔蚕をやっていたような屋根で

ここは特別らしいですよ。町の中心部の人からすると、「まだ、こんなところあったんだ」って。「奥の方まで来ると気質も違うんだ」ってよく聞きますね。

今、万願寺はどれくらいやられてるんですか

えっと一五アールですね、万願寺は。

2　京都府舞鶴市西方寺地区。山間部のどん詰まりの小さな地区だが、新規就労者を受け入れて活気がある。この土地の有機農業を紹介する記事は、「雲海と棚田に包まれて自然と生きる」(https://www.goodlifeaward.jp/archive/pickup/pickup_article5.html)。

結構大きい方ですね

そうですね、家族経営としては大きな方ですね。

万願寺だけで、他はやらないんですか

一応、海老芋とか作ってみたり、前に枝豆を作ったことがあるんですけど。いろんなものを作ってリスクを分散するっていうのも手なんですけど、何ていうか、リスクの分散のしようがないって感じですね。枝豆を作っておけば、霜害で万願寺がダメになっても助けにはなるけど、それではやっていけないんで。結局、一本でちゃんと売り上げをあげれるように、労働力を集約させた方がいいんじゃないかっていうことで、今は万願寺だけでやってるっていう感じですね。

万願寺だと、春植えつけて、いつ頃が収穫ですか

えっと七、八月がピークです。一一月くらいまでは引っ張るって感じなんですけど。

じゃあ春から一一月まで、ずっと続いているって感じですね

まあ、そういう感じですね。労働力の分配をどうするかっていうことはあるんですけど、そこが一番ネックですね。

一五アールは借りられてるんですか

えーっと、借りてるのは一ヘクタールくらいですね、面積としては。

もう少し将来的には拡大していくって感じですか

これが中山間地でなければ拡大も可能なんですけど、中山間地の場合、作付けできる面積っていうのは一ヘクタールのうち六反か七反なんですよ。広げないといけない部分はあるんですけど、でも、広げてもそれをどう管理するかっていうのが問題ですね、どっちかっていうと。

他の方はどうなんですか。やはり集中的にやられてるんですか

このあたりだと、そもそも農業でやっていこうって人は少ないですね。

それは兼業農家で

いや、兼業の方っていっぱいいますけど。専業でも、「農業で食べてるのかなこの人」ってクエッションマークがつくような方ばっかりですね。

北山さんは農業一本でやっていかれるつもりで

そうですね。今後は農業一本でやっていこうと思ってるんですが。

それは奥さんも農業を一緒にやっていかれる

はい、一緒にやっているって感じですね。

万願寺ですけど、それは農協を通して

そうですね、全部農協を通して出荷してるってかたちですね。

直販とかはできないんですか

「万願寺あまとう」って農協が商標を持ってるブランドを使ってるんですけど、これは舞鶴の生産者が百年前から育ててきたけど、一九年前から綾部と福知山でも作れるようになって。で、それを使って勝手に個人販売はできないんですね。人ののれんで商売しているような状況なんで、だから全部農協出荷。仮に自分で直販しようと思ったら、万願寺トウガラシって名称を使ったらできることはできるんですけど、そこまでの手間をかけられないっていうような状況ですね。

あの、もし地震がなかったら、いわきでずっと農業をやられていたと思いますか

それは当然ですね。

やっぱり向こうと農業は違うんですか

環境が全然違いますね。ここは中山間地で、向こうは平野の広い場所だったんで、一枚の面積が全然違う感じですね。草刈りをしなければいけないような高低差のある場所も少なかったんで、やりやすい場所でしたね。あと、気候も安定してるんですよ。こっちは日本海側に面してるんで、日照が少ないだとか、気温が低いだとか。いわきの方が暖かいんですよ。だからいわきの方が暖かくて、冬場も何か作れるし。こっちだと本当に冬は何にもできないんで。夏場の三月から一二月までで収入を確保しておかないと、本当に冬のあいだは無収入状態なんで。

ハウスをお持ちですよね。そこで栽培はできないんですか

そこで冬に作るとしたら、水菜とか葉物ですね。ただ、暖かい地方とくらべると栽培日数が伸びるわけですよ。気温が低いとか、日照が少ないとか。あと雪が降って日照を遮るんで、ハウスで作ったとしても日数がかかるわけで。万願寺トウガラシを一一月まで作ったとすると、片づけて一二月に種をまいたとして、それがいつ収穫できるかっていったら、だいたい四月。そうすると、つぎの作付けにかぶっちゃうんですね。三月につぎの万願寺を作付けしようと思ったら、二月にはもういろんな作業を終わらせなくてはならない。っていくと、葉物を作っていく時間がないですね。

経営的には安定しているわけですね

今の段階では安定していますね。まあ何とか、おととしぐらいから。

それは拡大されたわけですか

拡大したっていうよりは、さっき言ったみたいに、収量かける単価かける秀品率ひく経費っていうのが所得ですけど、その収量と単価が向上できたんで、その分所得が上がったって感じですね。自分の栽培技術が上がって収量が上がって。で、単価も農協が働いてくれているおかげで一キロあたりの単価が向上したんですよ。その分、農家の所得も向上しているっていう、そういう状況ですね。

それはどういうかたちで、改良というか、工夫をされたんですか

もともとバラ形態で販売してたんですね。それを袋入りにしたんですよ。今までは手で入れてたんですが、手だと人件費がかかるんで機械を導入しようと。そうすると、機械を購入するのに一千何百万かかかる。その購入費をどこからもってくるんだって話なんです。今までだったら全部農協が負担してきたんです。でも、今の農協にそんなお金あるのって。農協は販売部門と金融部門があって、今までは販売の赤字を金融が補填してたんですけど、今は金融部門の利益が上がらないんですよ。そんな中で農協に費用を負担しろといっても、出せるわけがないですよ。じゃあ、自分の事なんだから生産者が負担しようって。

それで、その機械は導入されたわけですね

機械は導入して、はい。そのおかげで単価も上がって。三年前までは投げ売り状態だったんですよ。これでは生活できないっていう金額のレベルを下回る状態が続いていて、改善していかなくてはなんないっていうことで、協力してやっていているって感じですね。

どれくらい上がったんですか

三年前、平成二九年の時が五七八円だったんですよ、一キロの平均単価が。これが平成三〇年には八二〇円になって。令和元年が七七〇円ぐらいだったかな。だから、まあ二〇〇円、二五〇円ぐらいは上がっているっていう、そういう状況なんですよ。

それはかなり違いますね

かなり違っているわけですけど、まあそれを理解しないですね、みんな。ぼくらはそれで生計立ててるんで、単価が一〇〇円違ったら全然違うんですよ。でも、年配の人はそんなことは考えていない。通帳見てんのかなって感じですね（笑い）。あとあれですね、年金生活者って、退職したことで社会とのかかわりが断たれてるようなもんじゃないですか。それを、農作物の生産とか販売によって社会とのつながりをもっている。で、そういう人たちからすれば、売り上げってそんなに重要じゃないんですよ。年金で生活できているんで、納得できればいいって。でも、とてもぼくらは生計立てれないんで。少しでもコストをかけて、五〇円コストをかけて二〇〇円単価が上がるんだったら、その方がいいじゃないかっていうのがぼくの考えで。そういうかたちでやらないといけないっていう意見と、そんなことしなくていいっていう意見との対立ですね。

それだと、利益はずいぶん違いますね

利益は増えてますね。利益は昔より今の方がはるかに上になってます。ただ、利益があがるより自分が費用の負担するのが我慢できない人が多いですね。なんか今の日本っていう国の縮図をそのまま移してきたような、そんな感じですね。年金問題はまさにこれかなって。自分だけ回ってればいいって感じですね。言われましたもの、「忙しいから、まじめに取り組むことができないんだ」とか。「自分たちがやれないものを他でカバーして協力するのが協同組合だろう。だから、おれはやらなくていいんだ」って。だから、そういう人はもうやめて下さいって心境です。結局、自分さえ良ければ誰かに負担を押し付けても構わないって理屈ですね。

奥さんはいわきの御出身だから、やっぱり向こうにいたかったでしょうね

ですね。結局、親とか友達とか、あと地元。思い出って言えばいいんですかね、郷土愛っていうんですか、そういうもののある場所なんだって。で、今ここに来て、それがあるかっていったら、ないですもの。知り合いもいないし、郷土愛みたいなのもないですよ。

もう、いわきに行こうとかいう気持ちはないですか。ここでって

帰りたがってはいますね、妻の方は。ただ、ぼくはここから出て行って、まず生計をどうやって立てるかって話ですね。出ていくのはいいんですよ。ただ、ここでしか通用しない技術なんで。で、他に移住して生計を立てれるんであれば全然問題はないんですけど、そこらへんですねネックは。今の時代、コロナの関係で仕事が得られるかどうかわかんないってことがあるんで、むずかしくなったんじゃないかって思いますね。去年ぐらいの話であれば、「戻ってもいい」って言えると思うんですよ。でも今だったら、「戻って仕事がありますか?」って。あと、復興事業の方も落ち着いちゃっているじゃないですか。インフラ整備の求人とかもないし。そうなってくると求人が減るだろうしって。

向こうで農業をやるのも難しいですね

農業をやろうとは思わないですね。こっちに持ってきた資材を調べたら、二〇万ベクレル／キログラムっていう数字が出てたんですよ。場所的に「出ないよ」って言われている場所なんですけど、実質的にはそれだけ出てるんで。で、そんなところで作付けしようと考えるかっていったら、まあ考えられない。「農地とか土壌とかを検査しているわけじゃない」っていわき市役所の人が言ってたんで、空間線量だけ測っている状態で。そんなところで「作業したいか」って言われたら、作業はしたくないし、土埃とか舞い上がれば被ばくするリスクが高いってことだから、そんなところで作業はしたくないですね。

やっぱり放射能の問題があるってことですかね

ぼくはあると思っています。ただ、大丈夫ですよって言われると思うんですよ。農業者は「被ばくしないように、自分で管理しなさい」って、厚生省かどっかから言われているんですよね。でも、「どうやって管理すればいいんですか」って話だから。問題は農業をやんない人たちですよね。そういう人たちからすれば、なんでやんないんだって言うと思うんですよ。「安全論者」っていうんですかね、そういう人たちからすれば、「みんながやっているから大丈夫じゃないですか」、「みんな生活しているじゃないですか」って。ま、「被ばくしてもたいした問題じゃないよ」っていうふうに言うか、「被ばくする物質はもうないですよ」って言うか、どっちかだと思うんですけど、あくまでも希望論ですよね。実際に計測した時に信頼できる値なのかって言われたときに、ぼくは自分で計測して信頼できない値が出てきたんで、「そういうところではやりたいって思いません」って結論にいたったわけですね。

東電や日本政府に対して言いたいことってありますか

何て言いますかね。日本の政府って、たとえば水俣病だったら株式会社チッソっていう、経済発展をしてくれるような会社に肩入れするけど、健康被害が生じたからといって、住民に肩入れするかっていったら、しないですよね。そういうことがわかっているんで、政府に対して何か言いたいかっていうと、特別ないですよね。

これ言うと多分他の人から文句を言われそうな気がするんですけど、日本っていう国が国民全部を幸せにできるかっていったら、できないんで、大多数を幸せにできればいいって考えるのが、政府とか政治判断する人たちの判断だと思うんですね。たとえば福島県全体が被ばくしたとして、将来的に健康被害が生じるかもしれないけど、福島県民は人口でいうと二百万人ぐらいなんですね。日本全体の人口から見れば二パーセントっていう話なんで、二パーセントを切り捨てて残りの九八パーセントを幸せにしましょうっていう考え方だと思うんですよ。それはそれでまあ間違ってはいないと思います、ぼくがその二パーセントのうちに入っていたとしても。ただ、その九八パーセントを幸せにできるような社会なのかって考えたときに、現状はその九八パーセントすらも切り捨てている。そんな社会になって来ているなって思うんですね。

あと、東電に対して感じるのは、車の事故とかについて保険に入るじゃないですか。事故を起こそうと思って保険に入るわけじゃなくて、事故が起きるかもしれないから保険に入るわけで、それによって損害賠償するわけじゃないですか。東電の言ってることって、事故を起こす気はなかった、不測の事態によってしようがなく生じたんだ、だから責任果たさないんだって。それは通用しないんじゃないかって思いますね。誰も事故を起こそうと思っていたわけじゃないけど、損害はきちんと賠償すべきじゃないか、社会通念から考えたらそういうもんじゃないかって思うんですがね。

4　菅野千景さん

菅野千景さんは一九六五年生まれ。被災前は福島市に住み、夫の晴治朗さんは家業である紳士服製造販売店に勤めていた。会津若松市などへの短期避難をくり返したのち、二〇一一年八月に京都市へ母子避難。一年後に夫が合流して京都市で就職したことから母子避難は解消されたが、夫は慣れない環境での新しい仕事で精神的に疲弊した。その後、島根で二年暮らしたのちに夫婦ともに京都に戻っている。

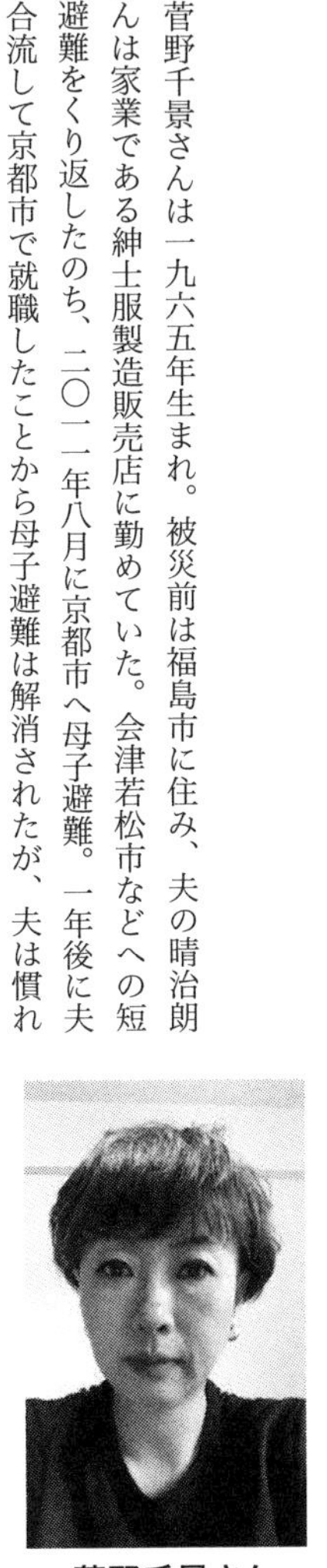
菅野千景さん

震災前はお仕事されていたんですか

はい、行ってました。

御主人はあれですよね、洋服の

はい、家業だったので。

で、いつだったですか、福島を出られたのは

えーっと、八月末ですね。その前に、七月末に保養に来てました、京都に。

あっそうですか。じゃあ、京都はすでに土地勘があった

いや保養の、精華大学の留学生の寮、あそこにいさせてもらって。そのあと南丹だったので、どこにも出てない。精華大学と南丹の古民家しか、うん、行ってないです。

そうすると、いろいろと迷われたでしょう

ずっと迷って、探していたし。宮城とか会津とかに、週末、仕事が休みの時には子どものせて、車で遠くに、家から遠いところに行ったりしていました。

それはやっぱり心配で

　そうですね。あと、家探しに関東の方に出たりとかしてました。

それじゃ、京都に来ようっていうより、関東でも良かったんですか

　北海道から沖縄まで探しましたけど、また地震が起きたりとか、交通の問題とか、それを考えたときにやっぱり陸続きの方が。夫はすぐには一緒に行けないっていうのがあったので、陸続きの方が何とか会うことができるっていうのがまず頭の中にあって。で、あと親戚が東京にいるんで、東京かなとも思ったんですけど、食べ物の汚染のことを考えるともっと西に行った方がいいなと思って。それでいろいろと探してたんですけど、知り合いの人が京都に避難していて。それで、保養に来ていた時に私だけ住宅を見に来て。で、京都から帰るときに、やっぱり京都は遠いなあと思って、違うところに探そうと思ったんですけど。

　で、保養から帰ったら、やっぱり福島での生活とこっちで何もストレスのない生活と、ああ、当り前じゃない生活がまた始まるなあと思って。私も安全な食べ物を子どもたちに食べさせてあげる、それをやる自信がなくって。で、やっぱり行った方がいいって。で、京都の災害対策本部に連絡したら、「今週だったら一つ、退去者がいたから部屋が空くから」って言われて。そこから一週間でばたばたばたって用意して出てきましたね。

それがいつですか

　それが八月の二〇。違う、三〇日にあっちから来たんだから、二、三、四、五日くらい。それくらいの時です。

お嬢さんがお二人ですよね、そのときは何年生ですか。

小二と中一。

中一って、むずかしい年頃でしょう。行こうって決めたときに、問題とかなかったですか

まあそれまでも、保養に行くのも週末避難をするのも、話しながらうちは来てたので。今どういう状況かっていうのも、誰がこういうことを言っているけど、誰はこういうことを言っているみたいな、そのたびに全部こうオープンに話していたんですね。で、友達とか近所の人たちがすごいいい人たちだったんですよ、家の近所の人たちが。

それは福島の

はい。娘たちもすごくかわいがってもらってて、近所のおじいちゃんおばあちゃんたら。そういう人たちと別れるのも辛いしとか、いろいろあったけど。うん、まわりで理解してくれる人が私の職場も含めて多かったので、行こうと。「行った方がいいよ」って言ってくれたので。「うちは行けないけど、行った方がいいよ」って。その、変なぎくしゃくってよくあるじゃないですか、避難に対してね。あと、近所の人たちも、「さみしいけど、でも、いつか帰ってこれるように、こっちも頑張ってるからね」って言ってくれて。で、娘もそういう話をいろんな人とした時に、「自分もやっぱり行こう」って決めたと思います。下の子[1]は、日本に帰って来た時に話したんですけど、自分はすぐに帰るもんだと思っていたみたいで、まだ小二でピンときてなかった。ま、保養の延長みたいで、保養は散々遊んで楽しいなっていう思い出になってたから、その延長と思っていたみたいで。

1　第三章2のインタビューをした菅野はんなさん。

学校で、上の子はね何も意地悪されたりとかなかったんだけど、下はね、けっこう嫌がらせ言われたりとか、辛い思いをしてたんですけど。でも、いつか帰るっていう気持ちがあったから、多分耐えられたのかなあ。まあ、そういうのがあって、子どもの社会の中の本音と建前とか、いじわるとか。うん、京都に行っても島根に行っても、それがあって。何かすごく日本が生きづらいって感じたみたいで、それで海外の学校にって決めたみたいです。

ですと、八月の末に京都に来られて、そのときはお母さんとお子さん二人で

はい、娘二人と。

で、御主人は残られて、お仕事をされていたってことですか

一年残りました、ちょうど一年。

それは、やっぱり向こうの仕事に整理をつけるってことですか

うーん、そうですね。あと、こっちに仕事が見つからなかったから。毎月一回ぐらいは来てくれていたけど、仕事がなかったですよね、生活できる収入を得る仕事が。選ばなかったら何でもあるけど、家のローンがまだあったし。

こちらでは桃山の公務員住宅に

そうです、そうです。

国のあれですね、古い建物

はい。この前久しぶりに見に行ったら、入れなくって。立て壊すって、工事の人が来てましたけど。

それは、苦労はなかったですか

いやあー、あり過ぎましたけど(笑い)。

古いし、汚いし

それもだったし、何から話していいかわかんないぐらいありましたね。いや、ありました。

それは物質的な苦労ですか、それとも精神的な

精神的なものになるのかな。人間関係みたいなこととか。一番多いときで一三〇世帯ぐらいあったんですよ。で、いろんな広範囲に来てたから。岩手からとか、あと関東からも来てたので、私たちの住宅のところは。いろんな理解、いろんな家族構成、福島からが一番多かったけど、みんなの意識も違うから。本当に心配でこっちに来てる人と、子どもを守るためにっていう人と、この人何しに来てるんだろうっていう人と。来てすぐ、私たちが来て五日目ぐらいに総会があったんですけど、住人総会が。それがなんかすごかったですね(笑い)。

まだ、ＡＤＲも裁判も始まっていない段階ですよね

まだまだ。しようかどうしようかって友達どうしで話し合ったりしていたところだったですね。あと、住宅自体が一年しかダメだっていう。

最初はそうでしたね

はい。でも、他の山科だとか亀岡だとかは、みんなで署名を集めて行ってたとか聞いて。で、「それはやんなくちゃ」みたいな。そういう日常の生活も慣れないところの生活だし。子どもたちも、お父さんもいないし不安定になったりとかいう中で、それ以外の活動っていうか、それもしなきゃいけないじゃないですか。そういうことのバランスをとることとか、そういうのが結構大変でしたね。

一番怖かったのは、子どもらが学校に行ってるときに昼寝して、眼が覚めたら、自分が今どこにいるのかわかんなくなっちゃって。で、今生きてるのか夢なのか、それがわからなくなっちゃって、すごい不安になった時があったんですよ。で、それが話せなかったんです。何回もそれがあって、明るい時にうとうとって寝て起きた時。それを家のお向かいの奥さんと何かで喋っていた時に、その奥さん話してくれたの私に。「いや、私もそうだ」って言って、「何なんだろうね、おかしいのかな」って。そういう話をして、「あっ、自分だけじゃないんだ、みんなそうなんだ」とか。うん、そういうので変に安心感得られたりとか。

そういうことがしばらく続きましたか

続きました。半年、半年以上かな。

それはいつごろから始まったですか

来てすぐ。来てすぐから。でも、他にももっといろんなことがあったと思うけど、忘れていることが多いんで、本当につぎからつぎへとあるのでね。でも、忘れるくらいでいいなって私は捉えているんですけど。でも、初めにインタビューしてもらったりとかいうのを、本にまとめてもらったりしたのがあったので、自分のことなのに忘れちゃう。けど、そういうのがかたちに残っていると、ありがたいなって思って。

こちら来られてお仕事もされてたんですか

うん、しばらくはしてなかったんですけど、半年くらいして始めました。

しゃ、最初はご主人の送金っていうか

そう。あとは貯金をもう崩して。引っ越しだってもう何十万もかかるので。

そうしたら、御主人は一年あとにこちらに移ってこられて

はい、仕事が見つかったので、こちらで。

おなじ仕事だったんですか

そうだったんです。やっぱり自分がやってきた仕事以外はできない、自信がないってことだから。

書かれたものを見ると、御主人はかなり苦労をされていて。仕事がうまく合わなかったってことですか、それとも職場の関係ですか

いや、夫が勤めたところがもともと生地問屋さんだったんですよ、お洋服の問屋さん。知り合いの人の紹介の紹介みたいな感じだったんですね。で、それで来たんですけど、夫が来ることによって、オーダースーツの部門を立ち上げるってことになって。全部ひとりでやるようになって、もう休みはないし、朝は早いし、夜は遅いし。あと、福島だったら三代目だったので、ひいじいちゃんぐらいの代からの知り合いがいて、それとか自分の同級生とか、そういう人がいたけど、DM[2]出しても何の反応もないみたいな中で大変でしたね。で、お給料も半分以下になってたし。それで、ちょっと体調悪くして病院に行ったんですけど。

体調を悪くされたのはどれくらいあとですか

どのくらいかな。一年、二年。二年くらいかな。こっちに来て一年、二年くらいですね。「もう辞めてもいいよ」って言ってたんですけど。その時は福島の家のローンを払いな

2　ダイレクトメール。

がらだったし、私もそのときアルバイト的な仕事しかしていなかったので、「自分が仕事をしなかったら」みたいな思いがあって、自分で自分を苦しめ過ぎたっていうか。今思うと「そうだね」って話を良くしますけど、ちょっとこう、うつ的傾向になってしまったんですね。

それはこちらに来られて一年後とか二年後とかに

あとね、心臓のなんていう病気だったかな、脈が飛ぶっていうか、それで息苦しくなって。で、グッと締め付けられるから咳が出る、そういう病気になってしまって。うん、心臓の病気になりましたね。あとね、白内障もなって両目手術しました。「見えない、見えない」って言ってて、両目白内障の手術をしました。

そうですか。私も以前にそういう症状が出たことがあって、動悸がして。それで病院に行ったら、うつが原因だって言われたことがあったんですが

そうですね。そう言われました。自分が自分がみたいな思いがあって、解決できればいいけど、そういうのってまわりに迷惑をかけることがあるんで。

たぶん御主人も、自分が自分がって思い詰められたんでしょうね

めちゃくちゃ真面目なんですよ。私と性格、一八〇度違うんです。もう私はふざけたところも多いけど、まあふざけない。でも最近ね、ちょっと冗談言ったりとかなんかして、子どもたちが「お父さん、冗談言うんだ」みたいな。とまどって「笑っていいの」とか言って（笑い）。それぐらい真面目なんですよ。

じゃ、A型ですかね

O型なんですよ。菅野家、女三人がA型で、夫だけO型なんです。

逆みたいですね

そうそう、そう言われます。ま、「性格を変えろ」って言うほうもきついのでね。何十年も培われてそうなったわけだから、変われっていうのもあれなんで、ほっといてます（笑い）。私もほっとかれたいし。

京都は、けっこうむずかしいところがあるみたいですから

なんかむずかしいみたいですよね。でも、今の職場はすごいいい職場なので。

今は島根におられるんですか

いや、四月に帰ってきました。四月の半ばに。

えーと、島根に行かれたのはいつですか

夫が行ったのが……、今二〇二〇年ですよね。一九、一八、一七、二〇一六年の一〇月からですね、九月末からかな。九月末から島根。で、二〇二〇年の四月半ばに帰ってきました。三年半。

それは向こうでお仕事を探されて

あのね、日本で一番小っさい全寮制の私立の高校があるんですよ、島根に。夫が事務長で、私が女子寮の舎監。愛真、キリスト教愛真高等学校って。私はクリスチャンなんですけど、そのつながりで。

それは島根のどこにあるんですか

島根の江津っていうところです。ちょうど退職される先生がいて、夫婦で勤めていた先生で、「そこの空きのところに行かないか」って言われて、私と夫と行った。あと下の娘と。

二〇一六年の一〇月に行かれて

いや、夫が先に行ったんです。で、二〇一七年の三月から私と下の娘が行って。私は去年の(二〇一九年)三月に帰ってきました。

そのときには、下のお子さんはもう韓国に行かれて

そうです。二月末から韓国に行ってました、入学式に。韓国は三月から学年が始まるんですよ。

そのあいだ、上のお子さんはひとりで京都に残られたわけですね

そうです。大学に通っていましたので。

そのときに大阪北部地震があって、苦しくなったんですね

うーん、そうですね。

地震の前は元気だったんですか

まあまあ頑張ってましたね。ひとりで生活して、お弁当持って大学行ってってやってましたけど。あれ六月でしたよね、地震が起きたの。それでバーンと、頑張ってたのがバーンと出た感じですかね。出て良かったと思ってますけど。

そのときにはご両親は島根に行かれてて、下のお嬢さんも一緒に住まわれて、学校に行って

そうです。島根の中学校に、公立の。

島根は、居心地はよかったんですか

居心地、いやー。学校の敷地内に、男子寮二つ、女子寮二つあって、生徒もそこで、寮で生活して。それで、校長先生から何からみんなその敷地内に住んでるんですよ。一つの共同体になってるんです。だけど、寮監だとやっぱり二四時間勤務なところがあって。で、みんなが学校に行っている時は学校に行って、事務の仕事があるので。朝の五時から、夜は何もなければ一一時半。そこから今度は日誌をつけたりとか、あと、悩みを抱えている生徒がいたり体調を悪くしている生徒がいたら、そこからもう一二時だ、一時だって。あと何か生徒の問題、生活指導的な問題があれば、夜会議。他の先生たちは朝は八時までに登校すればいいけど、私は五時っていうので、私はもうぼろぼろでしたね。

お嬢さんはあまり変わりなく

うん。でも、この前帰って来た時に話してたけど、私がとにかく拘束時間が長かったし、子どもとのかかわりの時間が作れなかった。ご飯を食べる時間もなかったりしたので。だから本当に辛かったっていうのを、一年ぐらいたってからかな、「島根にいるとき、本当に辛かったよ」って下の子に言われて、「ごめんね」って。「ママもあんなになるとは思わなかったから」って話をして。はい(うなづく)。

大変だったですね

そうですね。本当、まともじゃなかったですね。でも、ここで鍛えられたから、全然私は大丈夫なんですけどね。睡眠時間もなく、ご飯もまともに食べれなくて、肉体労働もあったので八キロくらい痩せました。でも、気持ちだけは折れなかったですけど。

そんなに痩せた感じはないですけど

もう、帰ってきたらすぐ元に戻りました(笑い)。はい、普段の私に戻りました。

そのあいだ、上のお嬢さんはおひとりでこちらにおられた

はい。でも、一昨年はほぼほぼ島根に。地震の後はひとりで居れなかったから、ほぼほぼ島根に来てましたね。六月から七月、夏休みになるまで。で、そのあと秋から年末とかまで、ほぼほぼ島根にいました。

それは大阪北部地震の後ですね

そうですね、地震の後に。

カウンセリングをはじめられたのはそのあとですか

はい、初めに六月に島根に来たときに、すぐに「一緒に病院に行ってほしい」って言われて。で、一緒に病院に行って何回か通ったかな。

それで、こちらに戻られてもカウンセリングに行かれて

そうですね。去年は休学してて、二〇一九年は一年休学、大学を。

アンケートを実施したのは去年の秋だったですよね

そう、九月くらいから。

けっこう数値が高かったんで心配していたんですけど、今は落ち着かれている感じですか

まあ一〇月一日から学校が始まって、一週間頑張って学校に行ったら、その週の土曜日にドーンと落ち込んでしまって。先週は二日くらい休んだかな。で、今日も行けるみたいだから、うん。今までに味わったことのない不安とか過呼吸とか、そういう身体的な症状が出てきて、そのことがもう怖いってなって、吐いたりとかってこともあって。でも、自分でそうなる前にわかるようになってきたりとか、また倒れてしまうことになんないような、その前の段階でちょっと無理しないでおこうとか、そういう判断ができるようになってきましたね。

慣れていくしかないですよね

うん。その、物事の捉え方とかも、こういう時にはこう捉えたらいいよとか、そういうのを私も話していたんだけど、それを受け入れられる気持ちがなかったんですね。でも、今やっと私が言ってたこととおんなじことをお医者さんに言われてるんですけど、それが理解できるようになったって。「そういうふうに言われた」って。「それ、前からお母さんも言ってたでしょ」みたいな。「まあ、そうだけど、そん時はわかんなかった」って、「理解できなかったなぁ」って言って。今はそれがどういうことかっていうのが、だんだんわかるようになってきたみたいで。はい。

御主人がこっちに来られたのは今年でしたっけ。で、今は下の子さんだけいなくて三人で

はい、そうです。

裁判がまだまだ続きますけど、今後こうしたいっていうのがありますか

自分も島根に行ってからトラブルに巻き込まれたり、今までも汚染水の海洋放出のこととか。まあ原発事故が起きてからずっとそうだったけど、私たちが実際何で困ってる、それを訴えていくじゃないですか、国に。国とか東電もそうだけど。だけど、住宅の問題もそうだったけど、これに困っているって言っても、そこに耳を貸さず、余計なことにお金を使っているでしょう。そのお金だって、税金だけじゃなくて、世界中から集まった善意のお金だって入っているわけだから。なのに一番困っている人にそれが使われないで、もう余計な建物とか、そういう無駄使いとかしてるのって。

で、あの東電の責任者三人。あの裁判[3]もそうだったけど、責任がないっていうのを聞いて、誰が悪いのって。普通、他の会社だったら、何かあったときに絶対その会社のトップって責任問われて、会社だってつぶれるっていうのが当たり前できてたのに、何でこのことだけ違うのっていう不思議と怒りがずっと消えないんですね。で、裁判だからそれぞれに弁護士が立っているのが当たり前なんだけど、直接話したいって気にすごくなってきて。この前の報告会の時にも話したけど、被告側の弁護士の人たちは私たちの思いも知らない。意見陳述だってしたけど、どこまでわかってっかなあ、わかろうとしてないっていうほうがたぶん正しい。で、張本人はあの場に来てないわけでしょう。聞いてもいないし、見てもいないと思う、書類。それなのにその問題についてどう取り組んでんのって、そこを問いたいなっていう思いと、実際に被害にあった人と実際に被害を出した人とが、目と目を合わせて話しする場っていうのを持ちたいなっていうのを、あの時思ったんですよ。

あの時っていうのは

この前の裁判の時に。今までは怒りだけだったけど、それでは解決しないだろうなあって思って、あの人たちと話してみたいって。喧嘩になんないようにね（笑い）。冷静に話をしたい。私たちも冷静に話しをしますよ。でも、あなたたちも冷静に考えてごらんっていうのを、言いたいなって気持ちがすごい湧いてきたんですよ。法律ってあるけど、何ていうのかな、弁護士や裁判官によっていろんな解釈に、良くも悪くも解釈できるのが法律。だけど、いい悪い決める前の段階として、やっぱり本人の話、まああの人

3　東京電力福島第一原子力発電所の事故をめぐり、業務上過失致死傷罪で起訴されていた旧経営陣三名（勝俣恒久元会長、武黒一郎元副社長、武藤栄元副社長）に対する裁判。東京地方裁判所は二〇一九年九月一九日、三名に対して無罪を言い渡した。

たちだって困ってることってあると思うんですよね、国にしがみついていかないとできないような会社なんだから。「それおかしいでしょう」っていう話も含め、したいなあって。うん。

直接交渉っていうことですかね

そうそうそう。出てきてくれりゃあですけど（笑い）。今はもう汚染水止めないと、今月末に流すとか言っているから。それだってもう初めっから言ってた、民主党のときから、「汚染水は海に流す」って言ってたじゃないですか。で、「それはダメだ」って言い続けて。でも、「流す」と政権変わっても言い続けて。で、とうとうやるって決定、変えようとしない、考えようとしない。あの人たちいい大学出て、いいお給料もらってるのに、何やってるんだろうなって。「楽するためにそういう仕事についた」って思われても仕方ないよって。

本当にやっとね、漁師さんたちだって仕事ができるようになってきたのに。今だって流れ続けているけど、それ以上に流すっていうのは絶対しちゃ駄目だって。でも、「もうお手上げだ」っていうんだったら、「あんたたち、お手上げになるようなことしたんだよ」っていうのをそういう時に教えてやんないと、ずっと馬鹿なままだと思う。だから、再稼働とか言っているでしょう。本当に馬鹿なままだもん。「止めなきゃ。どうしよう」って。

ご家族としては、将来どうしたいっていうのがありますか

将来ね。今、毎日毎日のことでね。まあ、私と夫の将来はね。

ずっとここに住まれますか

それもわかんないですよね、何とも決めれないですね。娘たちがこれからどういう人生を歩むか、日本かもしれないし、外国かもしれないし。外国にいるのに、私たちが日本にいる意味あんのかなとか。何も決まってない、今はとにかく。今まで散々いろんなことをあきらめて、我慢してきた子どもたちが、やりたいって思うこと、それに向かってやれるように働くのみですよ。うん。何か下の子もそういう気持ちでいたけど、「やりたい、行きたい、あっちで勉強したい」っていうのがあったから、何も「それを止めなさい」っていう理由が私と夫にはなくって。そう思ったなら、その気持ちを大事にして、「やれ」って。「でも、お金のことが」。「何とかなる」って言いながら、なるかなあって思って(笑い)。でも、今までも何とか、欲張らなければ何とかなったなって思って。

　それがまず一番だから。彼女たちの将来が決まってから、自分たちは、「じゃ、これからどう生きていこうか」っていう話をすればいいかなって思ってます。うん。

上のお子さんは何をしたいとかっていうのがあるんですか

　上の子はね、今版画を勉強してるんですよ。ずっと小学生の時から美大に行きたいって言ってて。で、一回はこっち来てからあきらめたんですけど。でも、「やりたい」って言ったから、「その気持ち大事にしろ」って言って。そう、芸術のほうをやりたいって言って。初めは「陶芸かな、何かな」って。一年生の時は全部やらせてもらえるんですよね。二年になった時に、こう絞ってきて。で、今三年になって絞って。どんな版画にするかをまだ勉強中ですけど、それをベースにして、どんな仕事にするかは勉強してから決めればいい。あと、図書館司書かな。もし版画で食べていけなかったら、食べていけるようにって思って。

版画で食べていくのは大変そうですよね

でも、そういう絵画みたいな版画じゃなくって。服のデザインとか、そういうのもいろんな手法があって、絵を売るだけじゃなくっていろいろあるんですって。上の子も本当はこの秋から韓国に交換留学で行くことになっていたんですよ、ホンデ（弘益）大学っていうところ。だけど、コロナでちょっと延期になって。でも、審査でＯＫになったのはそのまま継続で、来年のたぶん四月からかな。今回、行けるは行けたんですけど、行ってもリモート授業だっていうんで、芸術でリモートでは意味ないじゃないですか。だから、来年行くっていうふうに。娘は料理がうまいんですよ。で、娘はひとりで京都に残ったので、全部教えて、全部自分でできるようにしてから島根に行ったんです、私も。だから生きる力っていうか、それをつけてあげたいなって思って。でも、無理っていうか、ちょっと頑張りすぎたのかな。

そうかもしれないですね

上の子はね、夫そっくりなんですよ。真面目なんです。下はあたしそっくり。もうね、自分が子どもの時にどうだったっていうのを覚えているから、あっこれこうするなっていうのが読めて、「やったでしょ」みたいな（笑い）。楽しいですね。

福島ですよね、お生まれが

そう、ずっと生まれも育ちも。

福島で浮いていなかったですか

誰、私？　わかんない（笑い）。浮いてたかな。でも、友達もいっぱいいたし。うん、似たような人が友達だったのかもしんない。でも、私立の小学校に行ってたんですよ、子どもたち。で、こっちに避難するって校長に話しに行った時に、「もっと早く菅野さんは行くって言う人だと思っていた」って。「やっと決めたのね」って言われて。校長先生は女の人なんだけど、で、「行ってらっしゃい」って。「いつでもまた帰ってきていいよ」って言われて、すごいこう理解してもらって、恵まれていたなって。うん。

でね、下の子が六年生だった時に久しぶりに戻ったんですよ。学園祭っていうのがあって、幼少の。招待状毎年来てたのよ。けど、なかなか行けなくって。で、行ったらみんな歓迎してくれて。そん時、家族四人で行ったんだけど、「いやあー、久しぶりに帰って来て、ここでは何か生き生きと、家族四人、それぞれが生き生きと生きていたなあ」って思って、めっちゃ悔しかった。「このままいれたらなあ」って思って、「狂わされた」って実感を本当にあの時もらいましたね。

福島には戻らないですか

もう、おうち売りました。ちょっとローンを払っていけないし、あっても家は痛むだけだし。「ほしい」って言ってくれた人がいたんです。あの、お年寄りの夫婦だったから、それだったら売れると思って。だって、自分たちがその家は線量が高くて住めないって思ったのに、ちっちゃい子のいる家族には売れない。あの、ソーラーを上げるつもりでいて、その時除染してからって知らなかったから、そのままパネル張っちゃって。それで、日当たりのいい娘の部屋が線量高くって、それでこっちに私たちが来たんですね。でも、「それでもいい」って言って下さったご家族だったので、それで売って。まあ、借金も無くなれば、貯蓄も何もほんとトントン。マイナスになんなかっただけ良かったなあって思うようにしました。

これから線量が少なくなったとしても、福島には戻らないですか

帰る理由がもうないかな、と思って。

でも、ご親戚とかあるでしょう

菅野の両親だけあちらに。私の父はもう亡くなっていないんですが、私の弟と母親はずっと東京に。弟の転勤で母親も一緒に。で、去年大阪に転勤で来ているので、こっちの方が知り合いもいるし。あと、福島から来てる人もわかり合える人がいるから、帰る選択はまずないですね。ないです。下の娘がずっと韓国にいるなら、韓国には行くかもしれないけど。まあ、これからどんな生き方を子どもたちがするか、それにともなって私たちもどういう生き方をしていくのか、楽しみに生きようと思って。さんざん悲観的になったりしたから、もうこれ以上はないだろうって。

一番悲観的になったのはいつ頃ですか

やっぱり避難したころかな。避難してから、避難する時からかな。涙も出ませんでした、私。何か自分じゃなかったかなっていう。

それはしばらく続いてましたか

続いてましたね、ずーっと気張ってましたよね、こっちに来てからね。うん、一年、二年くらいのあいだはかなり気張ってましたね。めっちゃ血圧高かったんですよ。そんなに血圧高い方じゃなかったのに、低い方だったのに、市民健診で。

そのときは上のお嬢さんは大丈夫だったんですか

あのね、なんでしたっけ、強迫神経症、あれになったんですよ。中学校に行くのに、時間割揃えるじゃないですか。もう何回も何回も確認して。で、寝る、布団に入る、また起きてきて、何回やるんだろうって。鍵も、出るときかけて、何回も何回も。その頃はどっかおかしいなって思って、その時ちょっと知り合った先生、チェルノブイリ関西の保養のお手伝いしてもらっていたんですね。ずっとチェルノブイリの支援している女の先生、お医者さんなんですけど、その方に相談したら、精神科の先生を紹介していただいて。その時に色々と話したりしたら、脱毛もすごかったんですよ。でも、まるっきりやらせないっていうのはストレスになるから、何回かやらせておいて、「じゃ、そこでもう今日は止めよう」っていうふうに声かけて止める。で、「もう忘れたら忘れただ」っていうふうな気持ちを持とうとか、その先生にアドバイスしてもらって。それでその行為はだいぶなくなったんですけど、あれは私もちょっと心配して。でも、鼻血が出たのは私と下の子だけで、夫と上の子は鼻血が出たりしなかったんですよ。福島にいた時に、何回も鼻血が出て。

菅野さんと下のお子さんは外に出やすいんでしょうね。他のふたりはこもってしまう

ああ、そうかもしんないですね。うん、感受性っていうか。でも、高校に行ってからは軽音楽部に入って、バンドやったんですよ。そしたらね、結構良かったんですね。発散できるとか、共感できるとか、そういうのをこう体感できたからかな。こっちにいた時も、中学でいじめられるわけじゃないのに、毎日「行きたくない」、「行きたくない」って泣いてたんだけど、友達ができて。あと、あれだ、生徒会やって仲間ができて。そしたらね、だいぶ落ち着いて、「遊びに行ってくる」とか、「ご飯食べに行ってくる」とか。「ああ、行ってこい、行ってこい」って。「夜遅くなるけど」「ああ、いいよいいよ、大丈夫だ」って言って。今でもみんな卒業しても仲良くしてるから。やっぱ青春味わわせないと、自分を振り返った時につまんない青春時代になると思うんで。

下はね、結構たくましいんですよ。でもね、暴力がひどかったですね。廊下ですれ違った時に「福島帰れ」とか、男の子にみぞおちバーンと殴られたりとか、バーンと蹴られたりとか。で、あと下校の時とか上級生の女の子に意地悪言われたりとか。ことばが違うといって、馬鹿にされたりとかがあったんですよ。ある時、下の子が泣きながら帰ってきたので、「どうしたの」って言ったら、「お母さん、ごめんなさい」って泣いてたから、「どうしたの」って言ったら、「暴力振るっちゃった」って。「ええっ」と思ったら、「いつもやられていた子に、頭にきたからやり返したんだ」って。「よし、よしっ」て(笑い)。「それでいいんだ」って、「泣く必要ない」って。「でも、いつもそれで解決しようっていうのは、それは違うんだよ」って教えましたけど。「それぐらいやって来い」って言って。

子ども、自分から生まれた子どもだけど本当に違うから、その子その子にあった対応しないとね。自分が具合悪くなってる暇なんてないですよ。全然なかったです。

結論

原発賠償京都訴訟原告のことばを中心に、二種のアンケートの分析を加えることで、大半が「自主的避難者」と呼ばれる彼らがどのように避難生活をおくってきたかを明らかにしてきた。この本のためにインタビューをし、それをまとめる過程で私が強く感じたのは、彼らが発することばの重みであり明晰さである。これらの語りはいずれも彼ら自身とその境遇について驚くほど簡明に語っており、しかもそこで語られていることばのひとつひとつが揺るがせにできないほどの重みをもっている。原発事故後の避難生活の中でさまざまな困難や苦難に遭遇してきた彼らは、そうした困難や苦難を回避しようとするのではなく、それに正面から向き合い理解し乗り越えるために必死になってことばを紡いできたのだろう。そのことが、彼らのことばに経験に裏打ちされた明瞭さと深みを与えているのだと思われるのである。

これらのことばが生まれるきっかけになったのは東京電力福島第一原子力発電所の重大事故であり、くり返しになるが、それは彼らには何の責任も過失もないものであった。しかしながら、彼らは避難指示のない地域に住んでいたがゆえに、どう行動するかをみずから決断し、決断したことの責任を取ることを求められてきた。彼らは事故以来、避難すべきかすべきでないか、母子避難をするか家族全体で避難するか、避難を継続すべきか切り上げるべきかと自問し続けてきたし、それに加えて避難生活はあらかじめ予期していた以上に苦難に満ちたものとなった。その結果、ここに登場した一五人の避難者のうち、三人は（鈴木、池田、K・K）避難中に癌や重い婦人科の病気を発病し、ふたりは（廣木と星）PTSDを発症し、他の三人は（高木、H・Y、菅野）子どもにPTSDなどの症状が出るほど苦しんできたのである。

彼らが自分の身体や子どもに生じた苦難を自分の責任として引き受ける覚悟でいることは、そのことばから明らかである。にもかかわらず彼らが困惑を余儀なくされているのは、自分の身体や子どもに生じている苦しみや困難をどこまで担えばよいのか、なぜ彼らだけがその責務を引き受けなくてはならないのか、という問いに答えがないためである。これらの苦しみや困難は自然に生じたものではなく、原発事故によって生じたものだから、その責務の大部分は当事者たる東京電力やその監督者である国が担うべきものである。ところが、国や東電は責任逃れに終始し、見苦しいまでの言明を重ねてきたのである。

東京電力は福島第一原子力発電所の全電源喪失とそれによる炉心溶融の重大事故は、三月一一日の地震の規模が「想定外」のものであったために生じたのであり、それは当時の知見では「予見不可能」であったのだから、いささかの過失も責任もないと主張してきた。しかし、東京電力が今回の規模の地震と津波高を想定していたこと、にもかかわらず経済的利益を優先させて対策を先延ばししていたことは、事故後の検証と旧経営陣に対する刑事裁判の過程で明らかにされている（添田二〇一四、二〇一八）。二〇〇六年に国の「耐震設計審査指針」の改訂にあわせた耐震安全性の評価し直しを受けて、茨城県の東海第二原子力発電所は防潮堤のかさ上げ工事をおこない、東北電力の女川原子力発電所も防潮堤や電源装置の見直しをおこなったことで、今回の地震ではぎりぎりのところで電源喪失をまぬかれた。一方、東京電力のみはこの指示を先送りし、何の対策もしないままに放置したことで重大事故を招いたのである。

経済産業省の原子力安全保安院もまた、東京電力に対して明確な指示を出さずに防災対策の先送りを容認していたことは、監督官庁としてまったく不適格であった。そのことを、事故後すぐに国会が設けた「東京電力福島原子力発電所事故調査委員会」はつぎのように明確に述べている。「規制当局が事業者の虜（とりこ）となり、規制の先送りや事業者の自主対応を許すことで、事業者の利益を図り、同時に自らは直接的責任を回避してきた。規制当局の、推進官庁、事業者からの独立性は形骸化しており、その能力においても専門性においても、また安全への徹底的なこだわりという点においても、国民の安全を守るには程遠いレベルだった」（国会事故調二〇一二、一七）。それゆえに国会事故調は、福島第一原子力発電所の重大事故は「人災」であると言い切ったのである（同、六）。

東京電力は新潟県の柏崎原子力発電所の再稼働をめざしているが、その安全管理がお話にならないほど杜撰であることはくり返し明らかになっている。それは当然であろう。重大事故を引き起こしたことの責任を一切取ろうとせず、「想定外」と言って責任の所在をあいまいにしつづけるこの会社の体質は何も変わっていないからである。私は個人的には、老朽化した原子炉の廃炉は当然として、安全と確認された原子力発電所は稼働を容認してもよいと判断している。稼働させないなら、諸外国より高い電力料金がさらにあがり、日本経済と私たちの生活が打撃を受けることは疑いないからである。しかしそのためには、東京電力が原発事故にいたった過程の資料を委細もらさず公表し、みずからの過失と責任を認めて公的に謝罪し、過去の経営陣に対して賠償請求をおこなうことが前提条件である。失敗から学ぶのではなくそれを隠蔽し、自分の行為とことばの責任を取ろうとしない東京電力と、それを容認しつづける経済産業省が、将来もおなじ過ちをくり返すであろうことは目に見えている。であるかぎり、それらは未来永劫、原子力発電所を運転する資格をもたないはずである。

再稼働を容認するこうした発言が、原発事故によって人生を大きく変えさせられた避難者の心情を逆なでするであろうことは承知している。しかし、人間はどこかで決断を下さなくてはならないからには、すべてのデータを公表し、それにもとづいて公正に議論し、その上で下した決断にしたがうのは、法治国家と民主主義の原則である。ところがこの二〇年あまり、少子高齢化や社会保障費の増大、外国人労働者の導入、非正規労働者の増加など、日本の社会には問題が山積しているにもかかわらず、政治は一切の決断をせず問題を先送りするばかりであった。それがこの「失われた二〇年」の実態であり、原発事故にしても避難者と住民にさらなる犠牲を強いるばかりで、何ら根本的な問題の解決には向かってこなかったのである。

問題を回避する体質に加えて、あろうことか東京電力と国などの機関は、避難者、とりわけ区域外避難者の困難を軽視し、その存在そのものを否定しようとしてきた。そうした試みの最初は、事故後すぐに文部科学省が立ち上げた「原子力損害賠償審議会」であった。これは避難指示区域の避難者に対しては議論を重ね、損害に一定程度見合った賠償額を提示したが、区域外避難者に対しては「自主的避難者」と呼ぶことで避難の必然性を否認した上で、一律八万円の低額の賠償額を示しただけであった。このことによりそれは、彼らが原発事故後に感じた恐怖や精神的苦痛、避難生活の中で遭遇した困難がこの金額にしか値しないと公的に宣言したのである。一方、東京電力は区域内と区域外を問わず十分な賠償をおこなってきたと喧伝することで、区域外避難者に対して不当な妬みや嫉みが生じるにまかせたばかりか、それを助長さえしてきた。マスコミ等の報道についてもおなじであり、一部は東電や国の主張に沿って彼らの避難に根拠がないことを示そうとしたし、そうでない場合にも、避難者の生活実態を明らかにするための地についた報道を怠ってきたのである。

それに加えて福島県は、避難者に対する住宅補助を打ち切ることで避難をつづける権利を否定したし、それでも避難をつづける人びとに対しては避難者としてカウントしないという決定を下した。この措置は、日本も含めた国際社会が承認した「国内強制移動の指導原則」が認める避難することの権利に反するとして国連人権理事会からくり返し批判されるほど国際標準を逸脱したものであった。さらに一部の研究者は、福島県や国の進める帰還政策に合わせるかたちで、原発事故がもたらした放射線量は健康被害をもたらすほどのものではないのだから、避難者が抱える困難は避難の事実ではなく、避難を継続しているがゆえの心理的ストレスが原因だとする主張をおこなっている。

このようにして、避難者たちの声を抑えつけ、彼らの経験や困難を黙殺し、そのことで彼らの行動を操作しようとする試みが総がかりでおこなわれてきたのである。であればこそ、彼らのことばを伝えることは、東京電力や国などの巨大機関が人びとを傷つきやすい状態に追い込み、さらにその存在そのものを否認するためにどのような力と手段を動員しているかの証言として、そしてそうした試みへの抵抗の証言として、重要な意味を持っていると思われるのである。

私はこの本を、人間の傷つきやすさの観点から論じてきた。人間は困難や苦難を逃れることはできないが、それらはすべての人間に等しく課せられるのではなく、一部の人間に他より多く課せられる傾向があることは、原発事故の避難者においても明らかである。であるかぎり、そうした人びとをどのように支援していくかを考えるとともに、その状況を正していくことが必要なはずである。そこからさらに、否応なく傷つきやすさを抱えた存在としての人間存在をそのまま認めることはどうすれば可能になるかを問うていくことが必要なのではないか。それが具体的に何をさすかを、貧困に関する森田良成の研究を取り上げながら見ていこう。

森田は大学院の博士課程を修了したのちも長く定職に就くことができず、複数の大学や専門学校での非常勤講師を掛け持ちしながら食いつないでいたことを書いている。その時彼が感じていたのは、「自分がやってきたことを肯定することや、安心できる居場所を見つけること、将来への希望を抱くことに難しさを抱くこと」(森田二〇二一)であった。この気持ちは、常勤職に就くことを希望しながら非正規雇用で働いている多くの人びとが感じているものであろう。

一方、彼がフィールドワークを実施したインドネシアの西ティモールの人びとは違っていた。その社会の若者の多くは、現金収入の道がかぎられる村を離れて都市部で廃品回収その他の肉体労働に従事しながら、狭い小屋で折り重なるように暮らしている。彼らの所得はごくかぎられており、もし貧困に絶対的な尺度があったとしたら、日本で非正規労働についている人びとより貧しいのは間違いない。しかし、彼らはそれを苦にすることなく、さばさばした顔で、「お金だけないが、他は何もかもある」(同)と口にするという。

なぜだろうか。彼らは故郷の村に土地も家屋も畑もあるので、食料も住む場所も確保されている。村には電気もなければ水道もないが、そもそもそのサービスが村にないのだから欠乏として受け止められることはない。彼らは都市で重労働をして貯めたお金を、自分や家族の結婚式や葬式や儀礼に使い、大勢の客を呼んでもてなすことに満足する。彼らは故郷の村で自分の居場所をもち、社会的な役割を果たすことで評価を受け、彼らのことばが他の人びとによって聞かれることで充足感をおぼえる。そうしたことが彼らの生にある種の「余裕」を与え、彼らが悲惨さや危機感とは無縁な生活を送っていることの理由だというのである。

彼らに「余裕」があるのは、彼らには居場所があり、社会の中で役割を果たし、そのことで評価を受け、彼らのことばが他者によって聞かれるためであろう。私はこの本の中で、原発事故の避難者の多くが、自分の居場所を失い、周囲から孤立を強いられ、あまつさえそのことばが巨大機関から否認されていることを見てきた。だからこそ、彼らのことばに耳を傾けることが必要なのである。

先に取り上げた池田理沙さんは比較的淡々と避難生活について語ってくれたが、アンケートにはもっと苦しい心情を吐露している。「もともと単身者で、避難先でも単身者への支援が非常に限られていた。母子避難だけが避難者ではないのに、疎外感があり、単身であることが非常に惨めに感じられた。支援者が反原発の方が多く、活動の材料にされていると思うこともあった。『福島のおかげで活動出来る』という大学教授もいた。反論したら、『事故前は畑で鍬を持っていたのに、事故が起きたから大学のえらい人とも話ができるようになった』とまで言われた。もちろんそんな人ばかりでなく、優しく賢い方もいらして、その方々のおかげで生きてこられた。何度も死のうと思いました」。

人間が生きていくうえでこれだけは欠かせないと思えるものは何か。それが阻害されたなら、それぞれの居場所が失なわれてしまい、ひりつくような痛みをもって生きることを余儀なくされるものは何か。それを明らかにすることにつとめるのが被傷性の人類学であり、それは人類学にとっての永遠の主題である「人間とは何か」に答えるためのひとつの手段、ひとつの回路なのである。

文献

青木美希（2018）『地図から消される街――三・一一後の「言ってはいけない真実」』講談社現代新書。
アガンベン、ジョルジョ（2003）『ホモ・サケル――主権権力と剥き出しの生』高桑和巳訳、以文社。
飛鳥井望（2007）「各論　心的外傷後ストレス障害（ＰＴＳＤ）」『小児科』48（５）: 758-762.
飛鳥井望（2008）『ＰＴＳＤの臨床研究――理論と実践』金剛出版。
アリストテレス（2018）『政治学』神崎繁・相澤康隆・瀬口昌久訳（アリストテレス全集17巻）、岩波書店。
池田香代子・開沼博他（2017）『しあわせになるための「福島差別」論』かもがわ出版。
石牟礼道子（2011）『苦海浄土』（池澤夏樹編『世界文学全集』3-04）河出書房新社。
岩垣穂大・辻内琢也他（2017）「福島原子力発電所事故により自主避難する母親の家族関係及び個人レベルのソーシャル・キャピタルとメンタルヘルスとの関係」『社会医学研究』34（１）: 21-29.
植木俊哉（2011）「東日本大震災と福島原発事故をめぐる国際法上の問題点」『ジュリスト』1427: 107-117.
植田今日子（2016）「避難生活下の祭礼とルーティンの創造――旧山古志村の避難状況下の闘牛」橋本裕之・林勲男編『災害文化の継承と創造』臨川書店、66-84.
加藤寛・岩井圭司（2000）「阪神 淡路大震災被災者に見られた外傷後ストレス障害――構造化面接による評価」『神戸大学医学部紀要』60 : 147-155.
春日直樹・竹沢尚一郎編（2021）『文化人類学のエッセンス――世界をみる・変える』有斐閣。
関西学院大学災害復興制度研究所（2015）『原発避難白書』人文書院。
クリフォード、ジェームズとマーカス、ジョージ編（1996）『文化を書く』春日直樹ほか訳、紀伊国屋書店。
栗本英世（2004）「越境の人類学――難民の生活世界」江渕一公・松園万亀雄編『新訂文化人類学』放送大学教育振興会、138-149.
国会事故調（2012）『国会事故調東京電力福島原子力発電所事故調査委員会報告書』。
桜井厚（2002）『インタビューの社会学――ライフストーリーの聞き方』せりか書房。

佐藤嘉幸・田口卓臣（2016）『脱原発の哲学』人文書院。
成元哲編（2015）『終わらない被災の時間――原発事故が福島県中通りの親子に与える影響』石風社。
鈴木江理子（2021）「コロナから問う移民／外国人政策」『国士舘人文科学論集』2：55-63.
添田孝司（2014）『原発と大津波――警告を葬った人々』岩波新書。
添田孝司（2018）「傍聴席から失笑も――東電元副社長が法廷で驚きの発言を連発」『アエラ』2018年10月29日号。
田井中雅人・ツジモト、エィミ（2018）『漂流するトモダチ：アメリカの被ばく裁判』朝日新聞出版。
髙橋若菜・小池由佳（2018）「原発避難生活史（1）事故から本避難に至る道―原発避難者新潟訴訟・原告237世帯の陳述書をもととした量的考察―」『宇都宮大学国際学部研究論集』第46号、51-71.
髙橋若菜・小池由佳（2019）「原発避難生活史（2）事故から本避難に至る道―原発避難者新潟訴訟・原告237世帯の陳述書をもととした量的考察―」『宇都宮大学国際学部研究論集』第47号、91-111.
竹沢尚一郎（2013）『被災後を生きる――吉里吉里・大槌・釜石奮闘記』中央公論新社。
竹沢尚一郎・伊東未来（2020）「福島原発事故避難者はどう生きてきたか」『西南学院大学国際文化論集』34（2）：153-225.
竹沢尚一郎・伊東未来・大倉弘之（2020）「国内避難民としての福島原発事故避難者の精神的苦痛に関する研究」『西南学院大学国際文化論集』35（1）：39-114.
谷川雁（2005）『汝、尾をふらざるか――詩人とは何か』思索社。
辻内琢也（2014）「深刻さつづく原発被災者の精神的苦痛」『世界』1月臨時増刊号、103-114.
辻内琢也（2016）「原発事故がもたらした精神的被害：構造的暴力による社会的虐待」『科学』86（3）：246-251.
辻内琢也・増田和高編（2019）『福島の医療人類学――原発事故・支援のフィールドワーク』遠見書房。
徳永恵美香（2016）「福島第一原子力発電所事故と国際人権――被災者の健康に対する権利と国連グローバー勧告」『難民研究ジャーナル』6：81-99.
戸田典樹編（2016）『福島原発事故　漂流する自主避難者たち』明石書店。
直井孝二（2009）「新潟県中越地震後の地域メンタルヘルス活動――震災三カ月半後及び一三カ月後調査結果とPTSDリスク要因の分析」『日本社会精神医学会雑誌』18：52-62.
永下泰之（2009）「PTSD（心的外傷後ストレス障害）と素因競合」『新世代法政策学研究』3：257-292.

墓田桂（2011）「『国内強制移動に関する指導原則』の意義と東日本大震災への適用可能性」『法律時報』83（7）：58-64.

バトラー、ジュディス（2007）『生のあやうさ――哀悼と暴力の政治学』本橋哲也訳、以文社。

バトラー、ジュディス（2012）『戦争の枠組――生はいつ嘆きうるものであるのか』清水晶子訳、筑摩書房。

日野行介（2014）『福島原発事故　被災者支援政策の欺瞞』岩波新書。

日野行介（2018）『除染と国家――21世紀最悪の公共事業』集英社新書。

船橋洋一（2012）『カウントダウン・メルトダウン』上下、文芸春秋。

フリードマン、マシュー・J、テレンス・M・キーン、パトリシア・A・レシック編（2014）『ＰＴＳＤハンドブック――科学と実践』金吉晴監訳、金剛出版。

ブルデュー、ピエール（1993）『資本主義のハビトゥス――アルジェリアの矛盾』原山哲訳、藤原書店。

ブルデュー編（2019-20）『世界の悲惨』３巻、荒井文雄・櫻本陽一監訳、藤原書店。

堀江正伸（2018）『人道支援は誰のためか――スーダン・ダルフールの国内避難民社会に見る人道支援政策と実践の交差』晃洋書房。

マッキンタイア、アラステア（1993）『美徳なき時代』篠崎栄訳、みすず書房。

松谷満・成元哲・牛島佳代・坂口祐介（2014）「福島原発事故後における『自主避難』の社会的規定因」『アジア太平洋レビュー』大阪経済法科大学、11号：68-77.

森田良成（2021）「貧困」春日直樹・竹沢尚一郎編『文化人類学のエッセンス――世界をみる／変える』有斐閣。

除本理史（2013）『原発賠償を問う――曖昧な責任、翻弄される避難者』岩波書店。

吉田千亜（2016）『ルポ 母子避難――消されゆく原発事故被害者』岩波新書。

ルイス、オスカー（1985）『貧困の文化――メキシコの５つの家族』鷹山智博訳、思索社。

ロストウ、W.W.（1961）『経済成長の諸段階――一つの非共産主義宣言』木村健康・久保まち子・村上泰亮訳、ダイヤモンド社。

Bonnano, G.A. (2004) "Loss, Trauma, and Human Resilience: Have We Underestimated the Human Capacity to Thrive after Extremely Aversive Events?", *American Psychologist*, 59 (1): 20-28.

Cernea, Michael (1997) "The Risks and Reconstruction Model for Resettling Displaced Populations", *World Development*, 25 (10): 1569-1587.

Davis, J. (1992) "The Anthropology of Suffering", *Journal of Refugee Studies*, 5 (2) :149-161.

Herman, Judith Louis (1992) "Complexe PTSD: A Syndrome in Survivors of Prolonged and Repeated Trauma", *Journal of Traumatic Stress*, 5 (3) : 377-391.

Kremers, Daniel (2018) "The Aftermath of the 2011 East Japan Earthquake and Tsunami: Living among the Rubble", *Pacific Affairs*, 91 (2) : 382-384.

Malkki, Liisa H. (1995) "Refugees and Exile: From 'Refugee Studies' to the National Order of Things", *Annual Review of Anthropology*, 24: 495-523.

Malkki, Liisa H. (1996) "Speechless Emissaries: Refugees, Humanitarianism, and Dehistoricization", *Cultural Anthropology*, 11 (3) : 377-404.

Ortner, Sherry (2016) "Dark Anthropology and Its Others: Theory since the Eighties", *HAU: Journal of Ethnographic Theory*, 6 (1) : 47-73.

Robbins, Joel (2013) "Beyond the Suffering Subject: Toward an Anthropology of the Good", *Journal of the Royal Anthropological Institute*, 19: 447-462.

Slater, David H. (2019) "The Aftermath of the 2011 East Asian Earthquake and Tsunami: Living among the Rubble by Shoichiro Takezawa, Translated by Polly Barton", *American Anthropologist*, 121 (2) : 538-539.

Takezawa, Shoichiro (2016) *The Aftermath of the 2011 East Japan Earthquake and Tsunami: Living among the Rubble*, Lexington Books.

提訴日	経過	国の責任
2013年6月21日	2020年3月10日判決 札幌高裁で係属中	○
2014年3月3日	2020年8月11日判決 仙台高裁で係属中	×
2013年3月11日	2017年10月10日判決 2020年9月30日仙台高裁判決	○ ○
2014年10月29日		
2015年10月8日		
2018年11月27日		
2015年2月9日		
2015年9月29日		
2012年12月3日	2018年3月22日判決 2020年3月12日仙台高裁判決	— —
2013年3月11日	2021年3月26日判決 仙台高裁で係属中	○
2013年7月23日	2019年12月17日判決	×
2013年3月11日	2018年3月16日判決 東京高裁で係属中	○
2014年3月10日	2020年10月9日判決 東京高裁で係属中	×
2014年12月19日	2018年2月17日判決 2020年3月17日高裁判決	— —
2013年9月11日	2019年2月20日判決 東京高裁で係属中	○
2014年3月10日		
2013年3月11日	2017年9月22日判決 2019年2月19日東京高裁判決	× ○
2015年6月8日	2019年3月19日判決	×
2013年7月23日	2017年3月17日 2019年1月21日東京高裁判決	○ ×
2013年7月23日	2021年6月2日	×
2013年6月24日	2019年8月2日判決 名古屋高裁で係属中	×
2013年9月17日	2018年3月15日判決 大阪高裁で係属中	○
2013年9月17日		
2013年9月17日		
2014年3月10日		
2014年3月10日	2019年3月26日判決 高松高裁で係属中	○
2014年9月9日	2020年6月14日判決 福岡高裁で継続中	×

原発賠償訴訟一覧

裁判所	訴訟名（通称含む）	原告数
札幌地方裁判所	原発事故損害賠償・北海道訴訟	80 世帯 280 人
仙台地方裁判所	みやぎ原発避難訴訟	36 世帯 83 人
福島地裁本庁	生業を返せ	3865 人
福島地裁本庁	鹿島区訴訟	107 世帯 270 人
福島地裁本庁	小高区訴訟	126 世帯 398 人
福島地裁本庁	浪江原発訴訟	174 世帯 411 人
福島地裁郡山支部	都路町訴訟	184 世帯 582 人
福島地裁郡山支部	ふるさとを返せ・津島原発訴訟	228 世帯 679 人
福島地裁いわき支部	福島原発避難者訴訟	151 世帯 476 人 2 陣 3 陣 429 人
福島地裁いわき支部	いわき避難者訴訟	1577 人
山形地方裁判所	山形原発避難者訴訟	201 世帯 735 人
東京地方裁判所	原発被害東京訴訟	90 世帯 282 人
東京地方裁判所	阿武隈会訴訟	28 世帯 57 人
東京地方裁判所	小高に生きる訴訟	344 人
横浜地方裁判所	福島原発かながわ訴訟	61 世帯 174 人
さいたま地方裁判所	埼玉原発事故責任追及訴訟	28 世帯 96 人
千葉地方裁判所	福島原発事故被害者集団訴訟（第 1 陣）	18 世帯 47 人
千葉地方裁判所	同（第 2 陣）	6 世帯 22 人
前橋地方裁判所	群馬訴訟	45 世帯 137 人
新潟地方裁判所	新潟避難者訴訟	239 世帯 807 人
名古屋地方裁判所	原発賠償愛知・岐阜訴訟	43 世帯 135 人
京都地方裁判所	原発賠償京都訴訟	63 世帯 174 人
大阪地方裁判所	原発賠償関西訴訟	88 世帯 243 人
神戸地方裁判所	福島原発事故ひょうご訴訟	34 世帯 94 人
岡山地方裁判所	福島原発おかやま訴訟	42 世帯 107 人
松山地方裁判所	えひめ原発訴訟	10 世帯 25 人
福岡地方裁判所	福島原発事故被害者救済九州訴訟	15 世帯 40 人

国の責任については、○は認めたもの、×は認めなかったもの、一は国の責任を問うていない裁判。

なお、原告数については時間の経過とともにかなりの変動がある。

著　者

竹沢　尚一郎（たけざわ　しょういちろう）

国立民族学博物館・総合研究大学院大学名誉教授。専門：災害人類学、アフリカ研究。福井県生まれ。1976年東京大学文学部卒業。1975年フランス社会科学高等研究院修了（社会人類学博士）。九州大学助教授、教授を経て、2001年から2017年まで国立民族学博物館・総合研究大学院大学教授。

主要著書：『社会とは何か：システムからプロセスへ』（2010年、中央公論新社）。『被災後を生きる：吉里吉里・大槌・釜石奮闘記』（2013年、中央公論新社）。*The Aftermath of the East Japan Earthquake and Tsunami: Living among the Rubble*（2016, Lexington Books）。『ミュージアムと負の記憶：戦争・公害・疾病・災害、人類の負の記憶をどう展示するか』（編著、2015年、東信堂）。

原発事故避難者はどう生きてきたか——被傷性の人類学

2022年2月15日　　初　版第1刷発行　　〔検印省略〕

定価はカバーに表示してあります。

著者Ⓒ竹沢尚一郎／発行者 下田勝司　　印刷・製本／中央精版印刷

東京都文京区向丘1-20-6　　郵便振替 00110-6-37828

〒113-0023　TEL (03) 3818-5521　FAX (03) 3818-5514

発行所 株式会社 東信堂

Published by TOSHINDO PUBLISHING CO., LTD.

1-20-6, Mukougaoka, Bunkyo-ku, Tokyo, 113-0023, Japan

E-mail : tk203444@fsinet.or.jp　http://www.toshindo-pub.com

ISBN978-4-7989-1733-7 C3036